职业教育机电类专业平台课精品教材

机械制造技术

主编　张若锋　赵　健　黄贤页
参编　邓健平　余刚强

中国轻工业出版社

图书在版编目（CIP）数据

机械制造技术 / 张若锋，赵健，黄贤页主编. —北京：中国轻工业出版社，2025.9

职业教育机电类专业平台课精品教材

ISBN 978-7-5184-3674-3

Ⅰ.①机… Ⅱ.①张… ②赵… ③黄… Ⅲ.①机械制造工艺—高等职业教育—教材 Ⅳ.①TH16

中国版本图书馆CIP数据核字（2021）第190901号

责任编辑：张文佳　　责任终审：高惠京　　整体设计：锋尚设计
文字编辑：姜瑞雪　　责任校对：宋绿叶　　责任监印：张　可

出版发行：中国轻工业出版社（北京鲁谷东街5号，邮编：100040）
印　　刷：三河市国英印务有限公司
经　　销：各地新华书店
版　　次：2025年9月第1版第3次印刷
开　　本：787×1092　1/16　印张：15.75
字　　数：350千字
书　　号：ISBN 978-7-5184-3674-3　定价：48.00元
邮购电话：010-85119873
发行电话：010-85119832　010-85119912
网　　址：http://www.chlip.com.cn
Email：club@chlip.com.cn

251528J1C103ZBW

前　言

本书根据教育部制定的《高职高专教育机电类专业人才培养目标及规格》为主要依据，结合现代工业对高素质复合型技术技能人才提出的新要求，充分体现“理论够用，能力为本，重在应用”的高职高专和职业本科教育特点，能较好地体现面向21世纪的教材特色。

本书以“重基础、低重心、广知识、少学时、精内容、宽适应”作为编写指导思想，将原机械专业的6门专业课“金属工艺学、公差配合与技术测量、金属切削原理与刀具、金属切削机床、机械制造工艺学、机床夹具设计”，按照专业培养要求重新整合成一本专业主干技术基础课程教材，并将职业资格证书要求的“应知”“应会”内容融入教学体系与教学内容中。根据机械制造技术课程实践性强、综合性强、灵活性大的特点，结合企业对高技能人才的要求，在编写过程中力求内容的渐进性和知识的连续性，同时注重点和面的有机结合，使教材做到好讲、好学、好用。本书体系合理，在内容的编排上力求精练，深浅适当，结合实际，每章后都附有习题，是一本改革力度较大的实用教材。

通过本课程的学习和相关实训，旨在使学生掌握机械制造技术的基础理论、基础知识和机械加工的基本技能，在具备现场工艺实施能力的基础上，达到从事工艺制订与实施的基本能力；使学生既可考取机械加工通用工种职业资格等级证书，具备独立承担职业岗位相应工作的能力，又可为后续的专业课程打下扎实的专业基础。

全书共9章，主要内容有：工程材料、铸造、锻压、焊接、机械零件毛坯的选择、几何量公差、金属切削加工基础、机械零件表面加工、机械加工工艺基础。为求知识全面、系统，本教材内容较丰富，各位教师在教学过程中可以根据专业的需要以及教学课时数进行取舍，那些未能讲授的内容可供学生自学。

本书由湖南铁路科技职业技术学院张若锋、湖南铁路科技职业技术学院赵健、怀化职业技术学院黄贤页担任主编；湖南铁路科技职业技术学院邓健平、湖南铁路科技职业技术学院余刚强参编；张若锋负责全书内容的组织、统稿。具体分工如下：黄贤页编写第1章、第3章；余刚强编写第2章；邓健平编写第5章、第6章；张若锋编写第7章；赵健编写第4章、第8章、第9章。

本书在编写过程中引用了一些教材的珍贵资料，所用参考文献均已列于书后，作者在此一并表示感谢。

由于编者水平有限，加之编写时间仓促，书中难免有疏漏之处，恳请各位同仁及读者不吝批评指正。

编　者

目 录

第 1 章 工程材料

第 2 章 铸造

第 3 章 锻压

第 4 章 焊接

第 8 章 机械零件表面加工

第 9 章 机械加工工艺基础

第 1 章

工程材料

1.1 金属材料的力学性能

金属材料的力学性能是指金属材料在外载荷作用下抵抗变形和断裂的能力。常用的力学性能指标有强度、塑性、硬度、冲击韧度和疲劳强度等。

1.1.1 强度

强度是指金属材料在静载荷作用下，抵抗塑性变形和断裂的能力。工程上常用的强度指标有屈服强度、抗拉强度等。强度指标一般可通过拉伸试验来测定。

1.1.1.1 拉伸曲线

材料的材质不同，拉伸曲线形状也不相同。如图1-1所示为退火低碳钢的拉伸曲线，图中纵坐标表示力F，单位为N；横坐标表示绝对伸长ΔL，单位为mm。拉伸过程可分为弹性变形、屈服、塑性变形和缩颈等几个阶段。

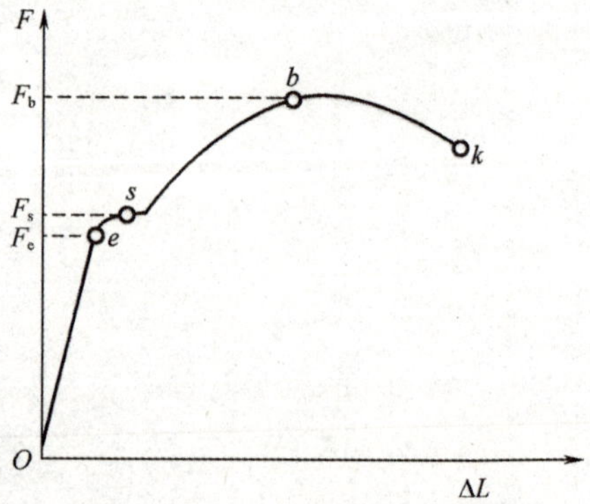

图1-1 退火低碳钢的拉伸曲线

（1）Oe——弹性变形阶段

试样的伸长量与载荷成正比增加，当载荷不超过F_e时，拉伸曲线近乎为一条直线，此时若卸载，试样能完全恢复原状。

（2）es——屈服阶段

当载荷超过F_e时，试样除产生弹性变形外，还开始出现塑性变形，此时若卸载，试样的伸长只能部分恢复。当载荷增加到F_s时，在s点附近曲线上出现平台，即载荷不增加，试样继续伸长，材料丧失了抵抗变形的能力，这种现象称为屈服。

（3）sb——塑性变形阶段

载荷超过F_s后，试样开始产生明显塑性变形，伸长量随载荷增加而增大。

（4）bk——缩颈阶段

载荷达到最大值F_b后，试样局部开始急剧缩小，出现“缩颈”现象，由于截面积减小，试样变形所需载荷也随之降低，k点时试样发生断裂。

1.1.1.2 强度指标

金属材料的强度是用应力来度量的。应力是指单位截面积上的内力，用σ表示。常用的强度指标有屈服强度和抗拉强度。

（1）屈服强度σ_s

屈服强度又称屈服点，是指在拉伸试验过程中，载荷不增加而试样仍然能继续伸长时的应力，即材料开始产生明显塑性变形的最小应力值，单位MPa：

$$\sigma_s=\frac{F_s}{S_0} \tag{1-1}$$

式中　F_s——试样发生屈服现象时的载荷，N；

S_0——试样原始截面积，mm^2。

屈服强度表征金属发生明显塑性变形的抗力，因此它是机械设计的主要依据。

（2）抗拉强度σ_b

抗拉强度σ_b是指材料在断裂前所承受的最大应力值，即：

$$\sigma_b=\frac{F_b}{S_0} \tag{1-2}$$

式中　F_b——试样断裂前所承受的最大载荷，N；

S_0——试样原始截面积，mm^2。

抗拉强度表征材料抵抗均匀塑性变形的最大能力，是设计机械零件和选材的主要依据。

1.1.2　塑性

塑性是指金属材料在静载荷作用下产生永久变形而不致引起破坏的性能。在载荷消失后留下来的这部分不可恢复的变形，称为塑性变形。

塑性指标也是通过拉伸试验来测定的。常用的指标有断后伸长率和断面收缩率等。

（1）断后伸长率

断后伸长率（又称伸长率）是指试样拉断后标距的伸长量L_1–L_0与原始标距L_0的比值，用δ表示，即：

$$\delta=\frac{L_1-L_0}{L_0}\times 100\% \tag{1-3}$$

式中　L_1——试样拉断后标距的长度，mm；

L_0——试样的原始标距，mm。

（2）断面收缩率

断面收缩率是指试样拉断处横截面积的减小量S_0–S_1与原始横截面积S_0的比值，用ψ表示，即：

$$\psi=\frac{S_0-S_1}{S_0}\times 100\% \tag{1-4}$$

式中　S_1——试样拉断后断裂处的最小横截面积，mm^2；

S_0——试样的原始横截面积，mm^2。

很显然，断后伸长率δ和断面收缩率ψ越大，说明材料的塑性变形越大，也就是材料的塑性越好。

1.1.3 硬度

硬度是指金属材料在静载荷作用下抵抗局部变形，特别是塑性变形、压痕、划痕的能力。常用的测量硬度的方法是压入硬度法。

1.1.3.1 布氏硬度

布氏硬度试验是指在一定的载荷*F*作用下，将一直径为*D*的淬火钢球或硬质合金钢球压入被测材料的表面，保持一定的时间后卸载，以压痕单位面积上所受试验力的大小来确定被测金属材料的布氏硬度值，用符号HB表示。

表示布氏硬度值时应同时标出压头类型，当试验压头为淬火钢球时，硬度符号为HBS；当试验压头为硬质合金钢球时，硬度符号为HBW。

布氏硬度实验的压痕面积较大，能较好地反映材料的平均硬度；数据较稳定，重复性好。但操作时间长，压痕测量较费时，不适合测量成品及薄件材料。

目前，布氏硬度主要用于测量灰铸铁、有色金属及各种软钢等硬度不是很高的材料。HBS适于测量布氏硬度小于450的材料，HBW适于测量布氏硬度小于650的材料。

1.1.3.2 洛氏硬度

测定洛氏硬度是将压头（顶角为120°的金刚石圆锥体、钢球和硬质合金）分两个步骤压入试样表面，经规定保持时间后，卸除主试验力，测得在初试验力的残余压痕深度*h*。根据压痕深度最终确定其硬度值。

洛氏硬度计采用A、B、C三种标尺对不同硬度材料进行试验，硬度分别用HRA、HRB、HRC表示，硬度值标在符号前，如45HRC。

洛氏硬度试验测量迅速简便，压痕较小，可直接测量薄件或成品；但测得的硬度值不够准确，并且各硬度标尺之间没有关系，不同标尺硬度值之间不能直接比较大小。

1.1.3.3 维氏硬度

维氏硬度试验（符号为HV）可以测量从软到硬的各种材料以及金属零件的表面硬度，并有连续一致的硬度标尺。

维氏硬度的优点是试验载荷小，压痕较浅，适合测定零件表面淬硬层及化学热处理的表面层等；可以测量极软到极硬的材料，由于维氏硬度只用一种标尺，因此材料的硬度可以直接通过维氏硬度值比较大小；由于测量载荷可任意选择，因此既可测尺寸厚大的材料，又可测很薄的材料。缺点是试样表面要求高，硬度值测定较烦琐，工作效率较低。

1.1.4 冲击韧度

冲击韧度是指金属材料在冲击载荷作用下，抵抗变形、破坏的能力，通常用一次摆锤冲击试验来测定，用冲击吸收功表示冲击韧度的大小。

1.1.5 疲劳强度

1.1.5.1 疲劳现象

疲劳断裂是指在交变载荷的作用下，零件（或构件）经过长时间工作或多次应力循环后所发生的突然断裂现象。许多零件，如齿轮、曲轴和滚动轴承等，都是在交变载荷下工作的。

1.1.5.2 疲劳强度

疲劳强度是指材料经无限次重复交变载荷作用而不发生断裂的最大应力值。如图1–2所示为通过试验测定的材料交变应力σ和断裂前应力循环次数N之间关系的疲劳曲线示意图。曲线表明材料受的交变应力越大，则断裂时应力循环次数N越少，反之，则N越大。当应力低于一定值时，试样经无限次循环也不破坏，此应力值称为材料的疲劳强度，用σ_r表示。

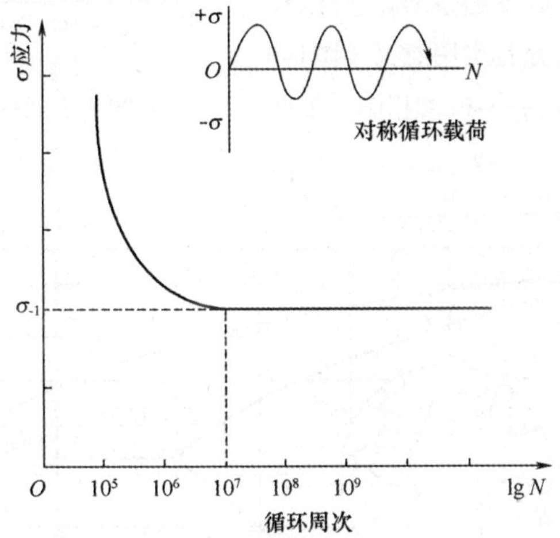

图1–2 疲劳曲线示意图

1.1.6 金属材料的物理、化学和工艺性能

1）金属材料的物理性能 是指金属在重力、电磁场、热力（温度）等物理因素作用下所表现出的性能或固有的属性。它包括密度、熔点、导热性、导电性和磁性等。

2）金属材料的化学性能 是指金属在室温或高温时抵抗各种化学介质作用所表现出来的性能。它包括耐腐蚀性、抗氧化性、化学稳定性等。

3）金属材料的工艺性能 是指金属在制造机械零件过程中，适应各种冷、热加工的性能。它包括铸造性能、锻造性能、焊接性能和切削加工性能等。

1.2 铁碳合金

1.2.1 铁碳合金相图

钢铁的成分不同，其组织和性能也不同。下面将依据铁碳合金相图及对典型铁碳合金结晶过程的分析，研究铁碳合金的成分、组织、性能之间的关系。

铁和碳的结合方式有两种：一种是碳溶于铁中形成间隙固溶体，如碳可以分别溶于δ-Fe、γ-Fe、α-Fe中，形成相应的固溶体；另一种是铁和碳发生化学作用形成一系列化合物，如Fe_3C、Fe_2C、FeC等。因此，整个铁碳合金相图包括Fe-Fe_3C、Fe_3C-Fe_2C、Fe_2C-FeC、FeC-C等几个部分，如图1-3所示。

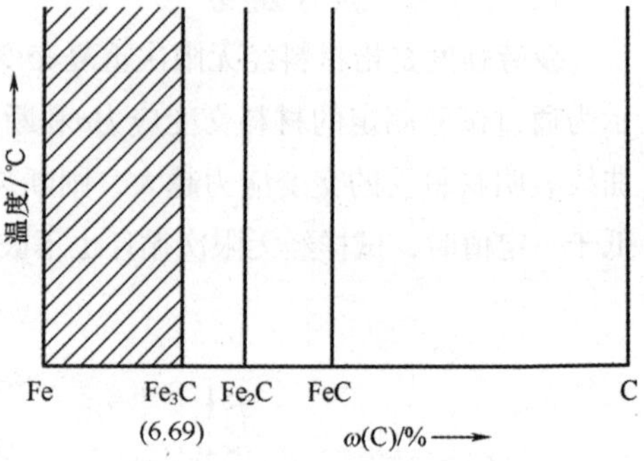

图1-3 铁碳合金的各种化合物

Fe_3C的碳质量分数为6.69%。工业上使用的铁碳合金，碳质量分数不超过5%，所以铁碳相图中只有Fe-Fe_3C部分有实用意义（图1-3中的影线部分），通常称为Fe-Fe_3C相图，如图1-4所示。

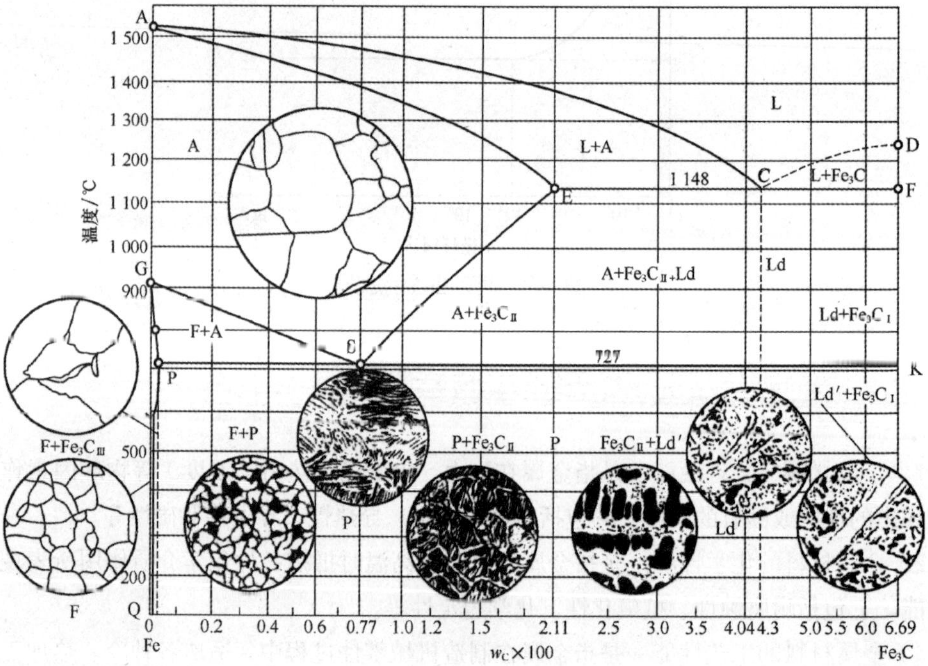

图1-4 Fe-Fe_3C相图

1.2.1.1 $Fe-Fe_3C$相图中的相

$Fe-Fe_3C$相图中存在5种相。

1）液相　铁和碳的液溶体，用符号L表示。

2）高温铁素体（δ铁素体）是碳在δ-Fe中的间隙固溶体，在1394℃以上存在。

3）铁素体　是碳在α-Fe中间隙固溶体。铁素体中碳的溶解度很小，其性能特点是强度低、硬度低、塑性好。铁素体用符号F表示。

4）奥氏体　是碳在γ-Fe中间隙固溶体。奥氏体中碳的溶解度较大，其性能特点是强度较低、硬度不高、塑性良好。奥氏体用符号A表示。

5）渗碳体　是铁与碳的一种具有复杂晶格的间隙化合物，化学式为Fe_3C，其性能特点是硬度很高、塑性极差、脆性大。渗碳体用Fe_3C表示。

1.2.1.2 $Fe-Fe_3C$相图中特性点和特性线

$Fe-Fe_3C$相图中部分特性点的温度、碳质量分数及含义如表1-1所示。

表1-1　$Fe-Fe_3C$相图中的主要特性点

符号	温度/℃	碳质量分数/%	含义
A	1538	0	纯铁的熔点
C	1148	4.30	共晶点
D	1227	6.69	$Fe-Fe_3C$的熔点
E	1148	2.11	碳在γ-Fe中的最大溶解度
F	1148	6.69	共晶渗碳体的成分点
G	912	0	纯铁的同素异构转变点（A_3）
P	727	0.0218	碳在α-Fe中的最大溶解度
S	727	0.77	共析点
Q	室温	0.0008	碳在铁素体中的溶解度

在$Fe-Fe_3C$相图上，有若干合金状态的分界线，它们是不同成分合金具有相同含义的临界点的连线。几条主要特性线的物理含义如表1-2所示。

表1-2 Fe-Fe_3C相图中的特性线

特性线	名称	含义
ACD线	液相线	此线以上区域全部为液相，用L来表示。金属液冷却到此线开始结晶，在AC线以下从液相中结晶出奥氏体，在CD线以下结晶出渗碳体
AECF线	固相线	金属液冷却到此线全部结晶为固态，此线以下为固态区。液相线与固相线之间为金属液的结晶区域。这个区域内金属液与固相并存，AEC区域内为金属液与奥氏体，CDF区域内为金属液与渗碳体
GS线	A_3线	冷却时从奥氏体中析出铁素体的开始线（或加热时铁素体转变成奥氏体的终止线）
ES线	A_{cm}线	A_{cm}线是碳在奥氏体中的溶解度线，在1148℃时，碳在奥氏体中的溶解度为2.11%（即E点含碳量），在727℃时降到0.77%（相当于S点）。从1148℃缓慢冷却到727℃的过程中，由于碳在奥氏体中的溶解度减小，多余的碳将以渗碳体的形式从奥氏体中析出。为了与自金属液中直接结晶出的渗碳体（称一次渗碳体）相区别，将奥氏体中析出的渗碳体称为二次渗碳体（Fe_3C_{II}）
ECF线	共晶线	当金属液冷却到此线时（1148℃），将发生共晶转变，从金属液中同时结晶出奥氏体和渗碳体的混合物，即莱氏体
PSK线	共析线（A_1线）	当合金冷却到此线时（727℃），将发生共析转变，从奥氏体中同时析出铁素体和渗碳体的混合物，即珠光体（一定成分的固溶体，在某一恒温下，同时析出两种固相的转变称为共析转变）

1.2.2 碳素钢

碳素钢（简称碳钢）是碳的ω_C<2.11%，而且以碳为主要合金元素的铁碳合金。由于其价格低廉、冶炼方便，工艺性能良好，并且在一般情况下能满足使用性能要求，因而在机械制造、建筑、交通运输及其他工业部门得到了广泛的应用。

1.2.2.1 碳素钢的分类

碳素钢按碳的平均质量分数可分为低碳钢（ω_C<0.25%）、中碳钢（ω_C=0.25%～0.60%）、高碳钢（ω_C>0.60%）；按钢的冶金质量和钢中有害杂质含量分为普通质量钢（ω_S=0.035%～0.050%，ω_P=0.035%～0.045%）、优质钢（ω_S、ω_P均≤0.035%）、高级优质钢（ω_S=0.020%～0.030%，ω_P=0.025%～0.030%）；按用途分为碳素结构钢、碳素工具钢。

1.2.2.2 碳素结构钢

碳素结构钢牌号用“Q+数字”表示，“Q”为屈服点，数字表示屈服点数值。如Q275，表示屈服点为275MPa，若牌号后面标注字母A、B、C、D，则表示钢材质量等级不同。“F”表示沸腾钢，“b”为半镇静钢，不标的为镇静钢。例如，Q235-A · F表示屈服点为235MPa的A级沸腾钢。

碳素结构钢一般情况下都不经热处理，而是在供应状态下直接使用。通常Q195、Q215、Q235含碳量低，有一定强度，常轧制成薄板、钢筋、焊接钢管等，用于桥梁、建筑等钢结构，也可制造普通的铆钉、螺钉、螺母、垫圈、销轴等。Q255和Q275钢强度较高，塑性、韧性较好，可进行焊接，通常轧制成型钢、条钢和钢板作为结构件以及制造连杆、键、销、简单机械上的齿轮、联轴节等。

1.2.2.3　优质碳素结构钢

优质碳素结构钢牌号由两位数字或数字与特征符号组成，以两位数字表示平均碳的质量分数（以万分之几计）。沸腾钢和半镇静钢在牌号尾部分别加符号“F”和“b”，镇静钢一般不标符号。

优质碳素结构钢按其含锰量的不同，分为普通含锰量（ω_{Mn}=0.25%～0.8%）和较高含锰量（ω_{Mn}=0.7%～1.2%）两组。含锰量较高的一组在牌号数字后面加“Mn”字。

优质碳素结构钢主要用于制造机械零件：08、08F、10、10F钢，塑性、韧性好，具有优良的冷成型性能和焊接性能，用于制作仪表外壳、汽车和拖拉机上的冷冲压件等；15、20、25钢用于制作尺寸较小、负荷较轻、表面要求耐磨、心部强度要求不高的渗碳零件，如活塞、样板等；30、35、40、45、50钢经热处理后具有较高的强度和较高塑性、韧性，用于制作轴类零件；55、60、65钢热处理后具有高的弹性极限，常用作弹簧。

1.2.2.4　碳素工具钢

这类钢的牌号是由代表碳的符号“T”与数字组成，其中数字表示钢中平均碳的质量分数（以千分之几计）。对于含锰较高或高级优质碳素工具钢，牌号尾部表示同优质碳素结构钢。例如，T12，表示ω_C=1.2%的碳素工具钢。

碳素工具钢生产成本较低，加工性能良好，可用于制造低速、手动工具及常温下使用的工具、模具、量具等。常用的牌号有T7、T8，用于制造要求较高韧性、承受冲击负荷的工具，如小型冲头、凿子、锤子等；T9、T10、T11用于制造要求中韧性的工具，如钻头、丝锥、车刀、冲模、拉丝模、锯条等；T12、T13钢具有高硬度、高耐磨性，但韧性低，用于制造不受冲击的工具，如量规、塞规、样板、锉刀、刮刀、精车刀等。

1.2.2.5　铸造碳钢

许多形状复杂的零件，很难通过锻压等方法加工成型，用铸铁时性能又难以满足需要，此时常用铸钢铸造获取铸钢件。

铸钢的牌号是由铸钢代号“ZG”与表示力学性能的两组数字组成，第一组数字表示最低屈服强度值，第二组数字表示最低抗拉强度值。例如，ZG270–500，表示屈服强度不低于270MPa，抗拉强度不低于500MPa的铸造碳钢。

1.3 钢的热处理

1.3.1 热处理的目的和作用

钢的热处理是指将钢在固态下进行加热、保温和冷却，改变其内部组织，从而获得所需要性能的一种金属加工工艺。通过热处理，能有效地改善钢的内部组织，提高其力学性能并延长其使用寿命，是钢材料重要的强化手段。

1.3.2 热处理的分类

1.3.2.1 按加热和冷却方式以及组织和性能变化特点的不同分类

（1）整体热处理

整体热处理是指对零件整体进行穿透加热的热处理，包括退火、正火、淬火和回火等。

（2）表面热处理

表面热处理是指为改变零件表面的组织和性能，仅对其表面进行热处理的工艺，包括感应淬火、火焰淬火、激光淬火和电子束淬火等。

（3）化学热处理

化学热处理是指将零件置于一定温度的活性介质中保温，使一种或几种元素渗入它的表层，以改变其化学成分、组织和性能的热处理，包括渗碳、渗氮和碳氮共渗等。

1.3.2.2 按热处理在零件生产过程中的位置和作用不同分类

（1）预备热处理

预备热处理是零件加工过程中的一道中间工序，其目的是改善锻件、铸件和焊件组织，消除应力，为后续的机加工或进一步的热处理做准备。

（2）最终热处理

最终热处理是零件加工的最终工序，其目的是使零件达到所需要的使用性能。

1.3.3 钢的退火和正火

退火和正火主要用于各种铸件、锻件、热轧型材及焊接构件，由于处理时冷却速度较慢，故对钢的强化作用小，主要用于改善其工艺性能的预备热处理。

1.3.3.1 退火

退火是指将钢件加热到适当温度，保温一段时间，然后缓慢冷却（一般随炉冷却）的热处理工艺。其目的是降低钢的硬度，改善切削加工性能；细化晶粒，改善组织，改善钢的性能或为以后的热处理做准备；消除毛坯制造时产生的内应力，以防止变形和开裂。

常用的退火工艺有完全退火、球化退火、去应力退火和均匀化退火等。各种退火工艺规范如图1-5所示。

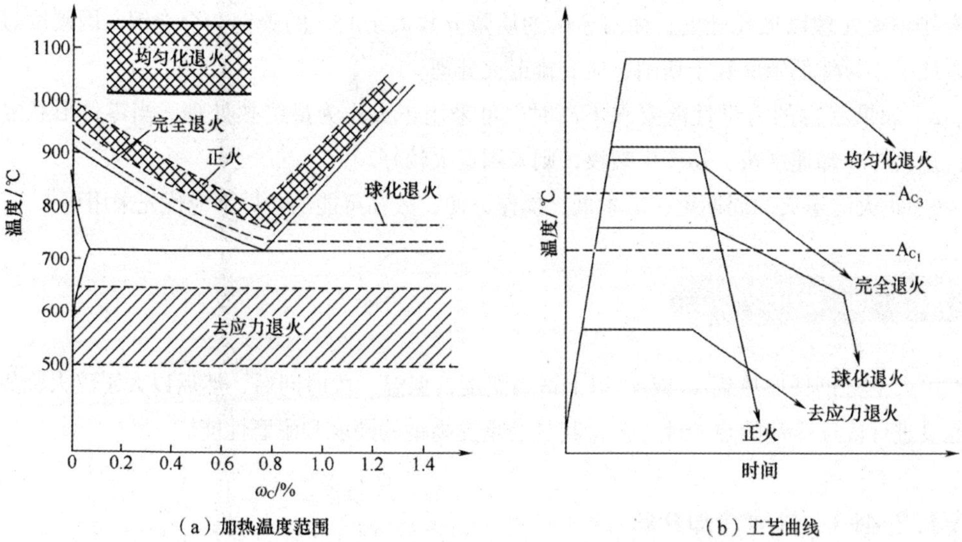

图1-5　各种退火和正火的加热温度和工艺曲线

（1）完全退火

完全退火是指把钢加热至A_{C_3}以上30～50℃，保温一定时间后缓慢冷却，以获得接近平衡组织的热处理工艺。完全退火一般用于亚共析钢的铸件、锻件和焊件等，可以降低钢的硬度，改善切削加工性。此外，由于冷却速度缓慢，还可消除内应力。

（2）球化退火

球化退火是使钢中碳化物球状化而进行的退火工艺，其目的是降低钢件的硬度，提高塑性，改善切削加工性，并为以后的淬火作准备，减小工件冷却时的变形和开裂。球化退火主要用于共析钢和过共析钢等工模具钢。

（3）去应力退火

一些铸铁件、焊接件和冷变形加工件会残存很大的内应力，为了消除残余内应力而进行的退火称为去应力退火。

1.3.3.2　正火

正火是将钢件加热到A_{C_3}或$A_{C_{cm}}$以上30～50℃，经过保温后，从炉中取出置于空气中冷却的热处理工艺。正火与退火两者的目的基本相同，但正火的冷却速度比退火稍快，故正火钢的组织比较细，它的强度、硬度比退火钢要高。正火的工艺规范如图1-5所示。

正火可以细化晶粒，使组织均匀化，从而提高钢的强度、硬度和韧性。对于力学性能要求不高的结构钢零件，可用正火作为最终热处理；对于低碳钢和低碳合金钢，通常采用正火来代替完全退火，作为预备热处理。

1.3.3.3 退火与正火的选择

1）对碳的质量分数低于0.5%的低碳钢和低碳合金钢，因硬度过低，切削时容易粘刀，应安排正火处理以提高硬度；而对于碳的质量分数大于0.5%的碳钢和合金钢，因硬度过高难以加工，为降低硬度利于切削，应安排退火处理。

2）如果零件的力学性能要求不高时，可采用正火作为最终热处理。当零件形状复杂时，正火的冷却速度快，易产生裂纹，则采用退火较好。

3）正火比退火的周期短，成本低，操作方便，故在可能的条件下应优先采用正火。

1.3.4 钢的淬火

淬火是将钢件加热到A_{C_3}或A_{C_1}以上适当温度，保温一段时间后，然后以大于淬火临界冷却速度进行快速冷却的热处理工艺，其目的是提高钢的硬度和耐磨性能。

1.3.4.1 淬火冷却介质

常用的淬火冷却介质有水、盐水、油和空气等。淬火时为了得到足够的冷却速度，又不至于因为冷却速度过大而引起零件内应力增大，造成工件变形或开裂，应合理选用冷却介质。

1.3.4.2 钢的淬透性和淬硬性

（1）淬透性

钢的淬透性是指在规定条件下，钢在淬火后有效淬硬层深度和硬度分布的材料特性。所谓淬硬层深度，一般指由钢的表面到有50%马氏体组织处的深度。淬硬层越深，淬透性就越好。如果淬硬层深度达到心部，则表明该工件全部淬透。

（2）淬硬性

淬硬性是指钢以大于临界冷却速度冷却时，获得马氏体组织所能达到的最高硬度。它主要取决于马氏体中的含碳量。

淬硬性与淬透性是两个意义不同的概念。淬透性好，淬硬性不一定好；同样，淬硬性好，淬透性也不一定好。

1.3.5 钢的回火

1.3.5.1 钢的回火及目的

回火是将淬火后的工件重新加热到A_{C_1}以下某一温度，保温后再冷却到室温的一种热处理工艺。为了不致产生新的应力，回火冷却一般采取空冷。一般淬火后的工件必须进行回火，有些工件还要求及时回火。回火的主要目的是降低或消除内应力，以防止工件开裂和变形；稳定淬火后的组织，以稳定工件尺寸；调整工件的性能，以满足工件的使用要求。

1.3.5.2　回火的种类及应用

（1）低温回火

低温回火的温度为150～250℃，回火后的组织为回火马氏体。内应力和脆性有所降低，但保持了马氏体的高硬度和耐磨性，主要应用于高碳钢或高碳合金钢制造的工具、模具、滚动轴承及渗碳和表面淬火的工件。

（2）中温回火

中温回火的温度为350～500℃，回火后的组织为回火托氏体。这种组织具有一定的韧性和较高的弹性极限和屈服强度，主要应用于各类弹簧和模具等。

（3）高温回火

高温回火的温度为500～650℃，回火后的组织为回火索氏体。这种组织具有强度、硬度、塑性和韧性都较好的综合力学性能。习惯上将淬火与高温回火相结合的热处理称为调质处理，简称调质。调质广泛用于各种重要的结构零件，如轴、齿轮、连杆和螺栓等，也可作为精密零件和量具等的预备热处理，调质后硬度一般为210～300HBW。

1.3.6　钢的表面热处理

表面热处理也称表面淬火。目前应用较多的是感应加热表面淬火和火焰加热表面淬火。

（1）感应加热表面淬火

感应加热表面淬火是指采用一定方法使工件表面产生一定频率的感应电流，将工件表面快速加热到淬火温度后立即喷水冷却的一种热处理方法。

感应加热表面淬火的加热速度快，生产率高，加热温度和淬硬层深度容易控制，工件表面氧化和脱碳少，工件变形小，可以使全部淬火过程实现机械化和自动化。但设备较昂贵，形状复杂的工件感应圈不易制造，仅适用于大批量生产。

（2）火焰加热表面淬火

火焰加热表面淬火是指用乙炔-氧或煤气-氧的混合体气体燃烧产生的高温火焰，喷射至工件表面上，使其快速加热，达到淬火温度后，立即喷水冷却，从而获得预期的硬度和淬硬层深度的一种淬火方法。

火焰加热表面淬火设备简单，方法易行，但火焰加热温度不易控制，零件表面容易产生过热，淬火质量控制也比较困难，淬硬层的均匀性远不如感应加热表面淬火。因此主要适用于单件、小批量生产及大型零件（如大型齿轮、轴、轧辊和导轨等）的表面淬火。

1.3.7 钢的化学热处理

（1）渗碳

为提高工件表层碳的质量分数并获得一定的碳浓度梯度，将工件在渗碳介质中加热和保温，使碳原子渗入钢表层的化学热处理工艺称为渗碳。

渗碳的目的是提高工件表层含碳量，经过渗碳及随后的淬火和低温回火，提高了工件表面的硬度、耐磨性和疲劳强度，而心部仍保持良好的塑性和韧性。渗碳主要用于既受强烈摩擦、又承受冲击或疲劳载荷的工件，如汽车变速器齿轮、活塞销和摩擦片等。

（2）渗氮（氮化）

渗氮是在一定温度下于一定的介质中使活性氮原子渗入工件表层的化学热处理工艺。渗氮的目的在于提高钢件表面的硬度和耐磨性，提高疲劳强度和耐蚀性。

渗氮后不需要淬火，因此工件变形小，但是渗氮生产周期长，工艺复杂，而且要用合金钢，使钢种受到限制，所以氮化零件的成本较高。渗氮处理适用于耐磨性和精度要求都较高的零件或要求抗热、抗蚀的耐磨件，如发动机的气缸、排气阀、高精度传动齿轮等。

（3）碳氮共渗

碳氮共渗是指在金属工件表层同时渗入氮和碳两种元素的化学热处理工艺。目前以中温气体碳氮共渗和低温气体碳氮共渗应用较为广泛。

气体碳氮共渗兼有渗碳层和渗氮层的优点。目前生产中，常用来处理汽车和机床上的各种齿轮、蜗轮、蜗杆和轴类零件等。

1.4 合金钢

为了改善和提高碳钢的性能，在碳钢的基础上有目的地加入一定量的其他合金元素的钢称为合金钢。常用的合金元素有硅、锰、铬、镍、铜、钒、钛和稀土元素等。

1.4.1 合金钢的分类与编号

1.4.1.1 合金钢的分类

合金钢的种类繁多，为了便于生产和使用，可按照合金元素含量、用途等对其进行分类。

（1）按合金元素总含量分类

合金钢可分为低合金钢、中合金钢和高合金钢。

（2）按用途分类

合金钢可分为合金结构钢、合金工具钢和特殊性能钢。

1.4.1.2 合金钢的牌号

（1）低合金高强度结构钢

低合金高强度结构钢的牌号由代表屈服点的字母（Q）、屈服极限数值、质量等级符号（A、B、C、D、E）三个部分按顺序排列。如Q390A，表示屈服强度为390MPa，质量等级A的低合金高强度结构钢。

（2）合金结构钢

合金结构钢的牌号由三部分组成，即“两位数字+元素符号+数字”。前面两位数字代表钢中平均碳质量分数的万倍，元素符号表示钢中所含的合金元素，其后面的数字表示该元素的平均质量分数的百倍。当其平均质量分数$\omega_{Me}<1.5\%$时，一般只标出元素符号而不标数字，当其$\omega_{Me}\geqslant1.5\%$、$\geqslant2.5\%$、$\geqslant3.5\%$、…时，则在元素符号后相应标出2、3、4、…。例如60Si2Mn钢，表示平均$\omega_C=0.6\%$，平均$\omega_{Si}=2\%$，平均$\omega_{Mn}<1.5\%$的合金结构钢。

（3）合金工具钢

合金工具钢牌号的表示方法与合金结构钢相似，区别仅在于碳含量的表示方法不同。当平均$\omega_C<1\%$时，牌号前面用一位数字表示平均碳的质量分数的千倍，当平均$\omega_C\geqslant1.0\%$，牌号中不标碳含量。例如9SiCr钢，表示平均$\omega_C=0.9\%$，合金元素Si、Cr的平均质量分数都小于1.5%的合金工具钢；Cr12MoV钢表示平均$\omega_C>1\%$，ω_{Cr}约为12%，ω_{Mo}、ω_V都小于1.5%的合金工具钢。高速钢不论其碳含量多少，在牌号中都不予标出，但当合金的其他成分相同，仅碳含量不同时，则在碳含量高的牌号前冠以“C”字，例如W6Mo5Cr4V2和CW6Mo5Cr4V2钢，前者$\omega_C=0.8\%\sim0.9\%$，后者$\omega_C=0.95\%\sim1.05\%$，其余成分相同。

（4）特殊性能钢

特殊性能钢的牌号表示方法与合金工具钢的牌号表示方法基本相同，只是当其平均碳含量$\omega_C\leqslant0.03\%$和$\omega_C\leqslant0.08\%$时，则在牌号前分别冠以“00”及“0”。例如0Cr19Ni9表示平均$\omega_C<0.08\%$，$\omega_{Cr}=19\%$，$\omega_{Ni}=9\%$的不锈钢。

（5）滚动轴承钢

高碳高铬轴承钢属于专用钢，为了表示其用途，在牌号前加以“G”字，铬含量以其质量分数的千倍来表示，碳的含量不标出，其他合金元素的表示方法与合金结构钢相同。例如GCr15SiMn钢，表示平均$\omega_{Cr}=1.5\%$，ω_{Si}和ω_{Mn}都小于1.5%的滚动轴承钢。

1.4.2 合金结构钢

合金结构钢是在碳素结构钢的基础上，适当地加入一种或几种合金元素而获得的钢。它用于制造重要的工程结构和各种机器零件，如轴类零件、齿轮、弹簧和轴承等所用的钢种。

1.4.2.1 低合金高强度结构钢

低合金高强度结构钢又称低合金结构钢，其成分特点是低碳（$\omega_C<0.20\%$）、低合金（一般合金元素总量<3%）、以锰为主加元素，并辅加以钒、钛、铌、硅、铜、磷等，有时还加

入微量稀土元素。

低合金高强度结构钢具有高的屈服强度与良好的塑性和韧性、良好的焊接性、较好的耐腐蚀性等特点，被广泛用于桥梁、船舶、车辆、建筑等，使用时不需要进行专门的热处理，其中Q345钢是我国发展最早、应用最广泛的钢材。

1.4.2.2 合金渗碳钢

合金渗碳钢通常是指经渗碳淬火及低温回火后使用的合金钢，其渗碳层具有优异的耐磨性、抗疲劳性；未渗碳的心部具有高的韧性和强度。合金渗碳钢中ω_C一般为0.1%～0.25%。加入了镍、锰、硼、钨、钼、钒、钛等合金元素。

20CrMnTi是应用最广泛的合金渗碳钢，主要用于制造承受中等载荷、要求足够冲击韧度和耐磨性的汽车、拖拉机齿轮等零件。

1.4.2.3 合金调质钢

合金调质钢是指经调质处理后使用的钢，其具有良好的淬透性、热处理工艺性及良好的综合力学性能。合金调质钢中ω_C在0.25%～0.50%，主加元素为铬、镍、锰、硅、硼等，辅加元素有钼、钨、钒、钛等。

合金调质钢的典型钢种如40Cr、35SiMn等广泛用于制造一般尺寸的重要零件，如轴、齿轮和连杆螺栓等；40CrNi、35CrMo等用于制造截面较大和承受较重负荷的零件，如曲轴和连杆等；40CrNiMoA、37CrNi3等用于制造大截面且承受重负荷的重要零件，如汽轮机主轴、压力机曲轴和航空发动机曲轴等。

1.4.2.4 合金弹簧钢

合金弹簧钢是指用来制造各种弹簧和弹性元件的钢。合金弹簧钢中ω_C一般为0.45%～0.70%。重要用途的弹簧钢必须加入铬、矾和钨等元素。

65Mn和60Si2Mn是以Si和Mn为主要合金元素的弹簧钢。这类钢的价格便宜，淬透性明显优于碳素弹簧钢，这类钢主要用于车辆上的板簧和螺旋弹簧；50CrVA是含Cr、V等元素的弹簧钢，这类钢可制作在350～400℃温度下承受重载的较大弹簧。

1.4.2.5 滚动轴承钢

主要用来制造滚动轴承的滚动体和内外套圈的钢称为滚动轴承钢。要求其具有高而均匀的硬度，高的弹性极限和接触疲劳强度，足够的韧性和淬透性及一定的耐蚀性。

滚动轴承钢是一种高碳低铬钢，碳的平均质量分数一般为0.95%～1.15%。铬为基本合金元素，辅加入硅、锰和钒等元素。GCr15、GCr15SiMn钢是应用最多的轴承钢。前者用于制造中小型滚动轴承，后者用于制造大型轴承。

1.4.3 合金工具钢

用来制造刀具、模具和量具的合金钢称为合金工具钢，相应称为合金刃具钢、合金模具钢和合金量具钢，但实际应用界限并不十分严格。

1.4.3.1 合金刃具钢

合金刃具钢主要用来制造各种金属切削刃具，如车刀、铣刀和钻头等。要求其具有高的硬度、耐磨性和热硬性，足够的塑性和韧性。合金刃具钢又分为低合金刃具钢和高速工具钢两类。

（1）低合金刃具钢

低合金刃具钢是在碳素工具钢的基础上加入少量合金元素的钢，其碳的平均质量分数一般为0.75%～1.50%。加入的合金元素主要有硅、锰、铬、钼、钨和矾等。

低合金刃具钢中常用的有9SiCr、9Mn2V和CrWMn等。9SiCr被广泛用来制造各种薄刃工具，如丝锥、板牙和铰刀等。

（2）高速工具钢

高速工具钢又称高速钢，其碳的平均质量分数较高，一般为0.75%～1.6%，并含大量的钨、钼、铬和钒等碳化物形成元素。

高速钢应用较多的是W18Cr4V、W6Mo5Cr4V2和W9Mo3Cr4V三种。

1.4.3.2 合金模具钢

根据工作条件的不同，合金模具钢可分为冷作模具钢和热作模具钢两类。

（1）冷作模具钢

冷作模具钢用于制造使金属在冷态下产生变形的模具，如冷冲模、冷挤压模和拉丝模等。要求其具有高的硬度和耐磨性，足够的强度和韧性，同时，要求热处理变形小。

对于尺寸小、形状简单且工作负荷不大的冷作模具，可用碳素工具钢和低合金刃具钢制造，如T10A、9SiCr、CrWMn、9Mn2V等。

目前最常用的冷作模具钢属于高碳高铬模具钢，即Cr12型冷作模具钢。这类钢中碳的平均质量分数为1.4%～2.3%；铬的质量分数为11%～12%。

在Cr12钢基础上加入钼、钒后，除了可以进一步提高钢的回火稳定性，增加淬透性外，还能细化晶粒，改善韧性，所以Cr12MoV钢性能优于Cr12钢。Cr12和Cr12MoV钢由于淬透性好，淬火变形小，耐磨性好，广泛用于制造负荷大、尺寸大和形状复杂的模具。

（2）热作模具钢

热作模具钢用于制造在受热状态下对金属进行变形加工的模具，如热锻模、热挤压模、压铸模等。要求其具有高的热硬性和高温耐磨性，良好的综合力学性能，高的热疲劳强度和较好的抗氧化能力，同时，还要具有高的淬透性和导热性。热作模具钢一般是中碳合金钢，其碳的平均质量分数为0.3%～0.6%，加入的合金元素有锰、铬、镍、钨、钼、钒等。

目前，制作热锻模的典型钢种有5CrMnMo和5CrNiMo钢；制作热压模的常用钢为3Cr2W8V钢。

1.4.4 特殊性能钢

特殊性能钢是指具有特殊的物理性能和化学性能的合金钢，用来制造除要求具有一定力学性能外，还要求具有特殊性能的零件，主要包括不锈钢、耐热钢和耐磨钢。

1.4.4.1 不锈钢

不锈钢是指在腐蚀性介质中具有耐腐蚀能力的钢。按其化学成分的不同，可分为铬不锈钢、铬镍不锈钢和铬锰不锈钢等；按其组织特征，则可分为马氏体不锈钢、铁素体不锈钢和奥氏体不锈钢等。

（1）马氏体不锈钢

常用马氏体不锈钢就是指Cr13型不锈钢，典型牌号有1Cr13、2Cr13、3Cr13和4Cr13等，属于铬不锈钢，马氏体不锈钢只在氧化性介质中耐腐蚀，在非氧化性介质中耐蚀性很低。因此常作为工具钢使用，用来制造医疗器械、刀具和热油泵等。

（2）铁素体不锈钢

常用的铁素体不锈钢的典型牌号有0Cr13、1Cr17、1Cr17Ti和1Cr28等。这类钢在退火或正火状态下使用，强度较低但塑性较好，可用形变强化提高强度。主要用于要求较高耐腐蚀性而受力不大的构件，如化工设备中容器、管道等。

（3）奥氏体不锈钢

奥氏体不锈钢，简称为18-8型不锈钢，其典型牌号有0Cr19Ni9、1Cr18Ni9、0Cr18N11Ti钢等。奥氏体不锈钢具有很好的塑性、韧性和焊接性，强度、硬度低，无磁性，耐腐蚀性和耐热性很好，但切削加工性较差，易粘刀和产生加工硬化。因此，这类钢广泛用于在强腐蚀介质中工作的设备、管道、槽等，还广泛用于要求无磁性的仪表、仪器元件等。

1.4.4.2 耐热钢

耐热钢是指在高温下具有热化学稳定性和热强性的钢，它包括抗氧化钢和热强钢等。对这类钢的主要要求是优良的高温抗氧化性和高温强度。此外，还有适当的物理性能，如热膨胀系数小和良好的导热性，以及较好的加工工艺性能等。

常用牌号有3Cr18Ni25Si2、4Cr14Ni14W2Mo等。

1.4.4.3 耐磨钢

耐磨钢主要用于运转过程中承受严重磨损和强烈冲击的零件，如车辆履带、挖掘机铲斗、破碎机颚板和铁轨分道叉等。对耐磨钢的主要要求是有很高的耐磨性和韧性。

高锰钢是目前最主要的耐磨钢，常见的牌号是ZGMn13。

1.5 铸铁

铸铁是碳的质量分数大于2.11%、小于6.69%（通常为2.8%～3.5%）的铁碳合金，此外还含有硅、锰等合金元素及硫、磷等杂质。铸铁的抗拉强度低，塑性和韧性差，但铸铁具有优良的耐磨性、减振性、铸造性能和切削加工性，而且生产方法简单，成本低廉，因此大量用于机器设备制造中，通常占机械设备总质量的30%～80%。

根据碳在铸铁中存在形式不同，铸铁可分为白口铸铁、灰口铸铁、麻口铸铁。工业上普遍使用的铸铁是灰口铸铁。灰口铸铁中的碳以石墨的形式存在，断口呈灰色，故称灰口铸铁。灰口铸铁按石墨的形态分为灰铸铁、球墨铸铁、可锻铸铁和蠕墨铸铁。

1.5.1 灰铸铁

灰铸铁的组织是由片状石墨和钢的基体组成，其性能主要取决于基体组织以及石墨的形态、数量、大小和分布。因石墨的力学性能极低，片状石墨的尖端处易造成应力集中，使灰铸铁的抗拉强度、塑性、韧性比钢低很多。

灰铸铁的牌号由“HT+数字”组成，数字表示最低抗拉强度值（MPa）。例如，HT300，代表抗拉强度大于300MPa的灰铸铁。

常用的灰铸铁是HT150、HT200，前者主要用于机械制造业承受中等应力的一般铸件，如底座、刀架、阀体、水泵壳等；后者主要用于一般运输机械和机床中承受较大应力和较重要的零件，如气缸体、缸盖、机座、床身等。

1.5.2 球墨铸铁

由于球墨铸铁中的石墨呈球状，所以球墨铸铁的力学性能比灰铸铁高得多，强度与钢接近，屈强比几乎比钢提高一倍，塑性、韧性虽然大为改善，但仍比钢差。

球墨铸铁的牌号由“QT+数字–数字”组成，数字分别表示其最低抗拉强度（MPa）和最低断后伸长率（%）。例如，QT600–3，代表最低抗拉强度≥600MPa，最低断后伸长率≥3%的球墨铸铁。球墨铸铁的力学性能好，又易于熔铸，经合金化和热处理后，可代替铸钢、锻钢制造受力复杂、性能要求高的重要零件，在机械制造中得到广泛应用。

1.5.3 可锻铸铁

由于可锻铸铁中的石墨呈团絮状分布，故减少了石墨对基体的割裂作用，因此与灰铸铁相比，可锻铸铁具有较高的力学性能，尤其是塑性与韧性有明显提高。

可锻铸铁的牌号由“KT+类别字母+数字–数字”组成，类别字母的H表示铁素体可锻铸铁；Z表示珠光体可锻铸铁。两组数字分别表示其最小的抗拉强度（MPa）和伸长率（%）。例如，KTH370–12，代表抗拉强度＞370MPa，伸长率≥12%的铁素体可锻铸铁。

铁素体可锻铸铁强度不高，但具有良好的塑性与韧性，常用作汽车与拖拉机的后桥外壳、机床扳手、低压阀门、管接头等承受冲击、振动和扭转载荷的零件；珠光体可锻铸铁的塑性和韧性不及铁素体可锻铸铁，但其强度、硬度和耐磨性高，常用作曲轴、凸轮轴、连杆、齿轮、活塞环、轴套、万向接头、棘轮和传动链条等要求强度与耐磨性较好的零件。

1.5.4 蠕墨铸铁

由于蠕墨铸铁中的石墨呈蠕虫状分布，介于球状和片状之间，因此，蠕墨铸铁的力学性能介于灰铸铁和球墨铸铁之间。与球墨铸铁相比，具有较好的铸造性和热导性、较低的热膨胀系数。蠕墨铸铁的牌号由“RuT+数字”组成，数字表示最低抗拉强度，例如，RuT300代表抗拉强度≥300MPa。

1.6 有色金属及其合金

在工业生产中，通常把铁及其合金称为黑色金属，除黑色金属以外的其他金属称为有色金属。常用的有色金属有铝及铝合金、铜及铜合金、滑动轴承合金等。

1.6.1 铝及铝合金

1.6.1.1 工业纯铝

工业纯铝的纯度为99.7%～99.80%，是一种银白色的轻金属，具有良好的导电件和导热性。纯铝的强度很低，塑性很好，易塑性变形加工成材；熔点低，可铸造各种形状的零件；与氧的亲和力强，在大气中表面会形成一层牢固致密的氧化膜，可以阻止进一步氧化，从而使它在大气和淡水中具有良好的耐蚀性。

纯铝的牌号有1070A、1060A、1050A、1035、1200等。工业纯铝主要用于制造电缆电线的线芯和导电零件、耐蚀器皿、生活器皿以及配制铝合金和做铝合金的包覆层等。

1.6.1.2 铝合金的分类

由于纯铝的强度低，向铝中加入硅、铜、镁、锌、锰等合金元素制成铝合金，具有较高的强度，并且还可用变形或热处理方法，进一步提高其强度，而仍保持其密度小、耐腐蚀的优点，在航空工业中得到广泛应用。

铝合金按其成分和工艺特点不同，分为铸造铝合金与变形铝合金两类。

（1）铸造铝合金

铸造铝合金具有良好的铸造性，但塑性较差，常用变质处理和热处理的办法来提高其力学性能。铸造铝合金按主要合金元素的不同分为铝硅合金、铝铜合金、铝镁合金和铝锌合金四种。

（2）变形铝合金

变形铝合金又可分为不能热处理强化的铝合金（防锈铝合金）和能热处理强化的铝合金（包括硬铝合金、超硬铝合金及锻铝合金）两种。

1.6.2 铜及铜合金

1.6.2.1 工业纯铜

工业纯铜的纯度为99.50%～99.90%，俗称紫铜。它具有优良的导电性、导热性及良好的耐蚀性，强度不高，硬度很低，塑性很好。

工业纯铜分为四种：T1、T2、T3和T4。“T”为铜的汉语拼音字头，编号越大，纯度越低。工业纯铜主要用于制作电线、电缆、电器开关及配制各种铜合金等。

1.6.2.2 铜合金

铜合金按其化学成分可分为黄铜、青铜和白铜三大类。

（1）黄铜

铜锌合金或以锌为主要合金元素的铜合金称为黄铜。黄铜具有良好的塑性和耐蚀性，良好的变形加工性能和铸造性能。

（2）青铜

青铜原指在纯铜中加入锡或铅的合金，但逐渐地把除锌以外的其他元素的铜基合金，也称为青铜。因此青铜包含锡青铜、铝青铜、铍青铜和硅青铜等。

（3）白铜

白铜是以镍为主要添加元素的铜基合金，呈银白色，有金属光泽，故名白铜。白铜性能良好，塑性好、硬度高、耐腐蚀。

1.6.3 滑动轴承合金

轴承合金是指制造滑动轴承中轴瓦及内衬的合金。为了减少轴承对轴颈的磨损，确保机器的正常运转，轴承合金应具有足够的强度和硬度、良好的耐磨性和减磨性。

最常用的轴承合金是锡基或铅基轴承合金，亦称“巴氏合金”。

（1）锡基轴承合金

锡基轴承合金膨胀系数小，减摩性好，并且具有良好的导热性、塑性和耐蚀性，适应于制造汽车、拖拉机、汽轮机的高速轴瓦，但其疲劳强度差。

（2）铅基轴承合金

铅基轴承合金的硬度、强度和韧性比锡基轴承合金低，但由于价格便宜，铸造性能好，常做低速、低负荷的轴承使用，如汽车、拖拉机的曲轴轴承及电动机轴承等。

1.7 其他材料简介

1.7.1 粉末冶金与硬质合金

1.7.1.1 粉末冶金

粉末冶金是用金属粉末或金属与非金属粉末的混合物作为原料，经压制成型后烧结，以获得金属零件和金属材料的方法。

粉末冶金法能生产具有一定孔隙度的多孔材料产品，如过滤器、多孔含油轴承等；生产冶炼法不能生产的电接触材料等。粉末冶金法是一种少切削、无切削的新工艺，可以实现精密成形和自动化批量生产，是一种可有效进行材料再生和综合利用的新技术。制造原始粉末的成本高，压制时所需单位压力很高，制品尺寸受到限制。粉末冶金法压模的成本高，粉末的流动性差，不易制造形状十分复杂的零件，烧结后零件的韧性较差。

1.7.1.2 硬质合金

（1）硬质合金的组成和特点

硬质合金是用粉末冶金的方法制成的，它是由高硬度、高熔点的金属碳化物的微粉和金属黏结剂，在高压下压制成型，并在高温下烧结而成。由于碳化物的硬度和熔点很高，所以硬质合金的硬度很高，耐磨性好；具有较高的红硬性；抗压强度高，常温下工作时，无明显的塑性变形；耐腐蚀性和抗氧化性好；线膨胀系数小，但其抗弯强度低，冲击韧性差，不能承受振动和冲击，制造工艺性差，多用于制造刀具。

（2）硬质合金的分类

1）钨钴类硬质合金　由碳化钨和钴构成。其硬度为89～91.5HRA，抗弯强度为1.1～1.5GPa，红硬性为800～900℃，常用的牌号有YG3X、YG8等。牌号中的数字表示含钴量的百分比，含钴量越多，其韧性就越大，抗弯强度就越高，但其硬度和耐磨性则降低。

2）钨钛钴类硬质合金　由碳化钨、碳化钛和钴构成。其硬度为89.5～92.5HRA，抗弯强度为0.9～1.4GPa，红硬性为900～1000℃，常用的牌号有YT15、YT30等。牌号中的数字表示含碳化钛量的百分比，含碳化钛量越多，其韧性和抗弯强度下降，但其硬度增大。

3）通用硬质合金　是以碳化钽或碳化铌取代YT类硬质合金的一部分碳化钛制成的合金。通用硬质合金兼有上述两类合金的优点，应用广泛，因此通用硬质合金又称“万能硬质合金”，其牌号用“YW+数字”表示，数字无特殊意义，仅表示该合金的序号。

（3）硬质合金的用途

切削用硬质合金，用于制造车刀、铣刀、钻头、铰刀、镗刀等；模具用硬质合金，用于制造拉延模、冷冲模和冷挤模等；硬质合金量具及耐磨零件，用于在量具的易磨工作面上镶以硬质合金以及制造精轧辊、顶尖、精密磨床的精密轴承等耐磨零件。

1.7.2　陶瓷材料

陶瓷是一种无机非金属材料，同金属材料、高分子材料一起并称为三大固体材料。陶瓷材料具有硬度高、耐高温、耐腐蚀和电绝缘等优良性能，其缺点是强度低、脆性大。

陶瓷材料可以分为普通陶瓷和特种陶瓷两大类。

（1）普通陶瓷

普通陶瓷是以天然原料如高岭土、石英、长石等烧结而成，这类陶瓷按性能特征和用途又可分为日用陶瓷、建筑陶瓷、电绝缘陶瓷和化工陶瓷等。

普通陶瓷质地硬，不导电，易于加工成型，但其内部含有较多的玻璃相，高温下易软化，耐高温及绝缘性不及特种陶瓷。其成本低，产量大，广泛用于工作温度低于200℃的酸碱介质、容器、反应塔、管道和供电系统的绝缘子等。

（2）特种陶瓷

特种陶瓷是指各种新型陶瓷，多采用高纯度人工合成的原料烧结而成。

根据其成分不同可分为氧化物陶瓷、氮化物陶瓷、碳化物陶瓷、金属陶瓷等。

1.7.3　塑料、橡胶材料

1.7.3.1　塑料

塑料是指以树脂（或在加工过程中用单体直接聚合）为主要成分，以增塑剂、填充剂、润滑剂、着色剂等添加剂为辅助成分，在加工过程中能流动成型的材料。

（1）塑料的基本性能

塑料具有质轻、比强度高；优异的电绝缘性能；优良的化学稳定性能；减摩、耐磨性能好；透光及防护性能，减振、消音性能优良等特点。因此，工程上用作减振消音材料。

（2）塑料的分类

1）按树脂的性质分类

①热塑性塑料　在特定温度范围内能反复加热软化和冷却硬化的塑料，如聚乙烯塑料、聚氯乙烯塑料等。

②热固性塑料　因受热或其他条件能固化成不溶性物料的塑料，如酚醛塑料等。

2）按塑料使用范围分类

①通用塑料　指产量大、用途广、成型性好、价廉的塑料，如聚乙烯、聚丙烯等。

②工程塑料　指能承受一定的外力作用，并有良好的力学性能和尺寸稳定性，在高、低温下仍能保持其优良性能，可以作为工程结构件的塑料，如ABS、尼龙、聚矾等。

③特种塑料　一般指具有特种功能（如耐热、自润滑等），应用于特殊要求的塑料，如氟塑料、有机硅等。

1.7.3.2 橡胶

橡胶也是以高分子化合物为基础的材料，它具有高弹性和蓄能作用，常用做弹性材料、密封材料和减振材料。

（1）橡胶的组成

工业用橡胶是由生胶（或纯橡胶）和橡胶配合剂组成的。

（2）橡胶的分类

1）天然橡胶　是以橡胶树上流出的胶乳经过凝固、干燥、加工等工序制成的，主要用于制造轮胎以及不要求耐油、耐热的胶带、胶管等。

2）合成橡胶　其种类很多，用量最大的是丁苯橡胶。它有较好的耐磨性、耐热性和耐老化性，且较天然橡胶质地匀、价格低。缺点是生胶强度差、黏结性不好、成型困难、硫化速度慢、制成的轮胎使用时发热量大、弹性差。但是，它可以与天然橡胶以任意比例混合，从而可以取长补短，普遍用于制造汽车轮胎、胶带、胶管等。氯丁橡胶具有耐油、耐溶剂、耐氧化、耐酸、耐碱、不易燃烧等性能，常用于制造输油胶管、采矿用运输带、胶管等。主要缺点是耐寒性差，密度较大。此外，还有气密性高、可用于制造轮胎内胎的丁基橡胶，耐油性优良的丁腈橡胶和耐腐蚀的氟橡胶等。

习题

1-1　金属材料的主要力学性能有哪些？它们通过什么测试指标来反映？

1-2　什么是硬度？HB、HRC、HRB、HRA、HV各代表什么方法测定出的硬度？

1-3　试绘制简化后的$Fe-Fe_3C$相图，说明各主要特性点和特性线的含义。

1-4　什么是钢的热处理？主要的热处理方法有哪几种？它们的主要目的是什么？

1-5　正火与退火的主要区别是什么？生产中如何选择正火与退火？

1-6　回答下列问题。

（1）为什么一般机械中的轴、齿轮常选用中碳钢?

（2）为什么捆扎货物的铁丝选用低碳钢制成?

（3）为什么起重机用的钢丝绳含碳量较高（0.6% ~ 0.7%）?

1-7　说明下列钢号各代表什么钢及它们的代号的含义。

A3、B2、20钢、45钢、65Mn钢、T7、TL2、T10A

1-8　什么是普通低合金结构钢? 它的主要性能和用途怎样?

1-9　试说明下列牌号各代表什么钢，以及牌号中的数字和字母符号有何含义。

20CrMnTi、9SiCr、9Mn2V、40Cr、50CrVA、GCr15、Cr12MoV

1-10　根据碳在铸铁中存在形态的不同，铸铁可分为哪几类?

1-11　什么是有色金属? 主要分为哪几类?

1-12　常用铜合金分为哪几类? 各有何特点?

1-13　常用硬质合金有哪几种? 其性能特点和用途是什么?

1-14　简述橡胶的分类、特点及应用。

1-15　简述陶瓷的分类、特点及应用。

第 2 章

铸　造

2.1 概述

2.1.1 铸造的特点和分类

将熔化的金属液浇注到铸型中，待其凝固、冷却后，获得一定形状的零件或零件毛坯的成型方法，称为铸造。铸造获得的毛坯或零件称为铸件。

2.1.1.1 铸造的特点

1）成型方便且适应性强。

2）成本较低。

3）铸件的组织性能较差。

4）铸造工序多，工艺过程较难控制，因此铸件易产生缺陷，使质量不够稳定。

5）工作场地温度高，灰尘多，环境差，工人劳动强度大。

2.1.1.2 铸造的分类

（1）砂型铸造

砂型铸造是指当直接形成铸型的原材料主要为型砂，且液态金属完全靠重力充满整个铸型型腔的铸造方法。砂型铸造一般可分为手工砂型铸造和机器砂型铸造。前者主要适用于单件、小批量生产以及复杂和大型铸件的生产，后者主要适用于成批大量生产。

（2）特种铸造

凡不同于砂型铸造的所有铸造方法，统称为特种铸造，如金属型铸造、压力铸造、离心铸造、熔模铸造和低压铸造等。

2.1.2 合金的铸造性能

合金在铸造成型过程中所表现出来的性能统称为铸造性能，主要是指流动性、收缩性等。良好的铸造性能是保证铸件质量的重要条件。常用合金的铸造性能如下。

（1）铸铁

1）灰铸铁　由于熔点较低，铁液流动性好，凝固温度范围窄，收缩性小，所以灰铸铁具有良好的铸造性能。

2）可锻铸铁　其碳、硅含量较低，熔点比灰铸铁高，流动性比灰铸铁差，凝固温度范围较宽，故形成缩孔和裂纹的倾向较大。

3）球墨铸铁　流动性与灰铸铁基本相同，但因球化时铁液温度有所下降，易产生浇不足、冷隔等缺陷。

（2）铸钢

铸钢熔点高，容易产生粘砂等缺陷；铸钢的流动性差，易产生浇不足、冷隔等缺陷；铸钢的收缩性大，产生缩孔、缩松、裂纹等缺陷的倾向大。

（3）有色金属

常用的铸造有色金属合金有铝、铜等合金。它们大多具有流动性好、收缩性大、容易吸气和氧化等铸造特点。

2.2 铸造成型工艺方法

2.2.1 砂型铸造

砂型铸造是用型砂紧实成铸型的铸造方法。砂型铸造可分为湿砂型（不经烘干可直接进行浇注的砂型）铸造和干砂型（经烘干的高黏土砂型）铸造两种。

砂型铸造工艺过程主要由以下几个部分组成：制造模样与芯盒、制造砂型、制造型芯、砂型及型芯的烘干、合箱、熔炼金属、浇注、落砂和清理、检验等，如图2-1所示为齿轮毛坯的砂型铸造工艺过程。

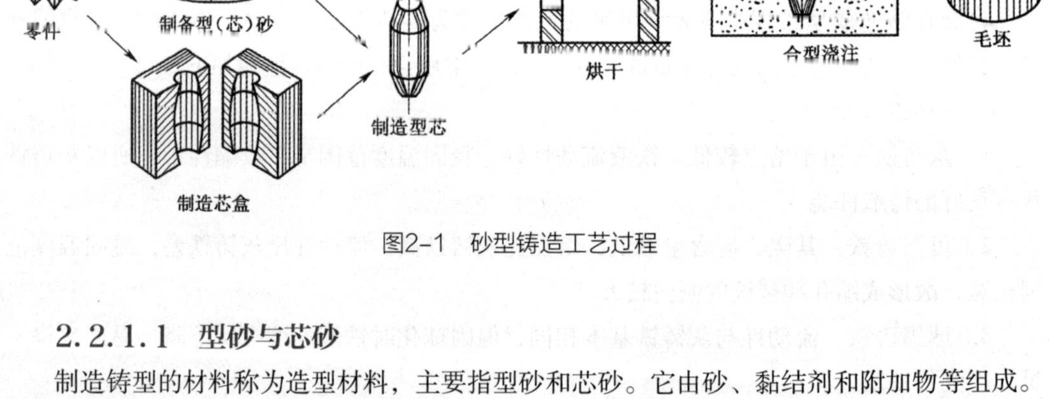

图2-1 砂型铸造工艺过程

2.2.1.1 型砂与芯砂

制造铸型的材料称为造型材料，主要指型砂和芯砂。它由砂、黏结剂和附加物等组成。型砂用于制造砂型，芯砂用于制造型芯。型砂与芯砂应具备的性能如下。

（1）可塑性

型砂与芯砂在外力作用下可塑造成型，当外力消除后仍能保持外力作用时的形状，这种性能称为可塑性。可塑性好，易于成型，能获得型腔清晰的铸型，从而保证铸件具有精确的轮廓尺寸。

（2）强度

型砂与芯砂受外力作用而不易破坏的性能称为强度。铸型必须具有足够的强度，这样在浇注时才能承受金属熔液的冲击和压力，不致发生变形和毁坏，如冲砂、塌箱等，从而防止夹砂、砂眼等缺陷。

（3）耐火性

型砂与芯砂在高温液态金属作用下不软化、不熔融烧结及不黏附在铸件表面上的性能称为耐火性。耐火性差会造成铸件表面粘砂，增加清理和切削加工的困难。

（4）透气性

型砂与芯砂在紧实后能使气体通过的能力称为透气性。当熔融金属浇入铸型后，在高温作用下，型砂中会产生大量气体，熔融金属随温度下降也会析出一些气体。如果透气性差，部分气体就会留在金属熔液内不能排出，铸件中便会产生气孔等缺陷。

（5）退让性

铸件凝固时体积要缩小，型砂与芯砂随铸件收缩而被压缩的性能称为退让性。退让性好的型砂与芯砂不会阻碍铸件的收缩，减少铸件的内应力，使铸件避免产生裂纹。

（6）溃散性

型砂与芯砂在铸件冷却后应当容易解体而脱离铸件表面。

2.2.1.2 模样与芯盒

模样是指由木材、铝合金或塑料制成，用来形成铸型型腔的工艺装备，模样可获得铸件外部结构。制造型芯所用的装备称为芯盒，芯盒用以获得铸件内腔。

制造模样应注意：为了便于造型，要选择合适的分模面；为了便于起模，在垂直于分型面的模样壁上要做出起模斜度；为了防止铸件产生粘砂、裂纹缺陷，模样上凡相邻两表面的交角，都应做成铸造圆角；铸件需要切削加工的表面要留出加工余量；有内腔的铸件，在模样上应做出安放型芯的芯头；模样的尺寸要比零件尺寸大一些。

2.2.1.3 造型方法

造型是砂型铸造的最基本工序，是用型砂及模样等工艺设备制造砂型的方法和过程。

（1）手工造型

手工造型是指全部用手工或手动工具完成的造型工序。砂箱及常用的手工造型工具如图2-2所示。手工造型按起模特点分为整模造型、分模造型、挖砂造型、活块造型等方法。

1）整模造型　过程如图2-3所示，其特点是模样为一整体，放在一个砂箱内，能避免铸件出现错型缺陷，造型操作简单，铸件的尺寸精度高。适用于生产形状比较简单的铸件。

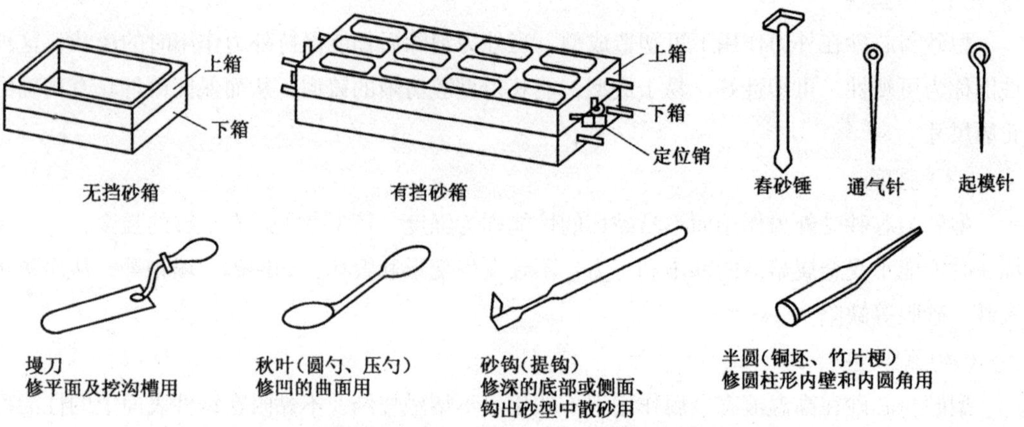

图2-2 砂箱及常用的手工造型工具

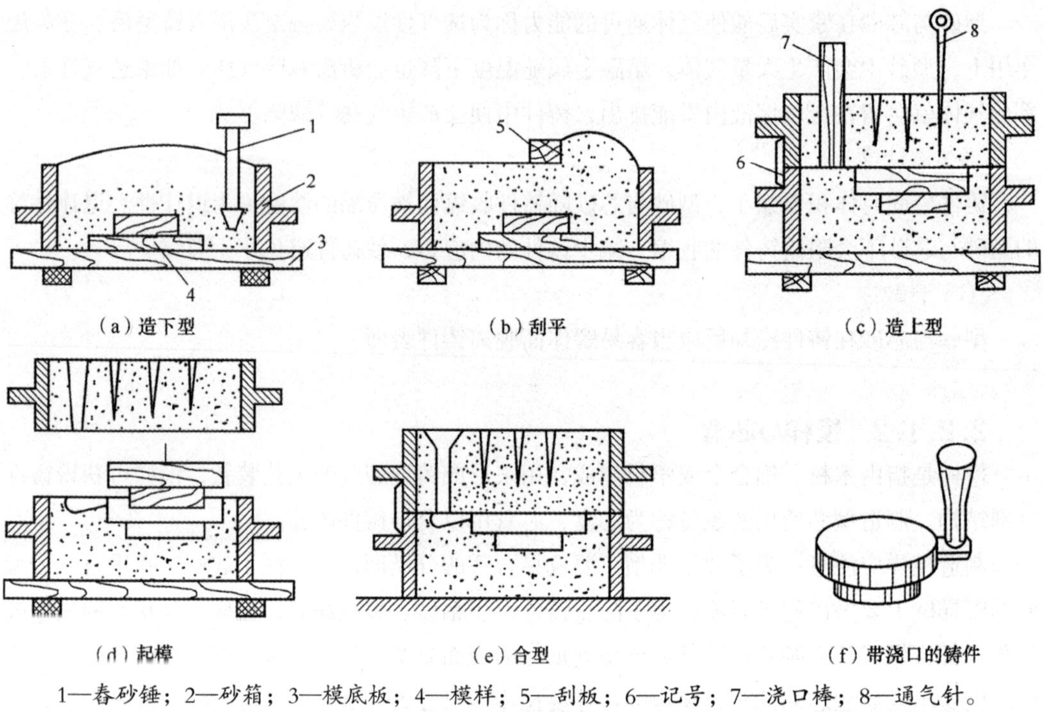

1—舂砂锤；2—砂箱；3—模底板；4—模样；5—刮板；6—记号；7—浇口棒；8—通气针。

图2-3 整模造型过程

2）分模造型 其特点是沿模样最大截面处将模分成两部分，两个半模分别位于上、下型之中，便于造型时将模样从砂型内起出，如图2-4所示为分模造型过程示意图。这种方法适合于生产圆柱体、管件、阀体、套筒等形状较复杂的铸件。

手工造型方法比较灵活，工艺装备简单，适应性强，生产准备时间短。但生产率低，劳动强度大，劳动条件差，铸件质量较差。因此，手工造型多用于单件小批量生产。

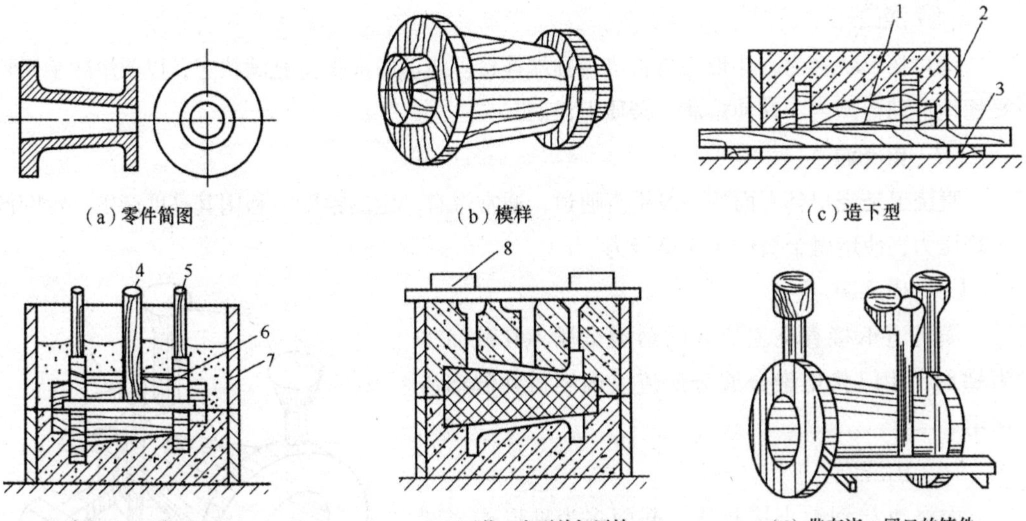

（a）零件简图　（b）模样　（c）造下型

（d）造上型，开浇、冒口　（e）下芯、合型并加压铁　（f）带有浇、冒口的铸件

1—下半模样；2—下砂箱；3—模底板；4—浇口棒；5—冒口棒；6—上半模样；7—上砂箱；8—压铁。

图2-4　分模造型过程

（2）机器造型

机器造型是指用机器完成全部或至少完成紧砂操作的造型工序。机器造型必须使用模板造型，通过模板与砂箱机械地分离而实现起模。模板不易更换，通常使用两台造型机分别造上型和下型。因此，机器造型只能实现两箱造型。

机器造型可提高劳动生产率、铸件尺寸精度和表面质量，改善劳动条件，适应于大批量生产。

2.2.1.4　造芯

制造型芯的过程称为造芯，是用来形成铸件的内腔。一般型芯用黏土砂，要求较高的型芯用桐油砂、合脂砂或树脂砂等。芯砂中一般使用新砂，很少用旧砂。

造芯时放入芯骨以提高强度，应做出通气道使型芯产生的气体能顺利地排出。成型后的型芯表面刷上涂料，以提高型芯表层的耐火度、保温性和化学稳定性，防止铸件内腔粘砂。然后放入烘房烘干，以提高型芯的强度和透气性，减少型芯的发气量。

造芯可分为手工造芯（单件、小批量生产）和机器造芯（大批量生产）两种。

2.2.1.5　浇注系统和冒口

浇注系统是指为将金属液体注入型腔而在铸型中开设的一系列通道。它是在造型时利用一定的模样来形成的。浇注系统由浇口杯、直浇道、横浇道、内浇道和冒口组成。

浇注系统的作用：保证熔融金属能均匀连续而又平稳地引入并充满型腔，防止液态金属冲坏砂型；防止熔渣、气体和砂粒进入型腔；调节铸件凝固顺序，补给铸件冷却凝固收缩时所需的金属，防止产生缩孔、裂纹等缺陷。

（1）浇口杯

浇口杯形状多为漏斗形，与直浇道顶端连接。浇注时应保持充满状态，以便熔融金属较平稳地流到铸型内，并使熔渣、杂质上浮。

（2）直浇道

直浇道是浇口杯下面的一段垂直通道，通常带有一定的锥度。利用其高度产生一定的液态静压力，使熔融金属产生充填能力。

（3）横浇道

横浇道承接直浇道流入的熔融金属，其截面多为梯形，用以将熔融金属分配流入内浇道并起挡渣作用。

（4）内浇道

内浇道与型腔直接相连，截面多为梯形或半圆形，其作用是控制熔融金属流入型腔的速度和方向。

（5）冒口

冒口是在铸型内储存供补缩铸件用熔融金属的空腔，一般设置在铸件的最高处和最厚处。如图2–5所示为带有浇、冒口的法兰管铸件。

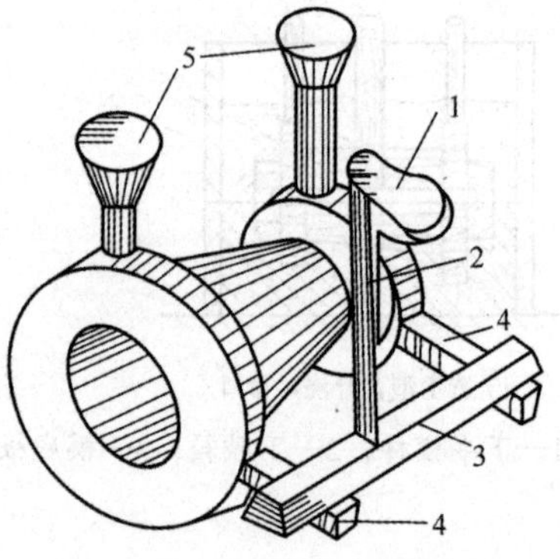

1—浇口杯；2—直浇道；3—横浇道；4—内浇道；5—冒口。

图2–5 带有浇、冒口的法兰管铸件

2.2.1.6 合型、浇注、落砂、清理和热处理

（1）合型

合型是指将铸型的各个组元如上型、下型、型芯、浇口杯装配起来的过程。合型是决定铸型型腔形状与尺寸精度的关键工序，若操作不当，会造成跑火、错箱和塌箱等缺陷。

合型前应检查砂型和型芯的形状和尺寸，清除型腔中的散砂。合型时要保证型芯的位置正确和稳固。合型后上型上应加压铁，或用夹具夹紧上、下型，防止浇注时熔融金属将上型抬起，造成熔融金属流出箱外。

（2）浇注

浇注是指将熔融金属浇入铸型的操作过程。浇注对铸件质量有很大的影响，浇注不当，常引起浇不足、冷隔、气孔、缩孔和夹渣等缺陷。

浇注前应做好准备工作，如烘干浇包及浇注工具；保证浇注场地畅通无阻，地面干燥无积水；除尽熔融金属表面的熔渣；浇注时，须使浇口杯保持充满金属，不能断流；要控制好浇注温度和浇注速度。

（3）落砂

落砂是指用手工或机器使铸件和型砂、砂箱分开的操作过程。从铸件中去除芯砂和芯骨的操作称为除芯。落砂方法分为手工落砂和机器落砂两种。

铸型浇注后，铸件在砂型内应有足够的冷却时间。过早进行落砂，会因铸件冷却太快而使其内应力增加，易产生表面硬化，甚至变形开裂。

（4）清理

清理是落砂后从铸件上清除表面粘砂或粗糙部分、浇道和冒口多余金属等过程的总称。铸件的表面清理一般用钢丝刷、錾子、风铲、手提式砂轮等工具进行手工清理。批量生产时多采用专用机械和设备进行清理。

（5）热处理

经过清理的铸件有时要进行热处理，一般是进行去应力退火，以消除铸造应力。

2.2.2 特种铸造

常用的特种铸造方法有金属型铸造、压力铸造、离心铸造、熔模铸造、低压铸造、挤压铸造、陶瓷型铸造和实型铸造等。

2.2.2.1 金属型铸造

金属型铸造是指用重力将熔融金属浇注入金属铸型获得铸件的方法。金属型是指用金属材料制成的铸型，不能称作金属模。

（1）金属型铸造过程

常见的垂直分型式金属型如图2–6所示，由定型和动型两个半型组成，分型面位于垂直位置。浇注时，先使两个半型合紧，凝固后利用简单的机构使两半型分离，取出铸件。

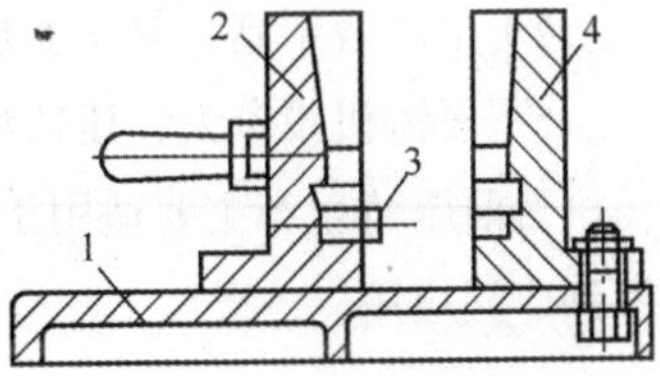

1—底座；2—动型；
3—定位销；4—定型。
图2–6 垂直分型式金属型

（2）金属型铸造特点及应用

1）金属型可以多次使用，浇注次数可达数万次而不损坏，与砂型铸造相比，省去了型砂制备、造型、落砂、清理等过程，节省了大量型砂和配砂设备与场地，显著地提高了劳动生产率并降低了生产成本。

2）金属型铸造的铸件有较高的尺寸精度和表面质量，因此，切削加工余量小。

3）金属型传热迅速，铸件结晶时冷却快，因而晶粒细，力学性能较好。

4）金属型的设计、制造、使用及维护要求高，制造成本高，加工周期长。

在大批量生产中，常采用金属型铸造方法铸造有色金属铸件，其铸件不宜过大，形状不能太复杂，如铝合金活塞、气缸体和铜合金轴瓦等。

2.2.2.2 压力铸造

压力铸造是指将熔融金属在高压下快速充满型腔，并在压力下凝固的铸造方法。压力铸造的铸型是金属型，用于压力铸造的机器称为压铸机。生产上以卧式压铸机应用较多。

（1）压力铸造过程

压力铸造过程包括合型浇注、压射和开型顶件，如图2–7所示。使用的压铸机机构如图

2–7（a）所示，由定型、动型、压室等组成。首先，使动型与定型合紧，用活塞将压室中的熔融金属压射到型腔，如图2–7（b）所示；凝固后，打开铸型并顶出铸件，如图2–7（c）所示。

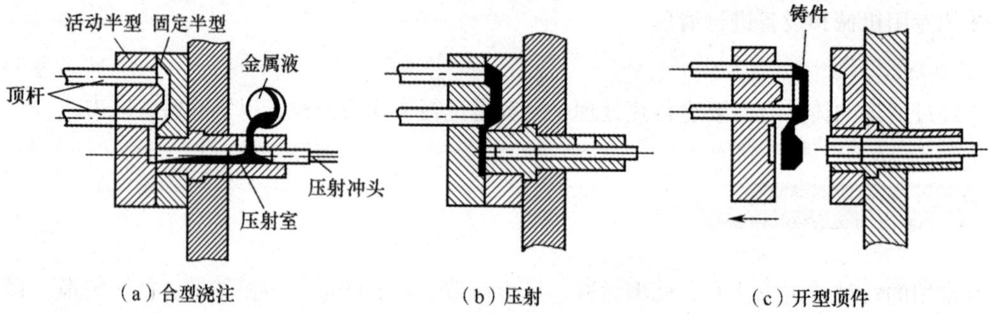

图2–7　压力铸造工作过程示意图

（2）压力铸造特点及应用

1）可以铸造形状复杂的薄壁铸件。

2）熔融金属在压力作用下凝固成型，故铸件组织致密，强度和硬度较高。

3）压铸件的尺寸精度高，表面粗糙度低。大多数压铸件不需要进行切削加工即可使用。

4）生产效率高，易于实现半自动化和自动化。

5）压铸机投资大，压铸型制造复杂，生产周期长，费用高。

目前压铸生产主要适用于熔点较低的有色金属铸造，在汽车、仪表、电器、航空等部门得到广泛应用。

2.2.2.3　离心铸造

离心铸造是指将熔融金属浇入高速旋转的铸型中，在离心力的作用下凝固成型的铸造方法。这种铸件多是简单的圆筒形，铸造时不用砂芯就可形成圆筒的内孔。

（1）离心铸造过程

离心铸造过程如图2–8所示，离心铸造的铸型可以用金属型，也可以用砂型，铸型在离心铸造机上可绕垂直轴或水平轴旋转。当铸型绕垂直线回转时，浇注入铸型中的熔融金属的自由表面呈抛物线形状，因此，不易铸造轴向长度较大的铸件，如图2–8（a）所示。当铸型绕水平轴回转时，浇注入铸型中的熔融金属的自由表面呈圆柱形，常用于铸造要求均匀壁厚的中空铸件，如图2–8（b）所示。

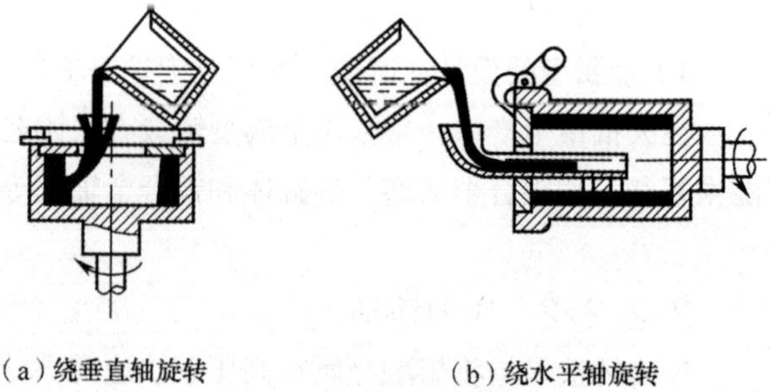

图2–8　离心铸造示意图

（2）离心铸造特点及应用

1）熔融金属在离心力作用下凝固成型，故铸件结晶组织致密，无气孔、缩孔和夹渣等缺陷，力学性能较高。

2）铸造具有圆形内腔的铸件时，不必使用型芯。

3）铸型中不需要浇注系统，减少了熔融金属的消耗量。

4）铸件的内孔尺寸不精确，且内壁非金属夹杂物多，需要增大内孔的切削加工余量。

离心铸造主要适用于铸造空心回转体，如各种管子、缸套、圆筒形铸件，也可用来生产双金属轴承以及其他成型铸件。

2.2.2.4 熔模铸造

在铸造生产中用易熔料如腊料制成模样，在模样上包覆若干层耐火材料，制成型壳，模样熔化流出后，经高温烧结成为壳体。采用这种壳型浇注的铸造方法称为熔模铸造。

（1）熔模铸造过程

熔模铸造过程如图2–9所示，是先利用压型制出与铸件形状相同的蜡模，然后把蜡模黏合到浇注系统上组成蜡模组，将蜡模组浸入用水玻璃与硅粉配成的涂料，并在其上撒上一层硅砂，再浸入氯化氨中使其硬化。这样反复多次，一直到结成5～10mm的硬壳，这种具有足够强度的硬壳即为铸型。随后将硬壳铸型浸入到80～95℃的热水中，使蜡模熔化浮离硬壳，再将硬壳焙烧除尽杂质，得到空腔的硬壳。将硬壳铸型置于容器内并在周围填砂，以增强其强度和稳定性，最后进行浇注。

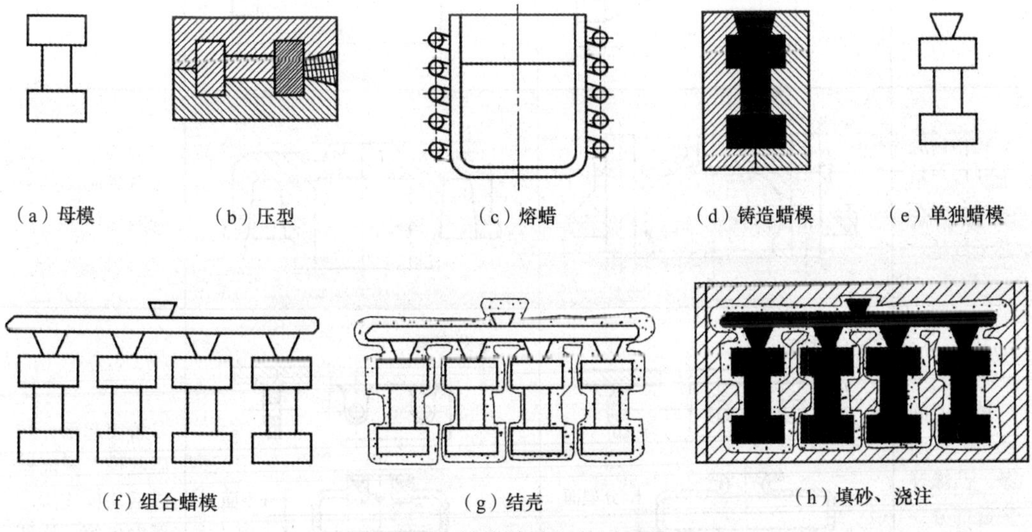

图2-9 熔模铸造工艺过程图

（2）熔模铸造特点及应用

1）铸件的尺寸精度和表面质量高，且可制造形状复杂件。

2）适应性广。可浇注熔点低的有色合金铸件，也可生产高熔点的合金钢铸件。

3）生产工艺复杂，生产周期长，成本较高，铸件不能太大、太长。

熔模铸造主要用于制造汽轮机、燃气轮机、涡轮发动机的叶片和叶轮，切削刀具，汽车、拖拉机、风动工具和机床上的小零件等。

2.3 铸件的结构工艺性

铸件的结构工艺性，是指所设计的零件在满足使用性能要求的前提下铸造成型的可行性和经济性，即铸造成型的难易程度。铸件结构不仅要保证铸件的力学性能和使用性能要求，而且应力求工艺简单、保证铸件质量、节省材料、提高生产效率和降低成本。

铸件结构工艺性的基本要求如表2-1所示。

表2-1 铸件结构工艺性的基本要求

设计准则	工艺不合理	工艺合理	说明
铸件外形力求简单	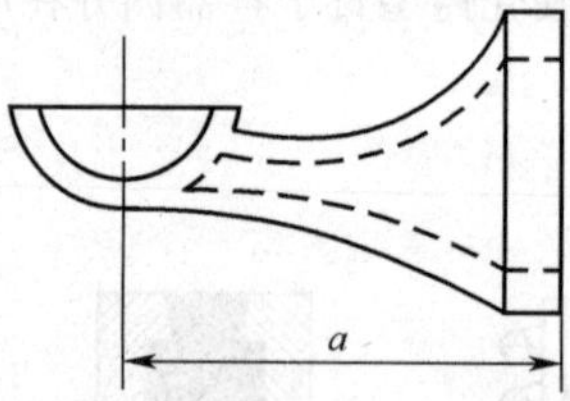	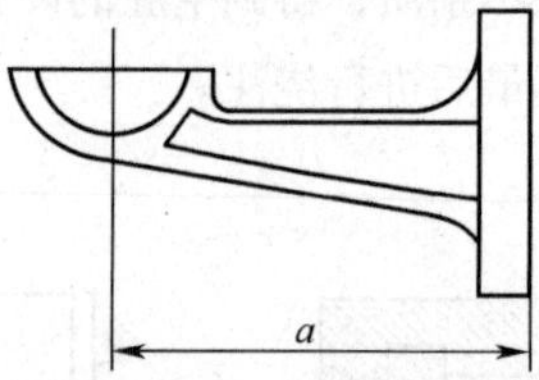	便于制造模样、造型和清理等
铸件内腔形状应尽量避免或减少芯子数量	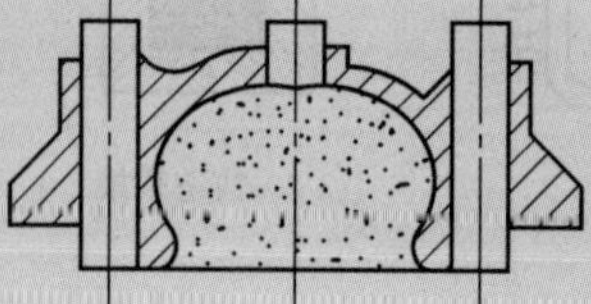	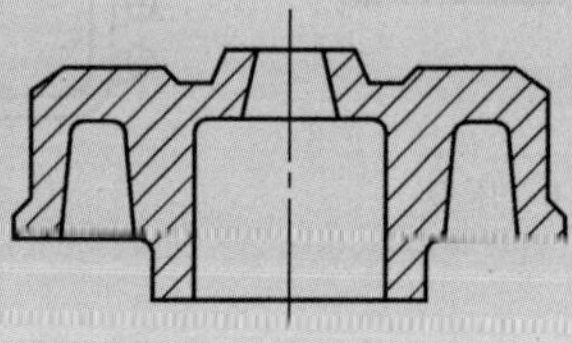	减少制芯和下芯的工作量
铸件上的凸台、肋条、凸缘等突起部分，尽量不要妨碍起模	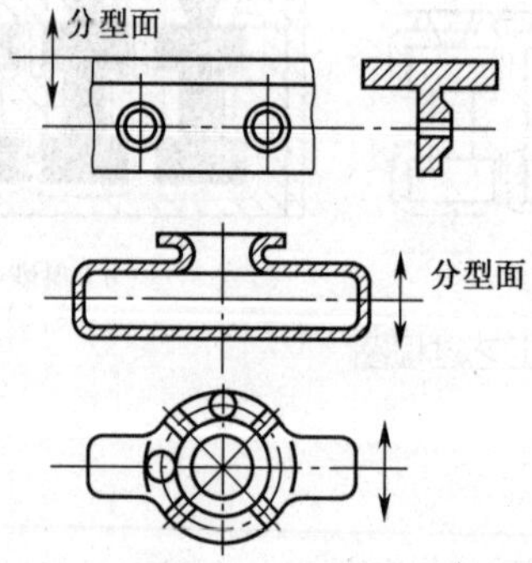	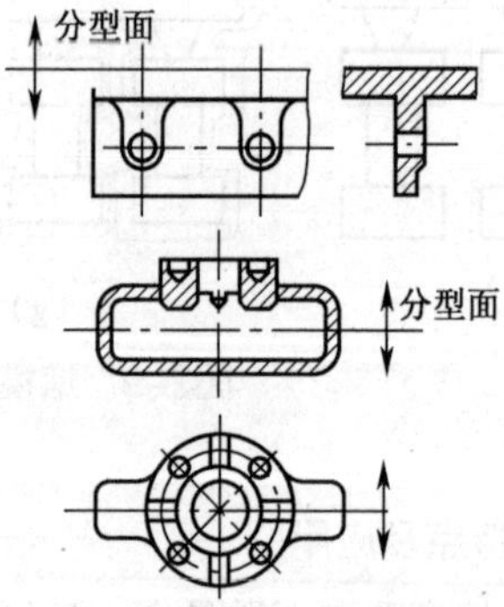	若突起部分妨碍起模，只能做成活块模或用芯子做出等，均使工艺复杂化

续表

设计准则	工艺不合理	工艺合理	说明
使铸件结构具有最简单的分型面	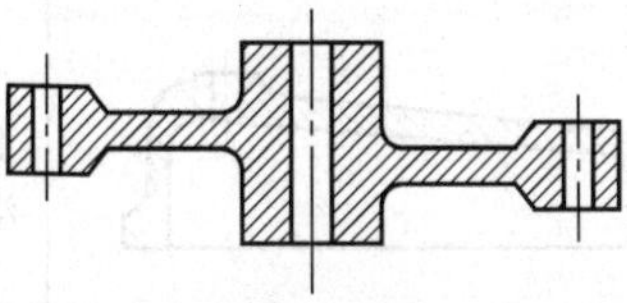	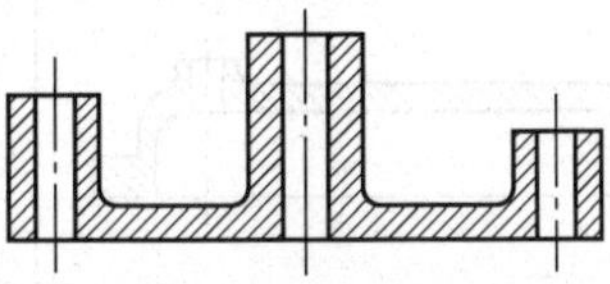	否则要采用挖砂等方法，使造型工艺复杂化
垂直于分型面的非加工表面应具有结构斜度	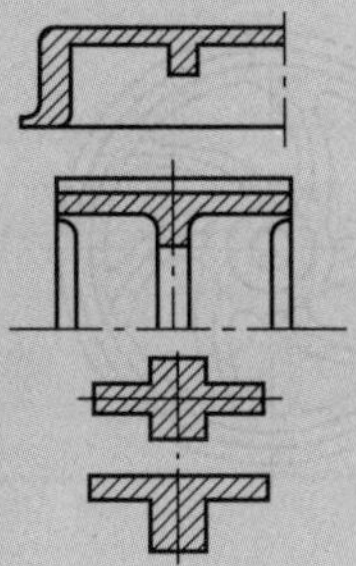	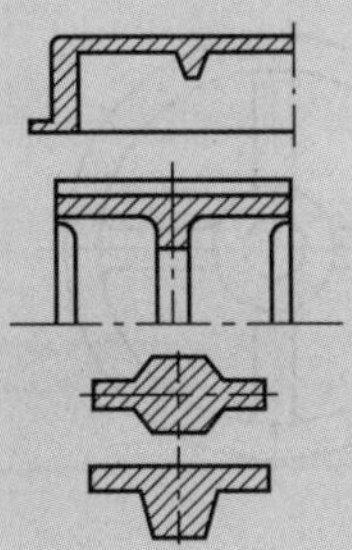	结构斜度的设置主要是利于起模
铸件壁厚要合理，不宜太薄，也不宜过厚	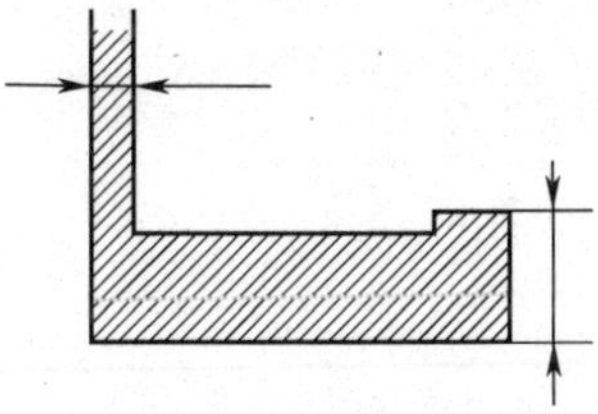	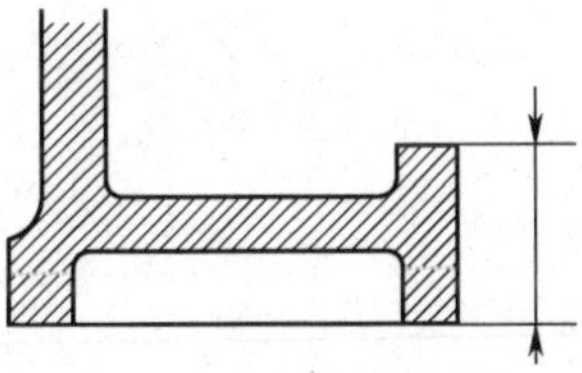	铸件壁太薄会引起冷隔、浇不足等缺陷；铸件壁太厚会引起晶粒粗大、缩孔、缩松等缺陷
铸件壁厚要均匀，避免金属局部积聚	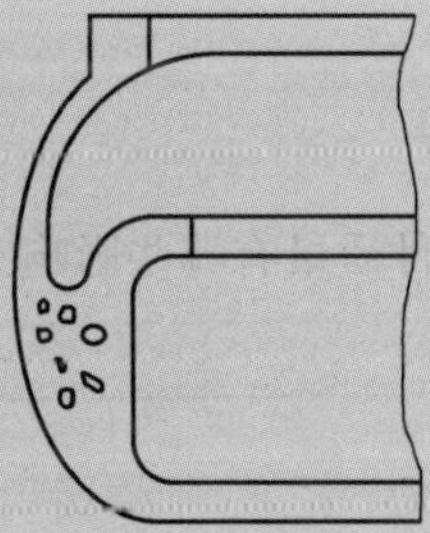	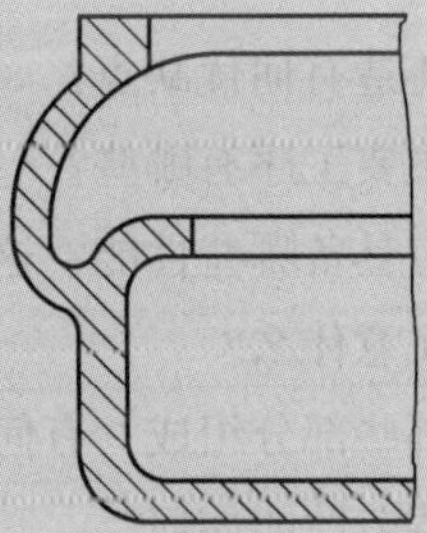	可防止产生变形、裂纹、缩孔、缩松、晶粒粗大等缺陷
不同壁厚的连接应逐渐过渡	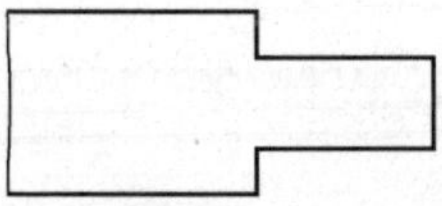	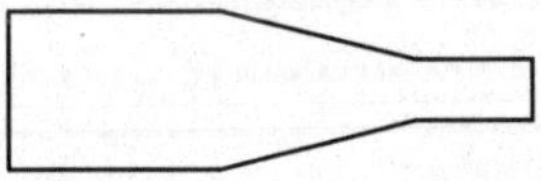	厚壁和薄壁间突变，容易因应力集中而产生裂纹
铸件壁的转角应采用圆弧过渡	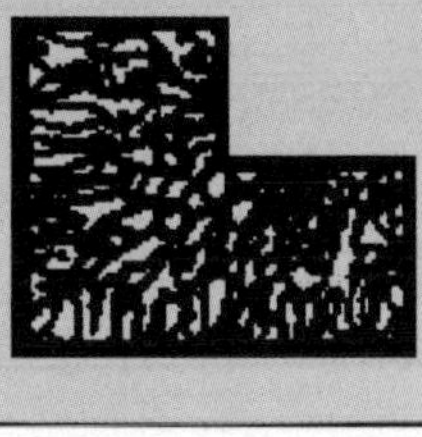	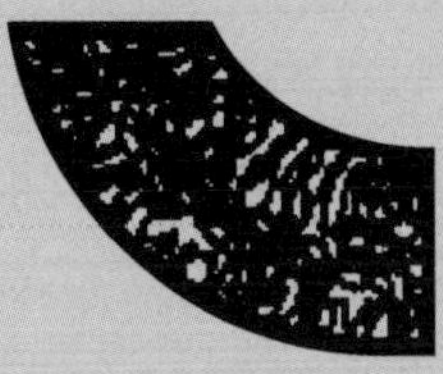	防止应力集中而产生裂纹并有利于造型和清理等

续表

设计准则	工艺不合理	工艺合理	说明
铸件应避免有较大的水平面	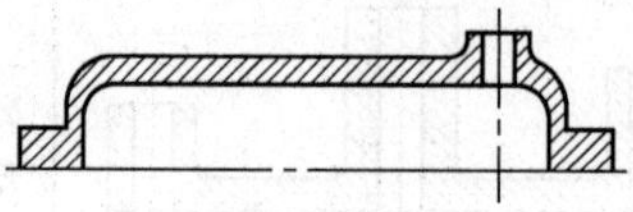	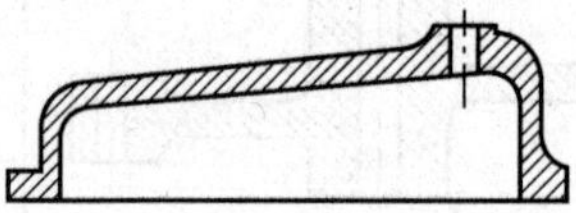	较大的水平面上容易产生粘砂、浇不足等缺陷
避免铸件收缩受阻	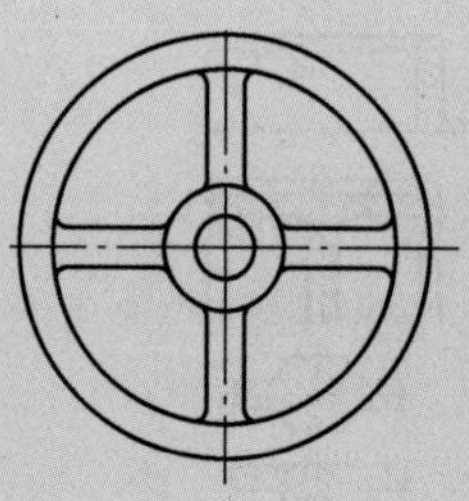		左图中的轮辐为偶数，直线形结构，易于制模，但易产生裂纹

习题

2–1 何谓铸造？铸造有何优缺点？

2–2 砂型铸造的主要工序有哪些？

2–3 型砂和芯砂应具备哪些性能？这些性能对铸件质量有哪些影响？

2–4 制造模样应注意什么？

2–5 浇注系统由哪些部分组成？有何作用？

2–6 常用合金的铸造性能如何？

2–7 特种铸造有哪些？各有何特点？

第 3 章

锻　　压

3.1 概述

锻压是指一种利用金属材料塑性变形的特点，对金属坯料施加外力，使之获得具有一定形状、尺寸和性能要求的零件、毛坯或原材料的加工方法。

3.1.1 锻压加工的特点

1）通过锻压可以压合铸造组织中的内部缺陷如气孔、缩孔、微裂纹等，使组织致密，获得较细密的晶粒结构，从而改善金属组织，提高金属的力学性能。

2）可以形成并能控制金属的纤维方向，使其沿着零件轮廓更合理地分布，提高了零件的使用性能。

3）锻压生产中许多零件的尺寸精度和表面粗糙度已接近或达到成品零件的要求，只需少量或不需切削加工即可得到成品零件，减少了金属加工损耗，节约材料。

4）由于锻压件是在固态成型，金属的流动受到限制。另外，锻件的成本比铸件高，材料利用率等方面也不如铸件。

5）锻造生产过程存在高温、烟尘、振动和噪声等危害因素。

3.1.2 锻压加工的适应范围

锻压加工生产根据使用工具和生产工艺的不同而分为自由锻、模锻和特种锻造。锻件的应用范围很广，几乎所有运动的重大受力构件都是由锻压成型的。

3.2 自由锻

3.2.1 概述

自由锻是指将加热好的金属坯料，放在锻造设备的上、下砧铁之间，施加冲击力或压力，使之产生塑性变形，从而获得所需锻件的一种加工方法。自由锻的优点是所用工具简单；设备和工具通用性强；成本低，适合单件和小批锻件，特别适合特大型锻件的生产，但锻件精度低、加工余量大、生产效率低、劳动强度大。

3.2.2 自由锻设备

根据锻造设备的不同，又分为锤锻自由锻和水压机自由锻两种。前者用于锻造中、小型自由锻件，后者主要用于锻造大型自由锻件。

（1）锤锻自由锻

锤锻自由锻的通用设备是空气锤和蒸气-空气自由锻锤。空气锤由自身携带的电动机直接驱动，落下部分重量在40～1000kg，锤击能量较小，只能锻造100kg以下的小型锻件。空气锤的结构如图3-1所示。

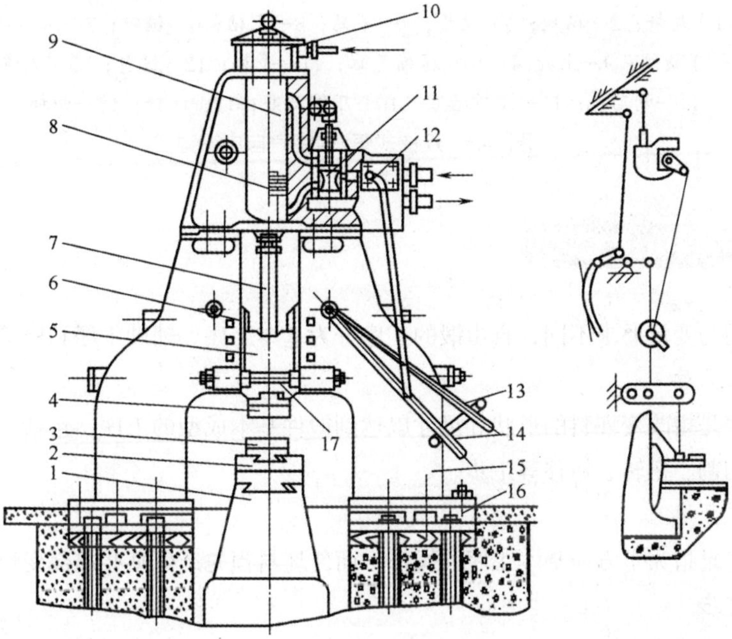

1—砧座；2—砧垫；3—下砧；4—上砧；5—锤头；6—导轨；7—锤杆；8—活塞；9—气缸；10—缓冲缸；11—滑阀；12—节气阀；13—滑阀操纵杆；14—节气阀操纵杆；15—立柱；16—底座；17—拉杆。

图3-1 空气锤的结构和工作原理

蒸气-空气锤利用压力为0.6～0.9MPa的蒸气或压缩空气作为动力，蒸气或压缩空气由单独的锅炉或空气压缩机供应，投资较大。常用的双柱式蒸气-空气自由锻锤的构造如图3-2所示。

（2）水压机自由锻

水压机自由锻是锻造大型锻件的主要设备。水压机是根据液体的帕斯卡原理设计制造的。水压机主要由本体和附属设备组成。在水压机上锻造时，以压力代替锤锻时的冲击力，大型水压机能够产生数万kN甚至更大的锻造压力，坯料变形的压下量大，锻透深度大，从而可改善锻件内部的质量。此外，水压机在锻造时振动和噪声小，工作条件好。

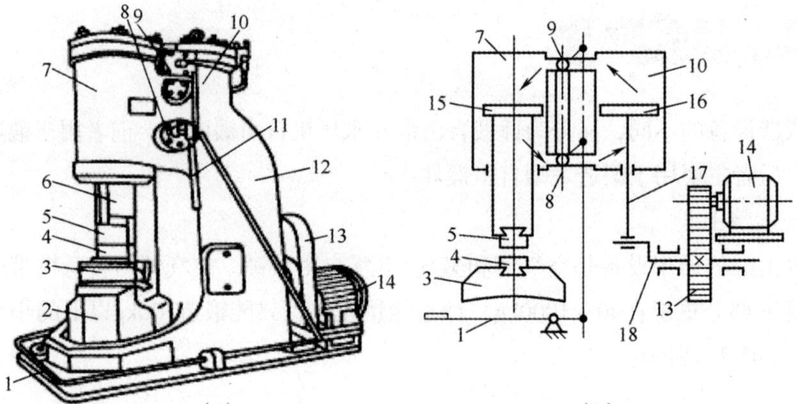

（a）　　（b）

1—踏杆；2—砧座；3—砧垫；4—下砧；5—上砧；6—锤杆；7—工作缸；
8—下旋阀；9—上旋阀；10—压缩气缸；11—手柄；12—锤身；13—减速器；
14—电动机；15—工作活塞；16—压缩活塞；17—连杆；18—曲柄。

图3-2　双柱式蒸汽-空气自由锻锤

3.2.3　自由锻工艺

根据作用与变形要求不同，自由锻的工序分为基本工序、辅助工序和修整工序三类。

（1）基本工序

基本工序是指改变坯料的形状和尺寸以达到锻件基本成型的工序，包括镦粗、拔长、冲孔、弯曲、切割、扭转、错移等工步。

（2）辅助工序

辅助工序是指为了方便基本工序的操作，而使坯料预先产生某些局部变形的工序，如倒棱、压肩等工步。

（3）修整工序

修整工序是指修整锻件的最后尺寸和形状，提高锻件表面质量，使锻件达到图纸要求的工序，如校正、滚圆、表面平整等工步。

自由锻各工序和所包含的工步简图如表3-1所示。

表3-1　自由锻工序和工步简图

基本工序	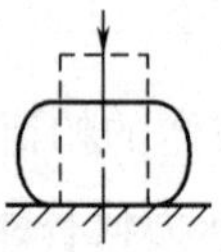 镦粗	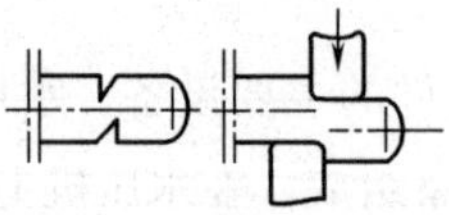 拔长	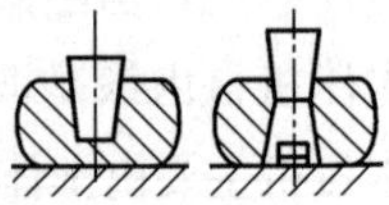 冲孔

续表

基本工序	 心轴扩孔	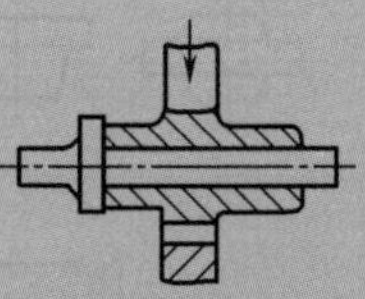 心轴拔长	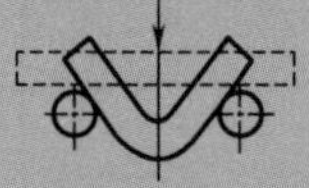 弯曲
	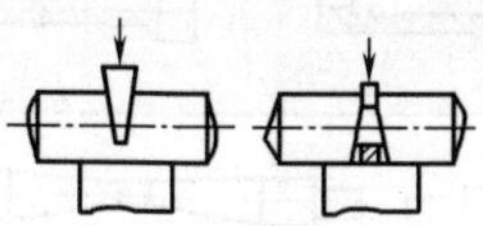 切割	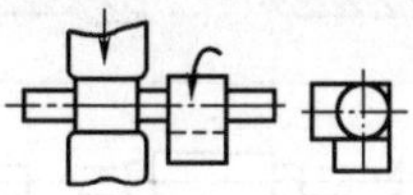 扭转	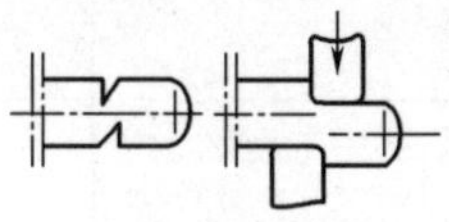 错移
辅助工序	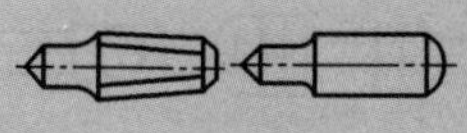 倒棱	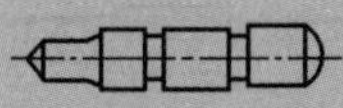 压痕	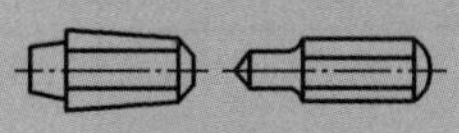 压钳把
修整工序	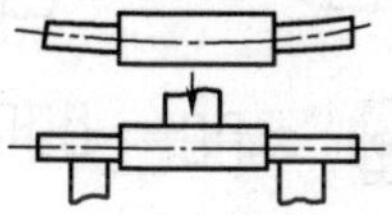 校正	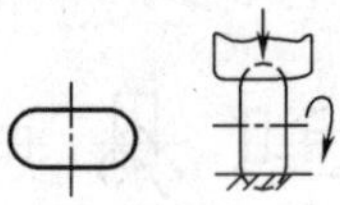 滚圆	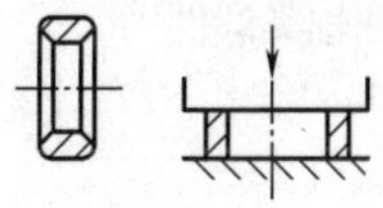 表面平整

3.2.4　自由锻的分类和锻造过程

按自由锻件的外形及其成型方法，可将自由锻件分为六类：饼块类、空心类、轴杆类、曲轴类、弯曲类和复杂形状类锻件。自由锻件分类如表3–2所示。

（1）饼块类锻件

这类锻件主要有圆盘、叶轮、齿轮等零件的毛坯。采用的基本工序是镦粗。随后的辅助工序和修整工序有倒棱、滚圆、平整等。饼块类锻件的锻造过程如图3–3所示。

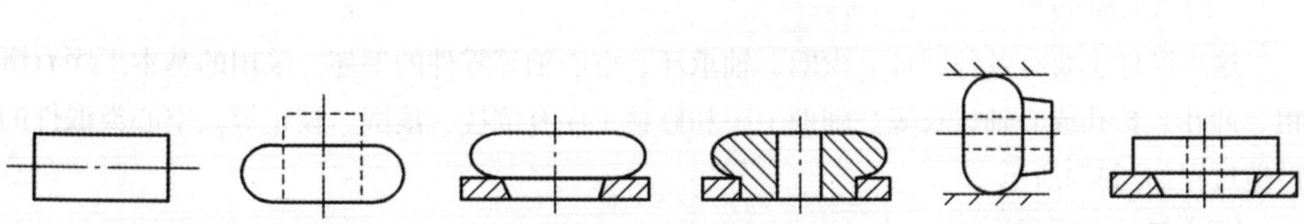

（1）下料　（2）镦粗　（3）镦挤凸台　（4）冲孔　（5）滚圆　（6）平整

图3–3　饼块类锻件锻造过程

表3-2 自由锻件分类表

饼块类锻件	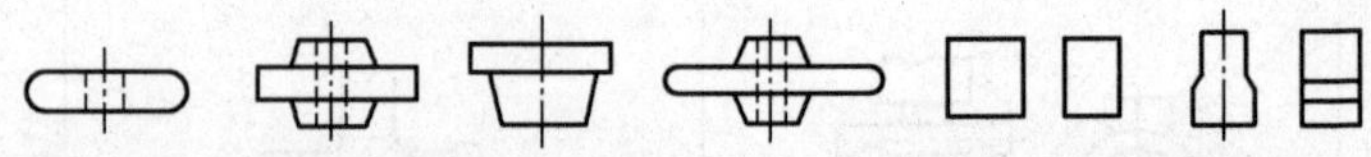
空心类锻件	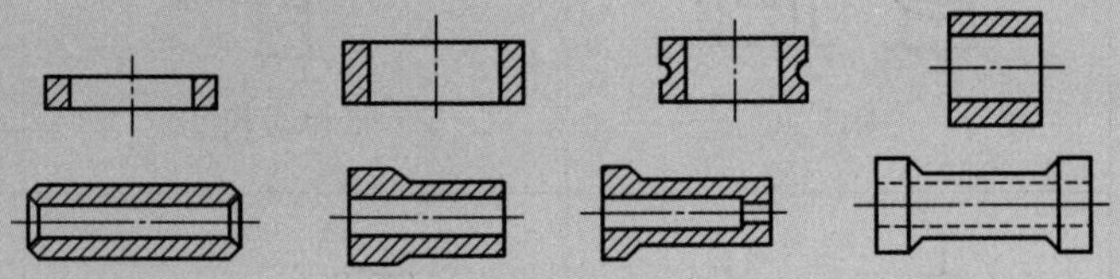
轴杆类锻件	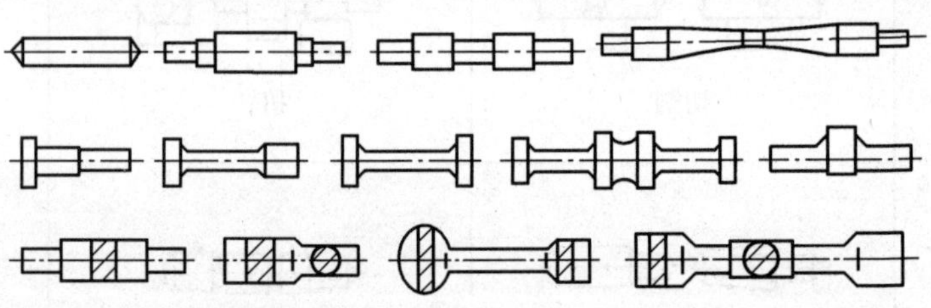
曲轴类锻件	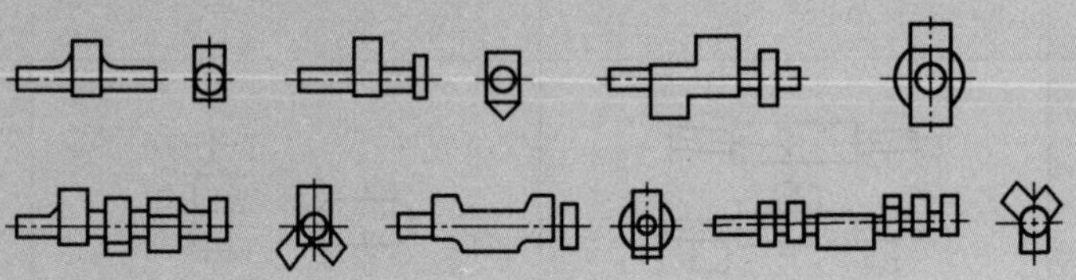
弯曲类锻件	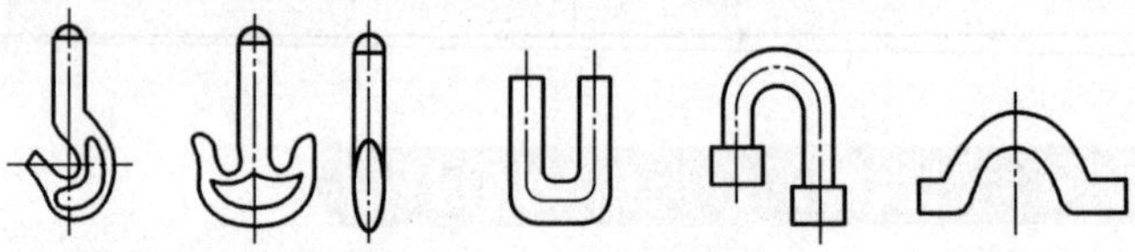
复杂形状类锻件	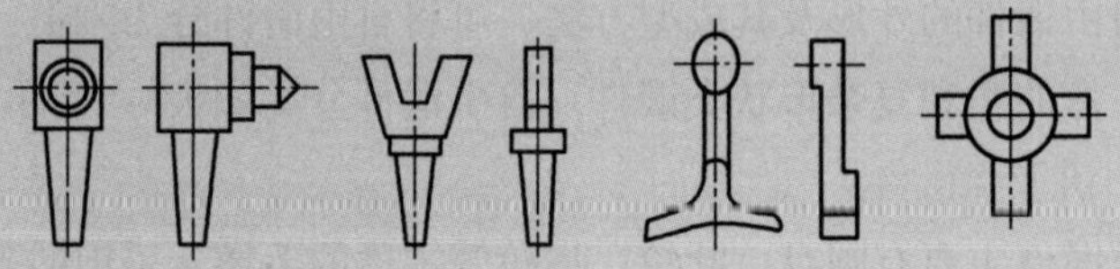

（2）空心类锻件

这类锻件主要有各种圆环、齿圈、轴承环、空心轴等零件的毛坯。采用的基本工序有镦粗、冲孔、扩孔或心轴拔长等。辅助工序和修整工序有倒棱、滚圆、校正等。空心类锻件的锻造过程如图3-4所示。

（3）轴杆类锻件

这类锻件可以是直轴或阶梯轴，如传动轴、轧辊、立柱、拉杆等；也可以是矩形、方形、工字形或其他截面的杆件，如连杆、摇杆、杠杆等。锻造轴杆类锻件的基本工序有拔长或镦粗+拔长。辅助工序和修整工序有倒棱和滚圆。轴杆类锻件的锻造过程如图3-5所示。

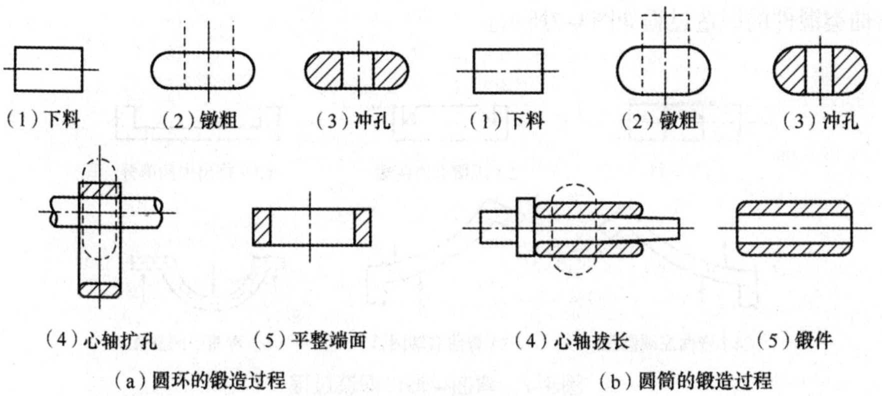

图3-4 空心类锻件锻造过程

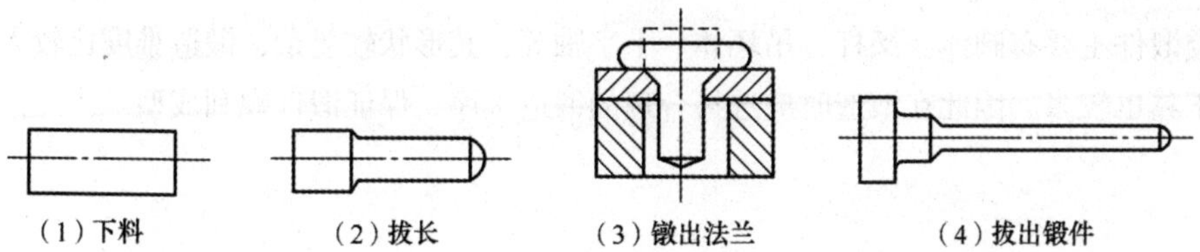

图3-5 轴杆类锻件锻造过程

（4）曲轴类锻件

锻造曲轴类锻件的基本工序有拔长、错移和扭转等工步。辅助工序和修整工序有分段压痕、局部倒棱、滚圆和校正等工步。三拐曲轴类零件锻造过程如图3-6所示。

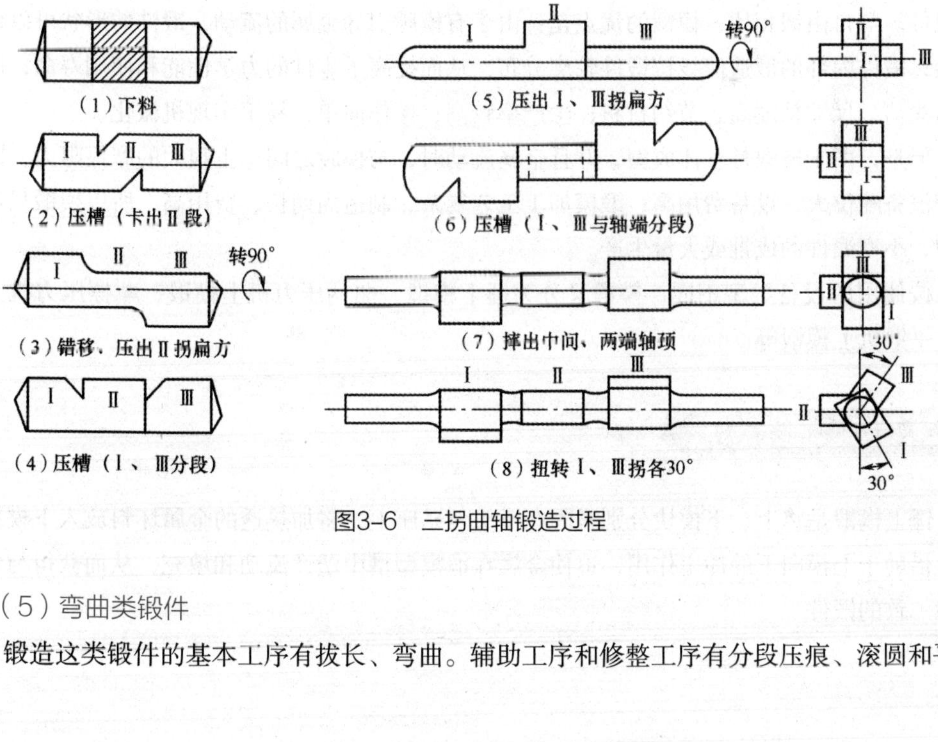

图3-6 三拐曲轴锻造过程

（5）弯曲类锻件

锻造这类锻件的基本工序有拔长、弯曲。辅助工序和修整工序有分段压痕、滚圆和平整等。弯曲类锻件的锻造过程如图3-7所示。

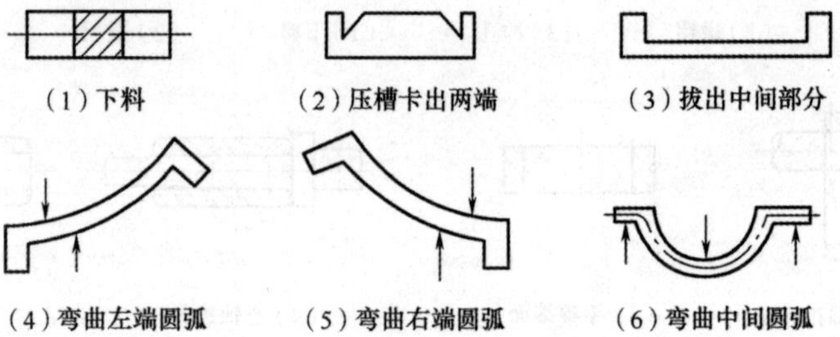

图3-7　弯曲类锻件锻造过程

（6）复杂形状类锻件

这类锻件主要有阀体、叉杆、吊环体、十字轴等，其形状较复杂，锻造难度比较大，所用辅助工具也较多。因此在锻造时应选择合理的锻造工序，保证锻件顺利成型。

3.3 模锻

模锻是指将加热后的坯料放在锻模模镗内，在锻压力的作用下使坯料变形而获得锻件的一种加工方法。坯料变形时，金属的流动受到模膛的限制和引导，从而获得与模膛形状一致的锻件。与自由锻相比，模锻的优点是：由于有模膛引导金属的流动，锻件的形状可以比较复杂；锻件内部的锻造流线按锻件轮廓分布，从而提高了零件的力学性能和使用寿命；锻件表面光洁、尺寸精度高、节约材料；生产率较高；操作简单，易于实现机械化。

但是，由于模锻是整体成型，并且金属流动时，与模膛之间产生很大的摩擦阻力，因此所需设备吨位大，设备费用高；锻模加工工艺复杂、制造周期长、费用高，所以模锻只适用于中、小型锻件的成批或大量生产。

按使用的设备类型不同，模锻又分为锤上模锻、曲柄压力机上模锻、摩擦压力机上模锻、平锻机上模锻等。

3.3.1　锤上模锻

锤上模锻是将上、下模块分别紧固在锤头与砧座上，将加热透的金属坯料放入下模型腔中，借助于上模向下的冲击作用，迫使金属在锻模型槽中塑性流动和填充，从而获得与型腔形状一致的锻件。

模锻锤包括蒸气–空气模锻锤、无砧座锤、高速锤等，其中蒸气–空气模锻锤是普遍应用的模锻锤，其结构如图3–8所示。

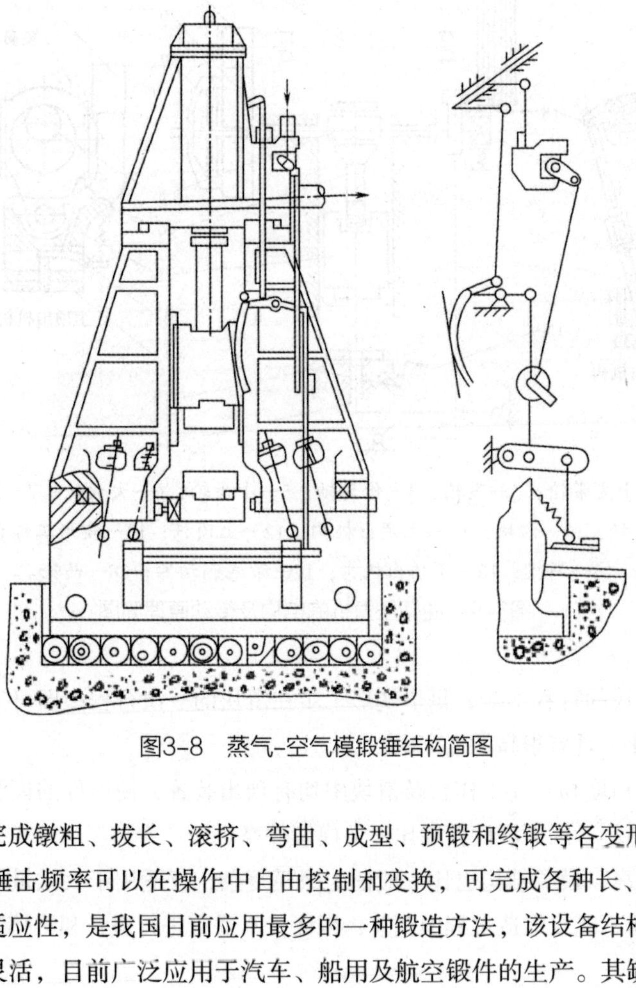

图3–8 蒸气–空气模锻锤结构简图

锤上模锻能完成镦粗、拔长、滚挤、弯曲、成型、预锻和终锻等各变形工步的操作，锤击力量的大小和锤击频率可以在操作中自由控制和变换，可完成各种长、短轴类锻件的模锻，具有较好的适应性，是我国目前应用最多的一种锻造方法，该设备结构简单、造价低、操作简单、使用灵活，目前广泛应用于汽车、船用及航空锻件的生产。其缺点是工作时振动和噪声大，劳动条件较差；难以实现较高程度的操作机械化；完成一个变形工步要经过多次锤击，生产率仍不太高。因而，在大批生产中有逐渐被压力机上模锻取代的趋势。

3.3.2 曲柄压力机上模锻

曲柄压力机上模锻是一种比较先进的模锻方法。曲柄压力机的结构和传动原理如图3–9所示。曲柄压力机上模锻具有以下特点：

1）作用于坯料上的锻造力是压力，不是冲击力，且变形抗力由机架本身承受，不传给地基，因此，曲柄压力机工作时振动和噪声小，劳动条件得到了改善。

2）因为滑块行程速度低，因此坯料的变形速度较低。这对于低塑性材料的锻造有利，某些不适于在锤上锻造的材料，如耐热合金、镁合金等，可在压力机上锻造。

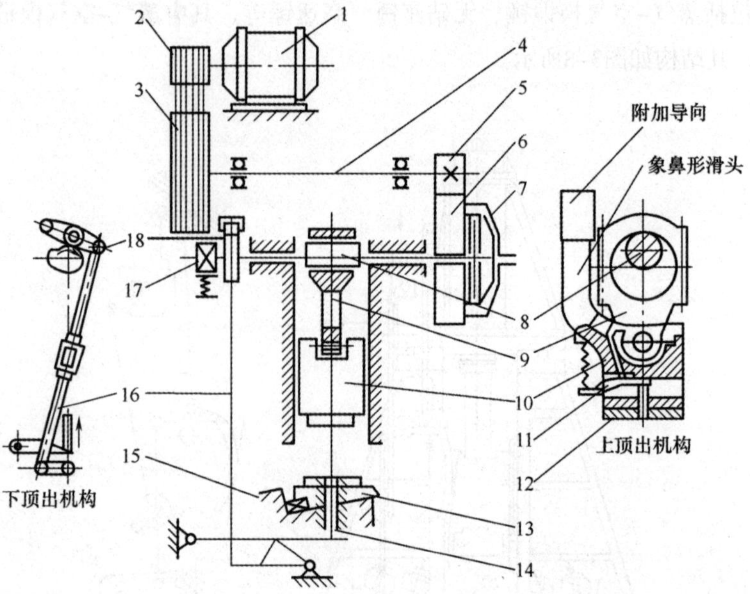

1—电动机；2—小皮带轮；3—飞轮；4—传动轴；5—小齿轮；6—大齿轮；7—圆盘摩擦离合器；8—曲柄；9—连杆；10—滑块；11—上顶出机构；12—上顶杆；13—楔形工作台；14—下顶杆；15—斜楔；16—下顶出机构；17—带式制动器；18—凸轮。

图3-9 曲柄压力机的结构及传动原理简图

3）锻造时滑块的行程不变，每个变形工步在滑块的一次行程中即可完成，并且便于实现机械化和自动化，具有很高的生产率。

4）滑块运动精度高，在工作台及滑块中均有顶出装置，使锻件的模锻斜度、加工余量和锻造公差大大减小，因而锻件精度比锤上模锻件高。

5）设备费用高，模具结构也比一般锤上锻模复杂，仅适用于大批量生产的条件；由于滑块的行程和压力不能在锻造过程中调节，因而，不适宜进行拔长和滚挤工步。

3.3.3 平锻机上模锻

平锻机的主要结构与曲柄压力机相同。平锻机有水平和垂直两个分模面，可以锻造侧凹带通孔的锻件，其滑块水平运动，故称为平锻机。图3-10所示为平锻机工作原理示意图。

平锻机上模锻有如下特点：

1）锻造过程中坯料水平放置，坯料都是棒料或管材，并且只进行局部（一端）加热和局部变形加工。因此，可以完成在立式锻压设备上不能锻造的某些长杆类锻件，也可用长棒料连续锻造多个锻件。

2）锻模有两个分模面，锻件出模方便，可以锻出在其他设备上难以完成的在不同方向上有凸台或凹槽的锻件。

3）锻件尺寸精确，表面粗糙度值低，生产效率高。

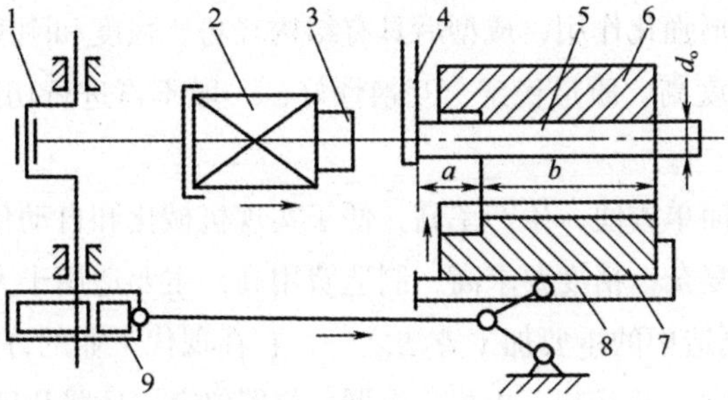

（a）

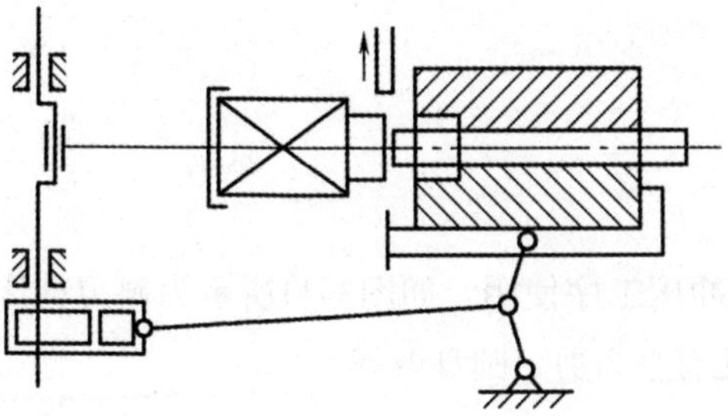

（b）

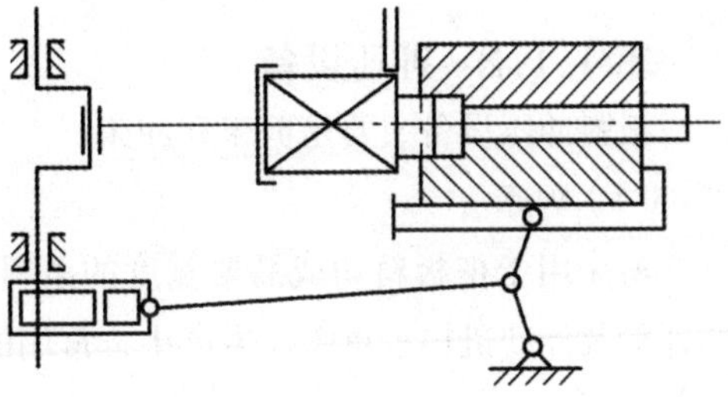

（c）

1—曲柄；2—主滑块；3—凸模；4—前挡料板；5—坯料；6—固定凹模；
7—活动凹模；8—夹紧滑块；9—侧滑块。

图3-10 平锻机工作原理示意图

4）节省金属，材料利用率高。

5）平锻机是模锻设备中结构较复杂的一种，投资大，仅适用于锻件的大批量生产。

3.4 板料冲压

板料冲压是指利用装在冲床上的冲模对金属板料加压，使之产生变形或分离，从而获得零件或毛坯的加工方法。板料冲压的坯料通常都是较薄的金属板料，而且，冲压时通常在常温进行，故又称为冷冲压，简称冲压。用冲压的方法制成的工件或毛坯称为冲压件。

3.4.1 概述

3.4.1.1 板料冲压的特点和应用

与锻造和其他加工方法相比，板料冲压具有下列特点：

1）它是在常温下通过塑性变形对金属板料进行加工的，因而，原材料必须具有足够的塑性和较低的变形抗力。

2）冲压件经过变形强化作用，成型后具有结构轻巧、强度和刚度较高的优点。

3）冲压件尺寸精度高、质量稳定、互换性好，一般不再进行切削加工，即可作为零件使用。

4）冲压生产操作简单方便，生产率高，便于实现机械化和自动化。

5）冲压模具结构复杂，精度要求高，制造费用高，主要适用于大批量生产。

板料冲压是机械制造中的重要加工方法之一，它在现代工业的许多部门都得到了广泛的应用，特别是在汽车制造、拖拉机、电机、电器、仪器仪表、兵器及日用品生产等工业部门。

3.4.1.2 冲压设备

板料冲压设备主要是剪床和冲床。

（1）剪床

剪床用于把板料切成需要宽度的条料，以供冲压工序使用。如图3-11所示为斜刃剪床的外形及传动机构示意图。生产中，常用的剪床还有平刃剪、圆盘剪等。

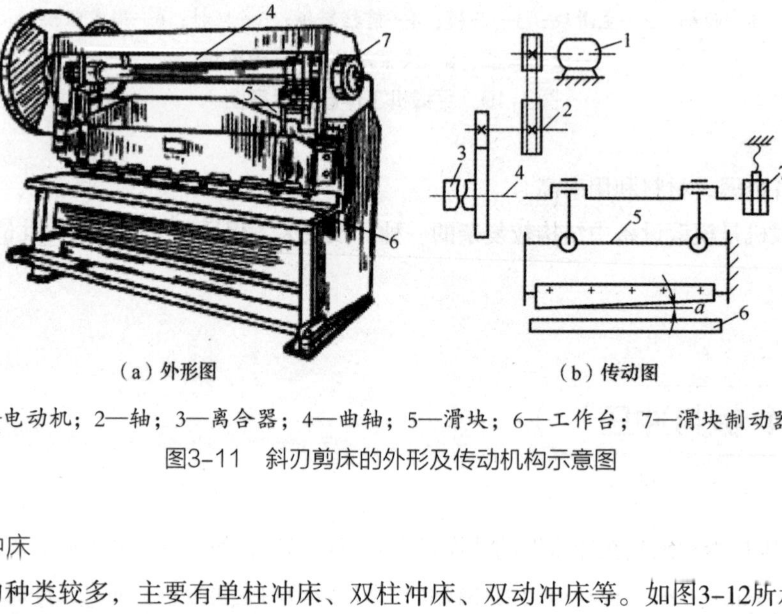

（a）外形图　　（b）传动图

1—电动机；2—轴；3—离合器；4—曲轴；5—滑块；6—工作台；7—滑块制动器。

图3-11　斜刃剪床的外形及传动机构示意图

（2）冲床

冲床的种类较多，主要有单柱冲床、双柱冲床、双动冲床等。如图3-12所示为单柱冲床的外形及传动示意图。

3.4.2 板料冲压的基本工序

板料冲压的基本工序有分离工序和成型工序两大类。

分离工序是指使坯料的一部分与另一部分分离的工序，包括裁剪、落料、冲孔、整修

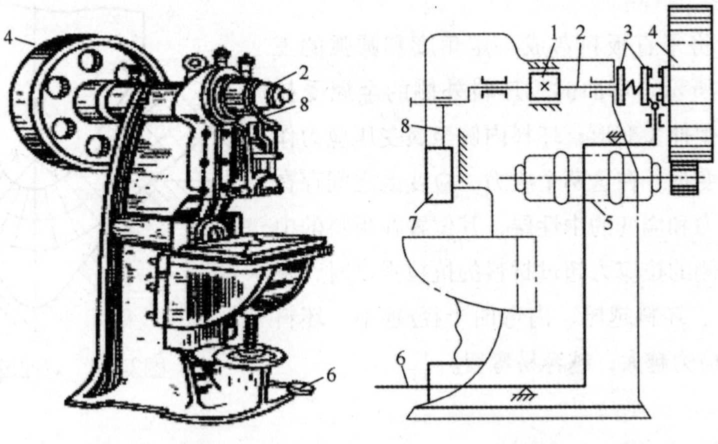

(a) 外形图　　　　(b) 传动图

1—制动闸；2—曲轴；3—离合器；4—飞轮；5—电动机；6—踏板；7—滑块；8—连杆。

图3-12　单柱冲床的外形及传动示意图

等。成型工序是指使板料发生塑性变形，以获得规定形状工件的工序，包括弯曲、拉深、翻边、缩口、成型等。

3.4.2.1 冲裁

冲裁是指使板料沿封闭的轮廓线分离的工序，包括冲孔和落料。这两个工序的坯料变形过程和模具结构都是一样的，区别在于冲孔是在板料上冲出孔洞，被分离的部分为废料，而孔的周边是带孔的成品；落料是被分离的部分是成品，周边是废料。

冲裁时板料的变形和分离过程如图3-13所示。凸模和凹模的边缘都带有锋利的刃口。当凸模向下运动压住板料时，板料受到挤压，产生弹性变形并进而产生塑性变形，当上、下刃口附近材料内的应力超过一定限度后，即开始出现裂纹。随着冲头（凸模）继续下压，上、下裂纹逐渐向板料内部扩展直至汇合，板料即被切离。

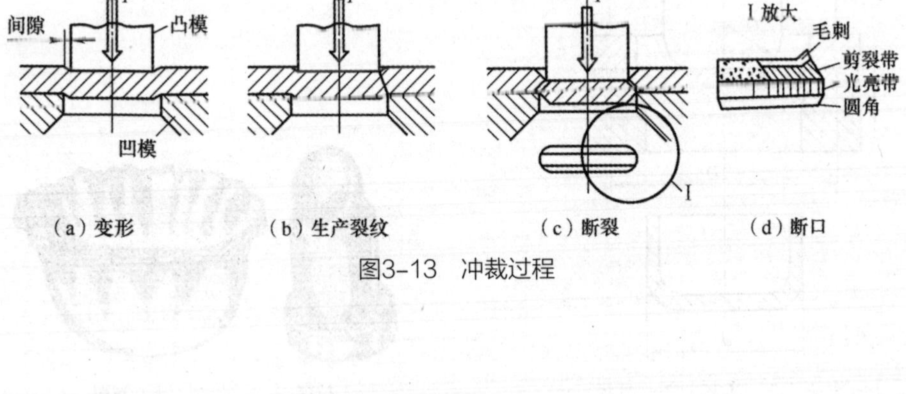

(a) 变形　(b) 生产裂纹　(c) 断裂　(d) 断口

图3-13　冲裁过程

3.4.2.2 弯曲

弯曲是指将平直板料弯成一定角度和圆弧的工序，如图3-14所示。弯曲时，坯料外侧的金属受拉应力作用，发生伸长变形；坯料内侧金属受压应力作用，产生压缩变形。在这两个应力—应变区之间存在一个不产生应力和应变的中性层，其位置在板料的中心部位。当外侧的拉应力超过材料的抗拉强度时，将产生弯裂现象。坯料越厚、内弯曲半径r越小，坯料的压缩和拉伸应力越大，越容易弯裂。

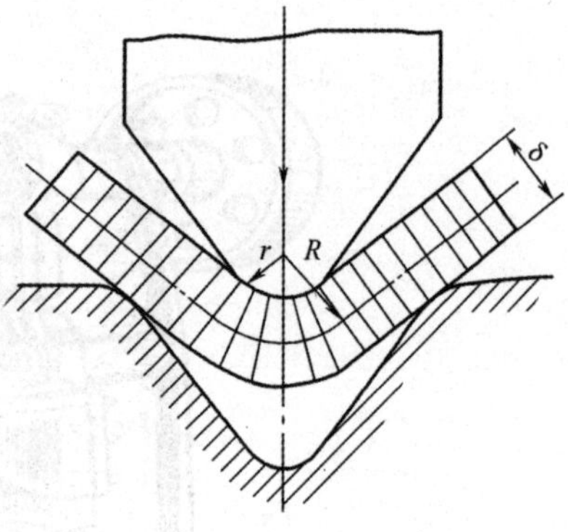

图3-14 弯曲过程示意图

3.4.2.3 拉深

拉深是指利用拉深模使平面板料变为开口空心件的冲压工序，又称拉延。拉深可以制成筒形、阶梯形、球形及其他复杂形状的薄壁零件。

拉深过程如图3-15所示。原始直径为D的板料，经拉深后变成内径为d的杯形零件。凸模压入过程中，伴随着坯料变形和厚度的变化。拉深件的底部一般不变形，厚度基本不变。其余环形部分坯料经变形成为空心件的侧壁，厚度有所减小。侧壁与底之间的过渡圆角部位被拉薄最严重。拉深件的法兰部分厚度有所增加。拉深件的成型是金属材料产生塑性流动的结果，坯料直径越大，空心件直径越小，变形程度越大。

拉深件最容易产生的缺陷是拉裂和起皱。拉裂产生的最危险的部位是侧壁与底的过渡圆角处。为使拉深过程正常进行，必须把底部和侧壁的拉应力限制在不使材料发生塑性变形的限度内，而环形区内的径向拉应力，则应达到和超过材料的屈服极限，并且任何部位的应力总和都必须小于材料的强度极限，否则就会造成如图3-16（a）所示的拉穿缺陷。起皱是拉深时坯料的法兰部分受到切向压应力的作用，使整个法兰产生波浪形的连续弯曲现象。环形变形区内的切向压应力很大，很容易使板料产生如图3-16（b）所示的皱褶现象，从而造成废品。

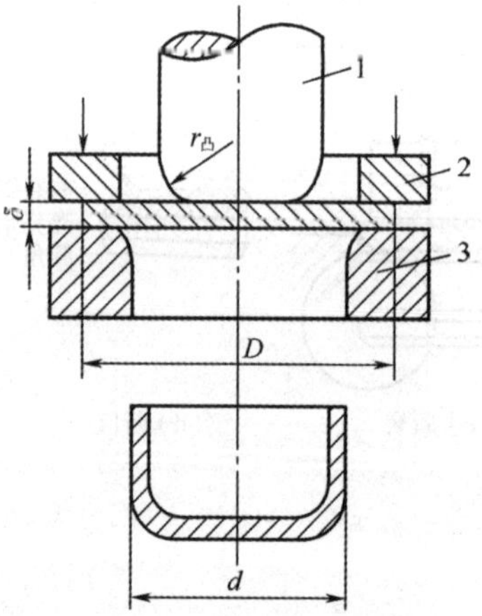

1—冲头；2—压板；3—凹模。

图3-15 拉深过程

（a）拉穿　（b）皱褶

图3-16 拉深废品

3.4.2.4 成型

成型是指使板料或半成品改变局部形状的工序，包括压肋、压坑、胀形、翻边等。成型工序使冲压件具有更好的刚度和更加合理的空间形状。

（1）压肋和压坑（包括压字，压花）

压肋和压坑是压制出各种形状的凸起和凹陷的工序。采用的模具有刚模和软模两种。如图3-17所示是用刚模压坑。与拉深不同，此时只有冲头下的这一小部分金属在拉应力作用下产生塑性变形，其余部分的金属并不发生变形。如图3-18所示是用软模压肋，软模是用橡胶等柔性物体代替一半模具。这样，可以简化模具制造，冲制形状复杂的零件。但软模块使用寿命低，需经常更换。此外，也可采用气压或液压成型。

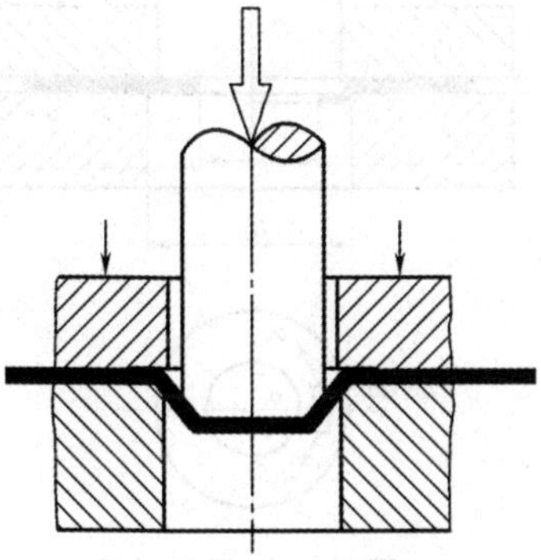

图3-17 刚模压坑

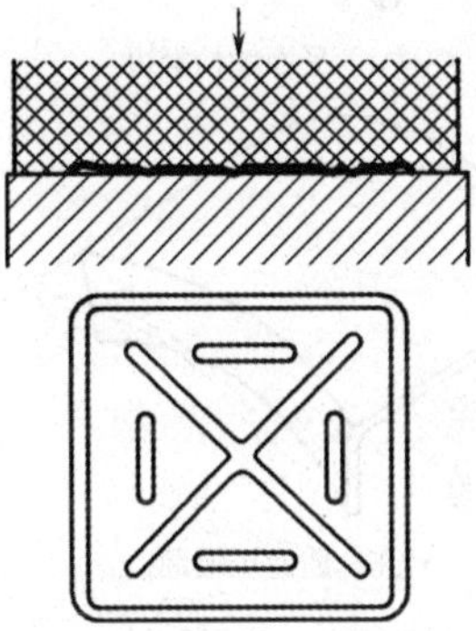

图3-18 软模压肋

（2）胀形

胀形是将拉深件轴线方向上局部区段的直径胀大，也可采用刚模（图3-19）或软模（图3-20）进行。刚模胀形时，由于芯子2的锥面作用，分瓣凸模1在压下的同时沿径向扩张，使工件3胀形，顶杆4将分瓣凸模顶回到起始位置后，即可将工件取出。显然，刚模的结构和冲压工艺都比较复杂，而采用软模则简便得多。因此，软模胀形得到了广泛应用。

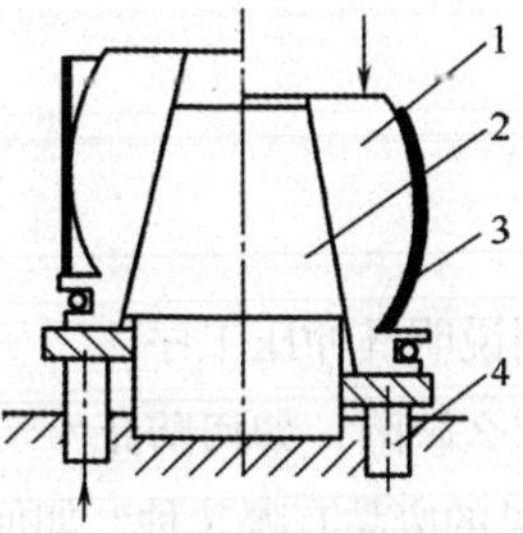

1—分瓣凸模；2—芯子；
3—工件；4—顶杆。

图3-19 刚模胀形

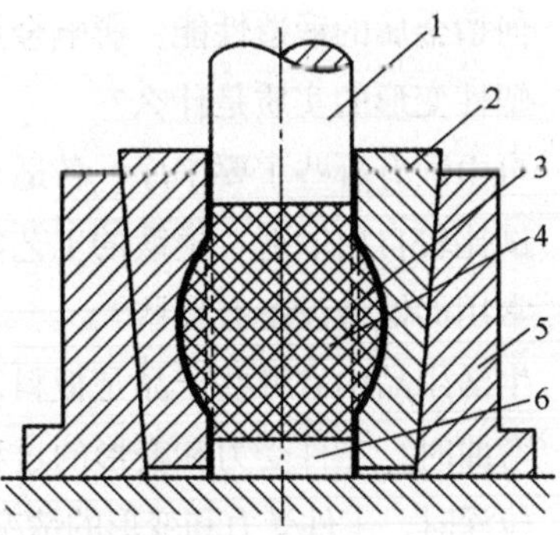

1—凸模；2—凹模；3—工件；
4—橡胶；5—外套；6—垫块。

图3-20 软模胀形

（3）翻边

翻边是指在板料或半成品上沿一定的曲线翻起竖立边缘的冲压工序。按变形的性质，翻边可分为伸长翻边和压缩翻边。当翻边在平面上进行时，称平面翻边；当翻边在曲面上进行时，称曲面翻边，如图3-21所示。孔的翻边是伸长类平面翻边的一种特定形式，又称翻孔。翻孔过程如图3-22所示。

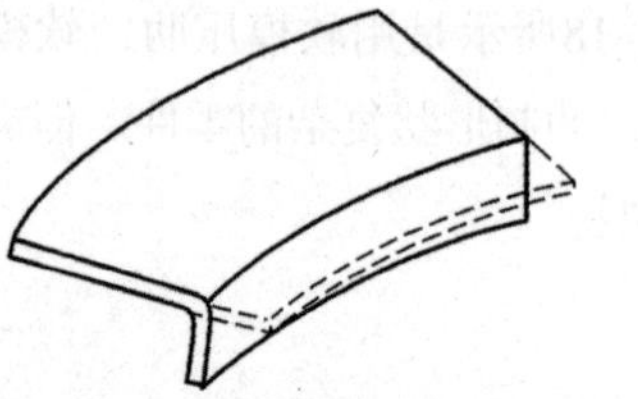

（a）平面伸长翻边

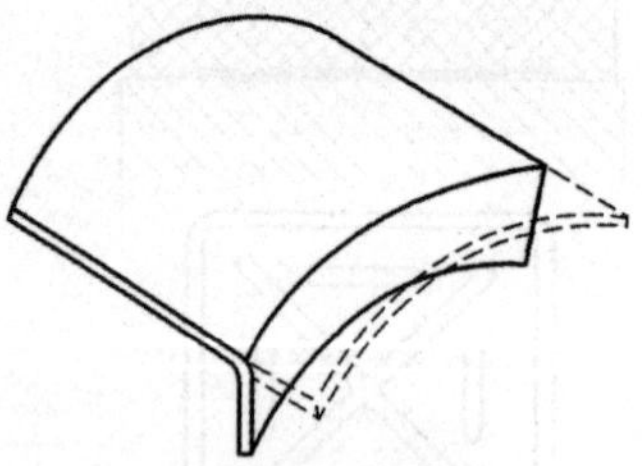

（b）曲面压缩翻边

图3-21 曲面翻边

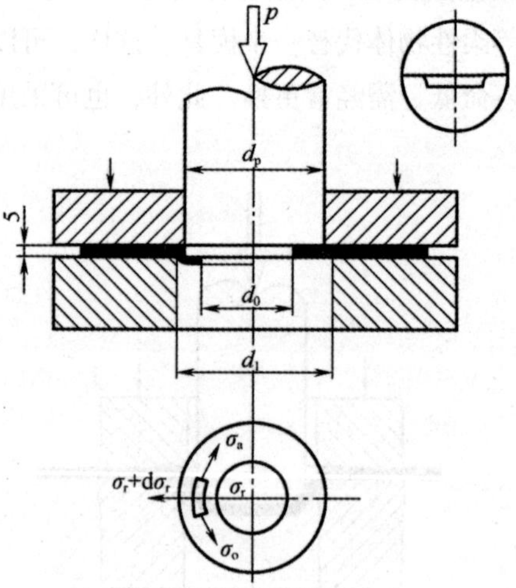

图3-22 翻孔过程

习 题

3-1 锻压生产的特点是什么？

3-2 何谓金属的锻造性能？影响金属锻造性能的因素有哪些？

3-3 塑性变形的实质是什么？

3-4 自由锻有哪些主要工序？各适合于哪些锻件？

3-5 试比较自由锻造、模锻的工艺特点及应用。

3-6 常用的锻造设备有哪些？

3-7 生活用品中有哪些产品是板料冲压制成的？举例说明其冲压工序。

3-8 弯曲时，工件受力和变形的过程如何？易产生什么缺陷，如何防止？

3-9 拉深时，工件受力和变形的情况如何？拉深时常见的废品有哪几种？如何防止？

第 4 章

焊　　接

4.1 概述

焊接是指通过加热或加压，或两者并用，以及用或不用填充材料，使工件达到原子间结合的一种加工方法。焊接广泛应用于锅炉、压力容器、船舶、桥梁、化工设备等的制造。

4.1.1 基本焊接方法的分类

焊接方法的种类很多，一般焊接方法的分类如图4-1所示。

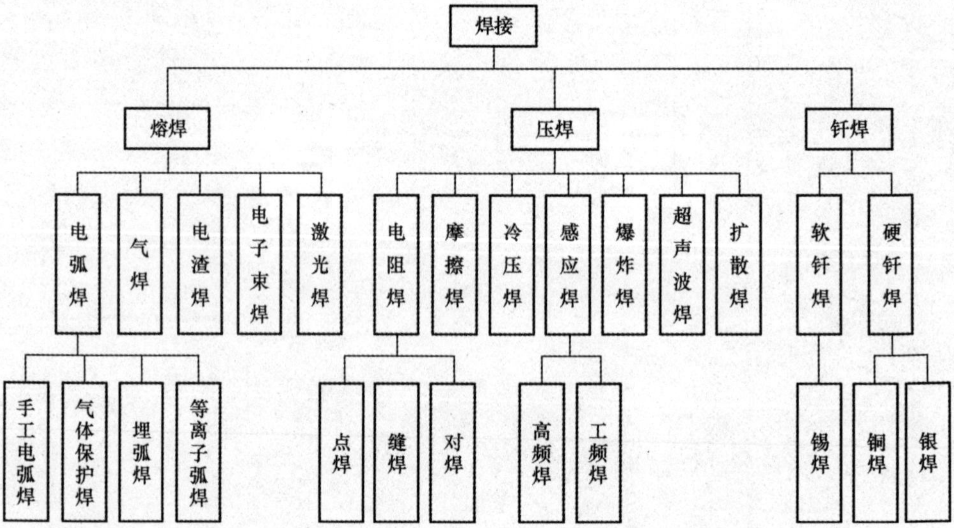

图4-1 焊接方法分类

（1）熔焊

熔焊是指将两焊件连接部分局部加热至熔化状态，加入填充金属，随后冷却凝固成为整体的一种焊接方法。

（2）压焊

压焊是指对焊件施加压力，使两焊件接合面紧密地接触并产生一定的塑性变形而完成焊接的一种焊接方法。

（3）钎焊

钎焊是指在焊接的同时加热被焊件与钎料，使低熔点的钎料熔化填充到焊件之间，冷却凝固后使两焊件连接成为一整体的一种焊接方法。

4.1.2 焊接方法的主要特点

1）焊接的金属构件可比铆接节省材料10%~25%，因此焊接节省材料，减轻重量。

2）焊接方法灵活，可化大为小，以简拼繁，加工快，工时少，生产周期短。许多结构都以铸-焊、锻-焊形式组合，简化了复杂零件和大型零件的制造过程。

3）可焊范围较广，适应性强。

4）不同材料焊接在一起，能使零件的不同部分或不同位置具备不同的性能，满足了特殊连接要求。如防腐容器的双金属筒体焊接、钻头工作部分与柄的焊接等。

5）能降低劳动强度，改善劳动条件。

6）焊接接头的组织不均匀，焊接热过程易造成结构应力与变形以及各种裂纹问题等。

4.2 焊条电弧焊

焊条电弧焊又称手弧焊，是指用手工操纵焊条产生电弧来进行焊接的方法。它利用焊条与焊件间产生的电弧热将金属加热并熔化而实现焊接，其焊接过程如图4-2所示。焊接前，把焊钳和焊件分别接到焊接电源输出端的两极，并用焊钳夹持焊条；焊接时，在焊条与焊件之间引出电弧，因电弧产生高温而使焊条和焊件同时熔化形成熔池，随着焊条沿焊接方向移动，新的熔池不断形成，而原先的熔池液态金属不断冷却凝固构成焊缝，使焊件连接成整体。

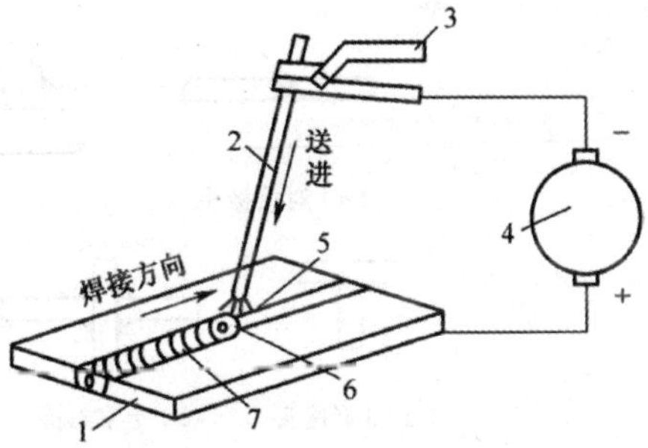

1—焊件；2—焊条；3—焊钳；4—焊接电源；5—焊接电弧；6—熔池；7—焊缝。

图4-2 焊条电弧焊焊接过程

焊条电弧焊具有设备简单，操作方便灵活，能适应在各种条件下焊接等特点，是焊接生产中普遍应用的一种方法。焊条电弧焊的缺点是生产效率低，劳动强度较大，焊接质量取决于工人的操作技术水平。

焊条电弧焊所用的电源分为交流电和直流电两种。

在使用直流电源焊接时，由于阴、阳两极的热量和温度分布是不均匀的，因此，分正接和反接：正接是指焊件接电源正极，电极（焊条）接电源负极的一种接线法，这种接法热量较多集中在焊件上，有利于加快焊件熔化，保证足够的熔深，因此，用于厚板焊接；反接是指焊件接电源负极，电极（焊条）接电源正极的一种接线法，这种接法热量较多集中在焊条上，主要用于薄板及有色金属的焊接，以避免烧穿焊件。

4.2.1 焊接接头

焊缝以及其周围受不同程度加热和冷却的母材是焊缝的热影响区，统称为焊接接头。

4.2.1.1 焊缝形成过程

熔焊焊缝的形成经历了局部加热熔化，使分离工件的结合部位产生共同熔池，再经凝固结晶成为一个整体的过程。

焊条药皮在电弧高温下一部分分解为气体，包围电弧空间和熔池，形成保护层；另一部分直接进入熔池，与熔池金属发生冶金反应，并形成渣而浮于焊缝表面，构成渣保护。

4.2.1.2 焊接接头

焊接接头设计包括焊接接头形式设计和坡口形式设计。

（1）焊接接头形式

焊接接头按其结合形式分为对接接头、盖板接头、搭接接头、T形接头、十字形接头、角接接头和卷边接头等，如图4-3所示，其中常用的有对接接头、搭接接头、角接接头和T形接头。选用接头形式主要考虑焊件的结构形状和板厚、接头使用性能要求等因素。

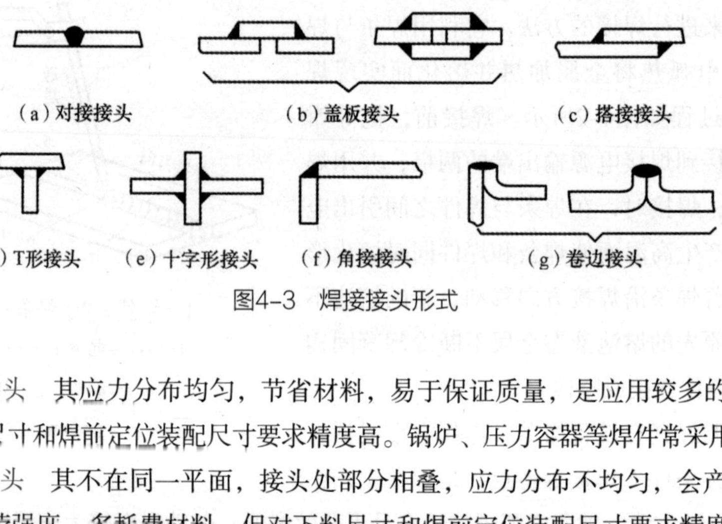

图4-3 焊接接头形式

1）对接接头 其应力分布均匀，节省材料，易于保证质量，是应用较多的一种接头形式，但对下料尺寸和焊前定位装配尺寸要求精度高。锅炉、压力容器等焊件常采用对接接头。

2）搭接接头 其不在同一平面，接头处部分相叠，应力分布不均匀，会产生附加弯曲力，降低了疲劳强度，多耗费材料，但对下料尺寸和焊前定位装配尺寸要求精度不高，且接头结合面大，增加了承载能力，所以薄板、细杆焊件如厂房金属屋架、桥梁、起重机吊臂等桁架结构常用搭接接头。

3）角接接头和T形接头 根部易出现未焊透，引起应力集中，因此接头处常开坡口以保证焊接质量，角接接头多用于箱式结构。

（2）焊接接头坡口形式

开坡口的目的是为使接头根部焊透，同时也使焊缝成型美观，此外通过控制坡口大小，能调节焊缝中母材金属与填充金属的比例，使焊缝金属达到所需的化学成分。

1）对接接头坡口形式　其基本形式有I形坡口、Y形坡口、双Y形坡口、双V形坡口、带钝边U形坡口、带钝边双U形坡口等，如图4-4所示。

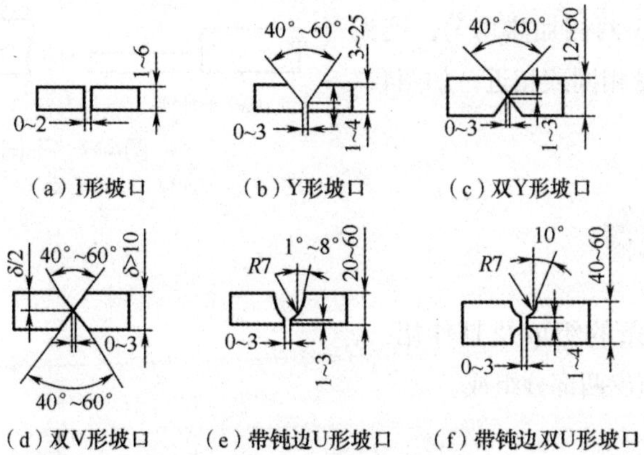

图4-4　几种对接接头坡口形式

2）角接接头坡口形式　其基本形式有I形坡口、错边I形坡口、Y形坡口、带钝边单边V形坡口、带钝边双单边V形坡口等，如图4-5所示。

3）T形接头坡口形式　其基本形式有I形坡口、带钝边单边V形坡口、带钝边双单边V形坡口等，如图4-6所示。

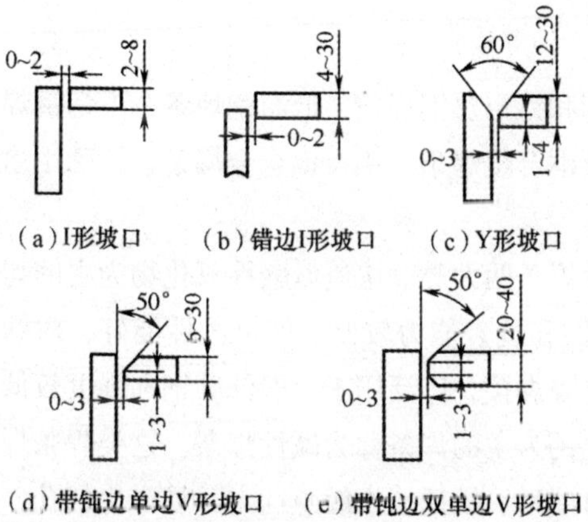

图4-5　几种角接接头坡口形式

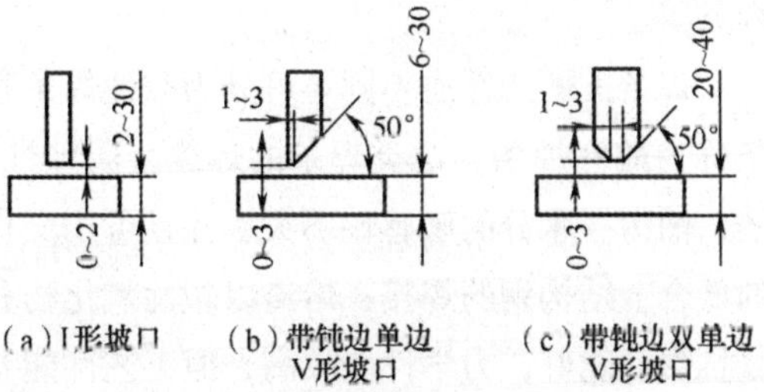

图4-6　三种T形接头坡口形式图

焊条电弧焊板厚<6mm时，一般采用I形坡口；但重要结构件板厚>3mm就需开坡口，以保证焊接质量。板厚在6～26mm可采用Y形坡口，这种坡口加工简单，但焊后角变形大。板厚在12～60mm可采用双Y形坡口；同等板厚情况下，双Y形坡口比Y形坡口需要的填充金属量约少1/2，且焊后角变形小，但需双面焊。带钝边U形坡口比Y形坡口省焊条，省焊接工时，但坡口加工麻烦，需切削加工。

选用坡口形式主要考虑焊缝能否焊透、坡口加工难易程度、生产率、焊条消耗量、焊后变形大小等因素。对于不同厚度的板材，为保证焊接接头两侧加热均匀，接头两侧板厚截面应尽量相同或相近，如图4-7所示。

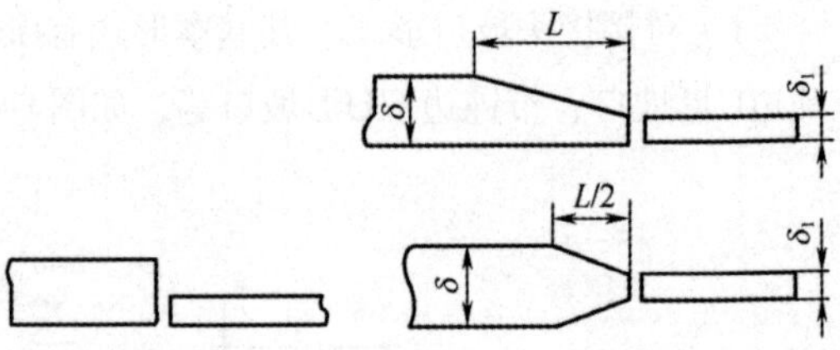

图4-7 不同板厚对接

4.2.2 焊条

4.2.2.1 焊条的组成及其作用

焊条由焊芯和药皮两部分组成。

（1）焊芯

焊芯既是电极，又是填充金属。焊芯采用焊接专用的金属丝（称焊丝）。焊芯的作用，一是作为电极传导电流；二是熔化后作为填充金属与母材形成焊缝。

（2）药皮

药皮是矿石粉末、铁合金粉、有机物和化工制品等原料按一定比例配制后压涂在焊芯表面上的一层涂料。药皮的作用：一是改善焊接工艺性；二是对焊接区起保护作用；三是起有益的冶金化学作用。

4.2.2.2 焊条的种类

焊条按用途不同分为十大类：结构钢焊条、钼和铬耐热钢焊条、低温钢焊条、不锈钢焊条、堆焊焊条、铸铁焊条、镍及镍合金焊条、铜及铜合金焊条、铝及铝合金焊条、特殊用途焊条等。

焊条按熔渣性质不同还可分为酸性焊条和碱性焊条两大类。熔渣以酸性氧化物为主的焊条称为酸性焊条。这类焊条的焊缝金属塑性、韧性和抗裂能力较差，但工艺性能好，对铁锈、油污、水分的敏感性不大，并且可用交直流电源焊接，广泛用于一般低碳钢和强度较低的低合金结构钢的焊接；熔渣以碱性氧化物和氟化钙为主的焊条称为碱性焊条。这类焊条焊缝抗裂性能好，力学性能较高，但工艺性能差，对油污、铁锈、水敏感性大，易产生气孔，主要用于裂纹倾向大，塑性、韧度要求高的重要结构，如锅炉、压力容器等的焊接。

4.2.2.3 焊条的选用原则

1）等强度原则　焊接低碳钢和低合金钢时，一般应使焊缝金属与母材等强度。

2）同成分原则　焊接耐热钢、不锈钢时，应使焊缝金属的化学成分与母材的化学成分相同或相近。

3）抗裂缝原则　焊接形状复杂和刚度大的结构及焊接承受冲击载荷、交变载荷的结构时，应选用抗裂性能好的碱性焊条。

4）抗气孔原则　如对焊件接头部位的油污、铁锈等清理不便时，应选用抗气孔性能好的酸性焊条，以免焊接过程中气体滞留于焊缝中，形成气孔。

5）低成本原则　在满足使用要求的前提下，应尽量选用工艺性能好、成本低和效率高的焊条。

4.2.3 焊接应力与变形

焊接时，由于焊件的加热和冷却是不均匀的局部加热和冷却，造成焊件的热胀冷缩速度和组织变化先后不一致，从而产生焊接应力和变形，且二者是彼此伴生的。

焊接应力的存在，对构件质量、使用性能和焊后机械加工精度都有很大影响，甚至导致整个构件断裂；焊接变形不仅给装配工作带来很大困难，还会影响构件的工作性能。因此，在设计和制造焊接结构时，应尽量减小焊接应力和变形。

（1）焊接变形的基本形式

常见的焊接变形有收缩变形、角变形、弯曲变形、扭曲变形和波浪变形等形式，如图4-8所示。

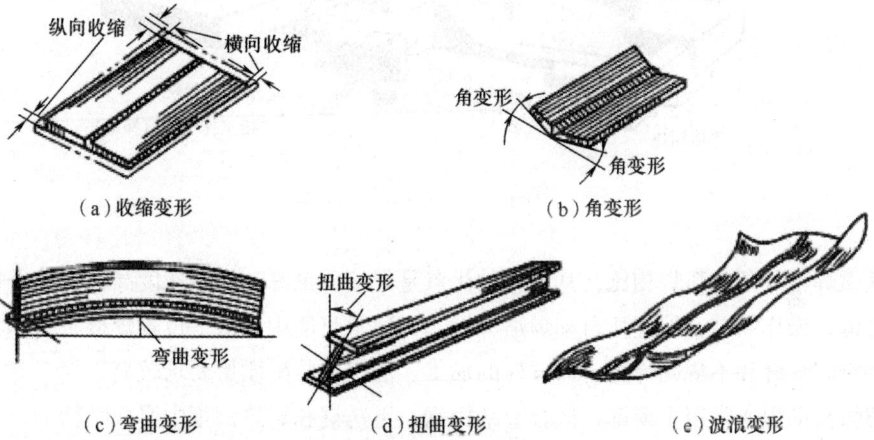

（a）收缩变形　（b）角变形　（c）弯曲变形　（d）扭曲变形　（e）波浪变形

图4-8　焊接变形的基本形式

收缩变形是由于焊缝金属沿纵向和横向的焊后收缩而引起的；角变形是由于焊缝截面上下不对称，焊后沿横向上下收缩不均匀而引起的；弯曲变形是由于焊缝布置不对称，焊缝较集中的一侧纵向收缩较大而引起的；扭曲变形常常是由于焊接顺序不合理而引起的；波浪变形则是由于薄板焊接后焊缝收缩时，产生较大的收缩应力，使焊件丧失稳定性而引起的。

（2）减少焊接应力与变形的措施

除了设计时应考虑之外，可采取一定的工艺措施，有预留变形量、反变形法、刚性固定法、锤击焊缝法、加热“减应区”法等。重要的是，选择合理的焊接顺序，尽量使焊缝自由收缩。焊前预热和焊后缓冷也很有效。

4.3 其他焊接方法

4.3.1 埋弧焊

埋弧焊是指以连续送进的焊丝作为电极和填充金属的电弧焊，如图4-9所示。埋弧焊分为自动埋弧焊和半自动埋弧焊。埋弧自动焊时，焊剂由给送焊剂管流出，均匀地堆敷在装配好的焊件（母材）表面。焊丝由自动送丝机构自动送进，经导电嘴进入电弧区。焊接电源分别接在导电嘴和焊件上，以便产生电弧。给送焊剂管、自动送丝机构及控制盘等通常都装在一台电动小车上。小车可以按调定的速度沿着焊缝自动行走。

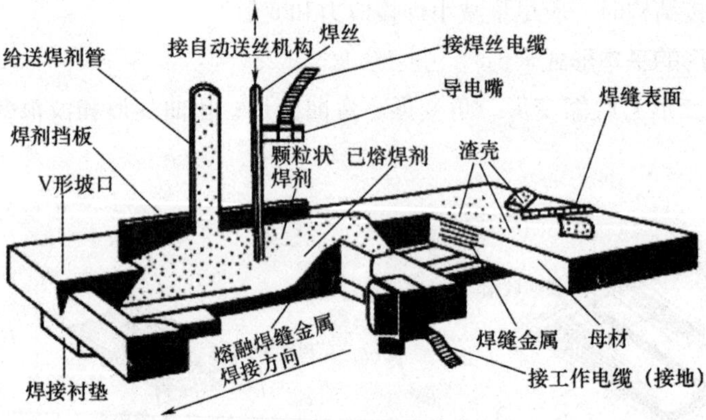

图4-9 埋弧自动焊方法

埋弧焊与焊条电弧焊相比，其最大的优点是焊接质量好，焊接速度高，劳动条件好，劳动强度低，操作简单；但埋弧自动焊适应性差，通常只适用于水平位置焊接直缝和环缝，不能焊接空间焊缝和不规则焊缝，对坡口的加工、清理和装配质量要求较高。

埋弧自动焊通常用于碳钢、低合金结构钢、不锈钢和耐热钢等中厚板结构的长直缝（如铁道货车中梁的组焊）、直径大于300mm环缝的平焊。此外，它还用于耐磨、耐腐蚀合金的堆焊、大型球墨铸铁曲轴以及镍合金、铜合金等材料的焊接。

4.3.2 气体保护电弧焊

气体保护电弧焊是指用外加气体作为电弧介质并保护电弧和焊接区的电弧焊。

（1）钨极气体保护电弧焊

钨极气体保护电弧焊是一种不熔化极气体保护电弧焊，利用钨极和工件之间的电弧使金属熔化而形成焊缝，同时由焊枪的喷嘴送进氩气或氦气做保护。焊接进程中钨极不熔化，只起电极的作用，还可根据需要另外添加填充金属。在国际上称为TIG焊，如图4-10（a）所示。

钨极气体保护电弧焊由于能很好地控制热输入，所以它是连接薄板金属和打底焊的一种极好的方法。这种方法几乎可以用于所有金属的连接，尤其适用于焊接铝、镁这些能形成难熔氧化物的金属以及像钛和锆这些活泼金属。这种焊接方法的焊缝质量高，但与其他电弧焊相比，其焊接速度较慢。

（2）熔化极气体保护电弧焊

熔化极气体保护电弧焊是以连续送进的焊丝作为电极，电弧产生在焊丝与工件之间，由焊枪喷嘴喷出的气体来保护电弧进行焊接，其常用的保护气体有氩气、氦气、CO_2气或这些气体的混合气。以氩气或氦气为保护气时称为熔化极惰性气体保护电弧焊（在国际上简称为MIG焊），如图4-10（b）所示；以惰性与氧化性气体（O_2、CO_2）混合气为保护气时，统称为熔化极活性气体保护电弧焊（在国际上简称为MAG焊）。

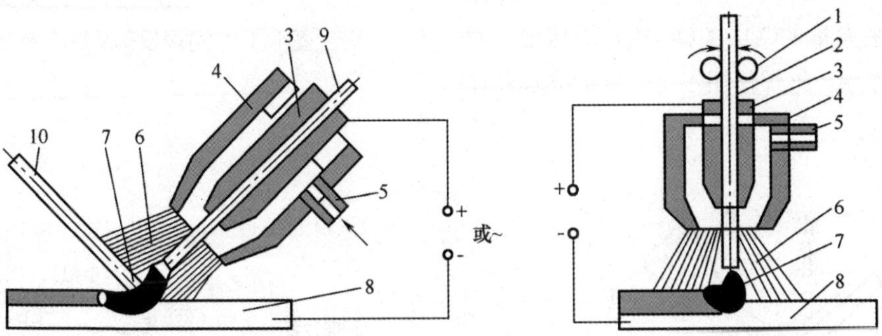

（a）TIG焊示意图 （b）MIG焊示意图

1—送丝轮；2—焊丝；3—导电嘴；4—喷嘴；5—进气管；6—氩气流；7—电弧；8—工件；9—钨极；10—填充焊丝。

图4-10 惰性气体保护电弧焊示意图

熔化极气体保护电弧焊具有可以方便地进行各种位置的焊接、焊接速度较快、熔敷率较高等优点。熔化极惰性气体保护电弧焊适用于不锈钢、铝、镁、铜、钛、锆及镍合金等。

（3）CO_2气体保护焊

CO_2气体保护焊是利用廉价的CO_2作为保护气体的电弧焊，其焊接装置如图4-11所示。它是利用焊丝作电极，焊丝由送丝机构通过软管经导电嘴送出。电弧在焊丝与工件之间发生。CO_2气体从喷嘴中以一定的流量喷出，包围电弧和熔池，从而防止空气对液体金属的有害作用。CO_2保护焊可分为自动焊和半自动焊。目前应用较多的是半自动焊。CO_2气体保护焊具有焊缝含氢量低，抗裂性能好，成本低等优点，已广泛应用于机械制造业各部门中。

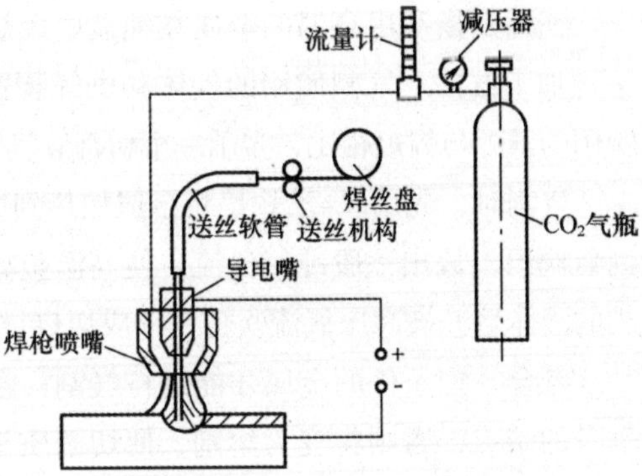

图4-11 CO_2气体保护焊示意图

4.3.3 气焊和气割

（1）气焊

气焊是指利用气体火焰为热源的一种熔焊焊接方法。最常用的是以乙炔气作燃料，氧气为助燃气的氧–乙炔火焰气焊。气焊设备由氧气瓶、乙炔瓶、减压阀、回火防止器及焊炬等组成，如图4–12所示。乙炔和氧气在焊炬中混合均匀后从焊嘴喷出燃烧，将焊件和焊丝熔化形成熔池，冷却凝固后形成焊缝，如图4–13、图4–14所示。气焊时气体燃烧，产生大量的CO_2、CO、H_2笼罩熔池，起到保护作用。气焊使用不带药皮的光焊丝作填充金属。

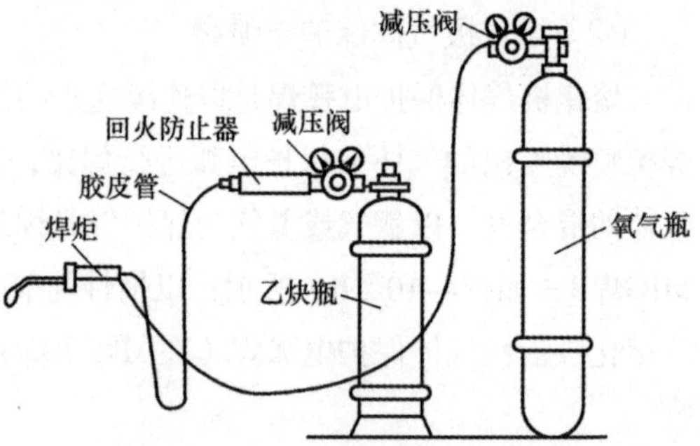

图4–12 气焊设备及其连接

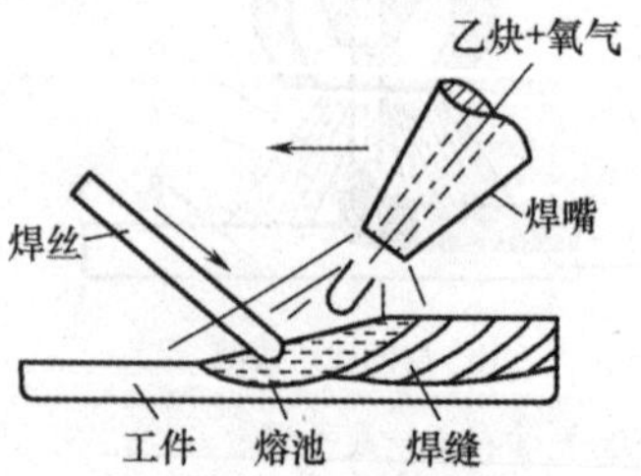

图4–13 气焊示意图

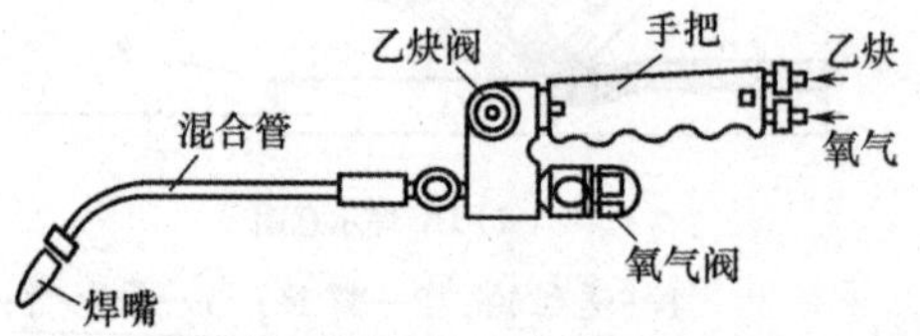

图4–14 焊炬

气焊设备简单、操作灵活方便、不需电源，但其火焰温度较低，且热量较分散，生产率低，工件变形大。主要用于黑色金属、有色金属及合金的焊接。

（2）气割

气割是指利用高温的金属在纯氧中燃烧而将工件分离的一种加工方法。气割使用的气体和供气装置可与气焊通用，所用的割炬与焊炬相比，多了一个切割氧气管和切割氧阀门。

气割时，先用氧–乙炔焰将金属加热到熔点，然后打开切割氧阀门，放出一股纯氧气流，使高温金属燃烧。燃烧后生成的液体熔渣被高压氧流吹走，形成切口，如图4–15所示。

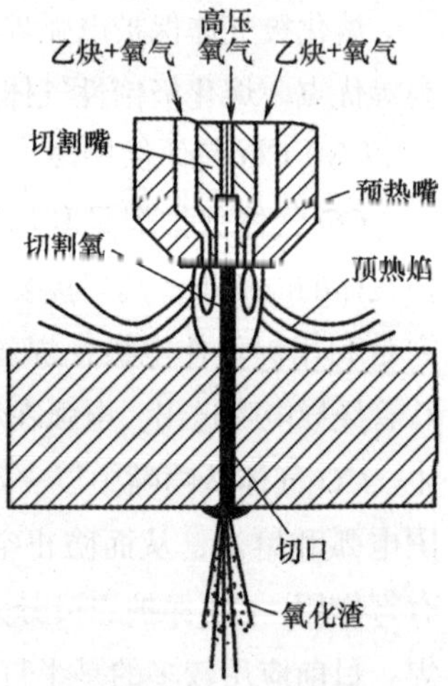

图4–15 气割

符合一定条件的金属才能进行气割：金属的燃点应低于本身的熔点，否则将变为熔割，使切割质量降低，甚至不能切割；金属氧化物的熔点应低于金属本身的熔点，否则高熔点的氧化物会阻碍着下层金属与氧气流接触，使气割无法继续进行。

碳素钢和低合金结构钢因钢中主要成分是铁，其燃烧时生成FeO，Fe_3O_4和Fe_2O_3放出大量的热，并且熔点低流动性好，故切口光洁整齐而质量好，所以具有很好的气割性能。

4.3.4　电渣焊

电渣焊是指利用电流通过液态熔渣时所产生的电阻热熔化母材和填充金属进行焊接的一种加工方法。焊接过程是在立焊位置，在由两工件端面与两侧面水冷铜滑块形成的装配间隙内（装配成相距20～40mm的接头，如图4-16所示）进行。丝极电渣焊示意图如图4-17所示。

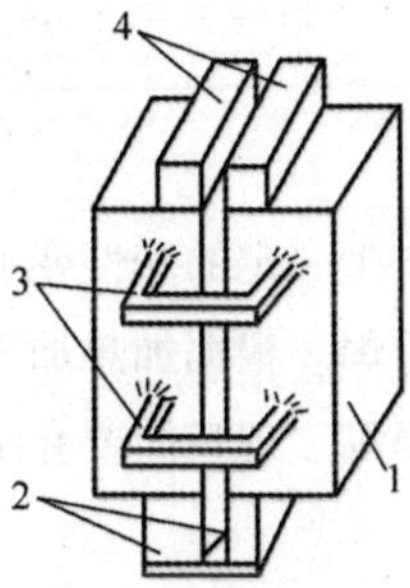

1—工件；2—引弧板；
3—门形板；4—引出板。

图4-16　电渣焊工件装配图

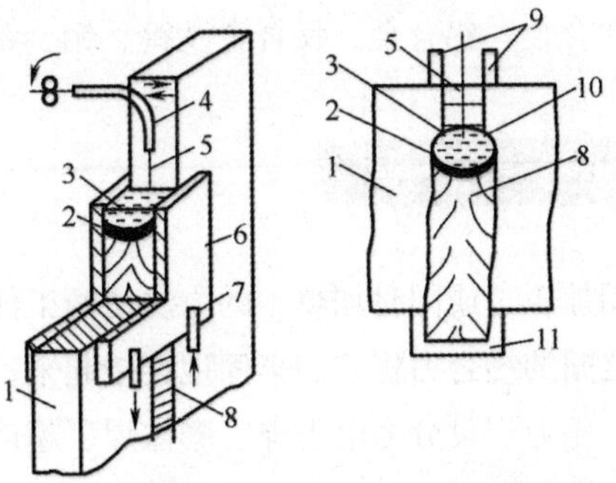

1—工件；2—金属熔池；3—熔渣；4—导丝管；
5—焊丝；6—强制成型装置；7—冷却水管；8—焊缝；
9—引出板；10—金属熔滴；11—引弧板。

图4-17　丝极电渣焊示意图

焊件与填充焊丝接电源两极，在接头底部焊有引弧板，顶部装有引出板。焊接时将焊剂装在引弧板、冷却滑块围成的盒状空间里。送丝机构送入焊丝，同引弧板接触后引燃电弧。电弧高温使焊剂熔化，形成液态熔渣池。当渣池液面升高淹没焊丝末端后，电弧自行熄灭，电流通过熔渣，进入电渣焊过程。这时，电流通过熔渣产生电阻热，使与之接触的那部分焊件边缘及焊丝末端熔化，形成金属熔池沉在渣池下面。以后随着焊丝不断送进与熔化，金属熔池不断升高并将渣池上推，冷却滑块也同步上移，渣池底部则逐渐冷却凝固成焊缝，将两焊件连接起来。比重轻的渣池浮在上面既作为热源，又隔离空气，保护熔池金属不受侵害。

根据焊接时所用的电极形状，电渣焊分为丝极电渣焊、板极电渣焊和熔嘴电渣焊。

电渣焊的特点是：对厚大截面的焊件可一次焊成，生产率高。工件不开坡口，成本低；由于熔渣对熔池保护严密，因此焊缝金属比较纯净，质量好；焊接速度慢，焊件冷却慢，因此焊接应力小；焊接热影响区宽，所以焊后焊件要进行正火处理，以细化晶粒。

电渣焊主要用于焊接厚度大于30mm的厚大工件，可用于各种钢结构的焊接，也可用于铸件的组合焊接。

4.3.5 等离子弧焊

等离子弧焊是一种利用等离子弧作为热源的不熔化极电弧焊。它是利用电极和工件之间的压缩电弧（称转移电弧）实现焊接的，所用的电极通常是钨极。产生等离子弧的等离子气可用氩气、氮气、氦气或其中二者的混合气，同时，还通过喷嘴用惰性气体保护。焊接时，可以外加填充金属，也可以不加填充金属。

等离子弧焊焊接时，由于其电弧挺直，能量密度大，因而电弧穿透能力强。对于一定厚度范围内的大多数金属，可以不开坡口对接，并能一次单面焊透双面成型。因此，生产率高，焊缝质量好。但等离子弧焊设备复杂，焊接成本较高，并且只适宜于室内焊接。

等离子弧焊现已广泛应用于化工、原子能、精密仪器仪表及尖端技术领域的不锈钢、耐热钢、铜合金、铝合金、钛合金及钨、钼、钴、铬、镍、钛的焊接。

4.3.6 压力焊

利用加压（或同时加热）的方法使两工件的结合面紧密接触并产生一定的塑性变形，借用原子之间的结合力将它们牢固地连接起来，这类焊接方法称为压力焊。根据加热加压的方式不同，压力焊可分为电阻焊、摩擦焊、超声波焊、扩散焊和爆炸焊等。现只简要介绍一下电阻焊。

电阻焊是指利用电流通过焊件及其接触面产生的电阻热作热源，将焊件局部加热到塑性或熔融状态，然后在压力下形成焊接接头的一种焊接方法。电阻焊具有生产率高、焊件变形小、劳动条件好、不需填充材料和易于实现自动化等特点。但设备较复杂，投资大，耗电量大，接头形式和工件厚度受到一定限制，且焊前清理要求高。因此电阻焊适用于大批量生产。

电阻焊分为点焊、缝焊、对焊三种形式，其示意图如图4-18所示。

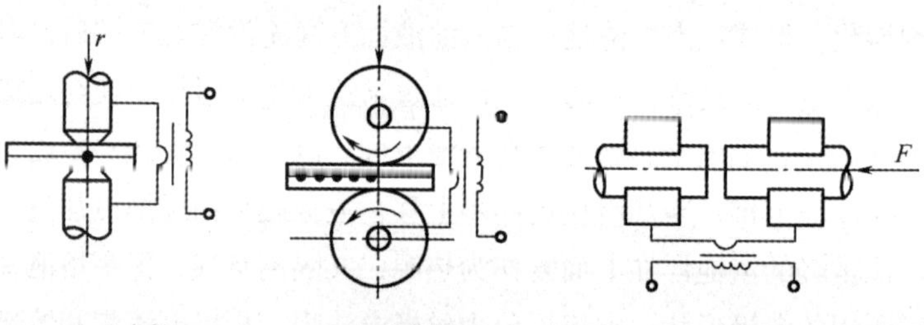

（a）点焊　（b）缝焊　（c）对焊

图4-18 电阻焊示意图

（1）点焊

点焊是利用柱状电极在两块搭接工件接触面之间形成焊点而将工件焊在一起的焊接方法，如图4-18（a）所示。点焊主要用于薄板结构，广泛用来制造汽车车厢、飞机外壳等轻型结构。

（2）缝焊

其过程与点焊基本相似，如图4–18（b）所示。当两工件的搭接处被两个圆盘电极以一定的压力夹紧并反向转动时，自动开关按一定的时间间隔断续送电，两工件接触面间就会形成许多连续而彼此重叠的焊点，这样就形成一条密封性的焊缝。一般只适于焊接3mm以下的薄板结构。由于缝焊机的电极是两个可以旋转的盘状电极，所以缝焊又称滚焊。

缝焊焊缝表面光滑美观，气密性好，已广泛应用于家用电器（如电冰箱壳体）、交通运输（如汽车油箱）及航空航天（如火箭燃料贮箱）等工业部门中要求密封的焊件的焊接。

（3）对焊

对焊是指利用电阻热将两工件端部对接起来的一种压力焊方法，如图4–18（c）所示。根据焊接过程不同，对焊又可分为电阻对焊和闪光对焊。

4.4 常用金属材料的焊接

金属材料对焊接加工的适应性称为金属焊接性，是指金属在一定的焊接工艺条件下获得优良焊接接头的难易程度。它包括两个方面内容：一是接合性能，即在一定焊接工艺条件下，金属形成焊接缺陷的敏感性；二是使用性能，即焊接接头对使用要求的适应性。

4.4.1 碳钢的焊接

碳钢的焊接性主要取决于其含碳量。

低碳钢含碳量和合金元素低，强度不高，塑性好，所以具有良好的焊接性，几乎可以用各种工艺方法进行焊接。对于沸腾钢，硫、磷杂质含量较高且分布不均匀，焊接时裂纹倾向大，不宜作为焊接结构件，应改用镇静钢。

中碳钢与低碳钢相比，其强度较高，有一定的淬硬倾向，必须仔细确定焊接规范并减缓焊后冷却速度，必要时，需进行焊前预热。

高碳钢淬硬倾向大，易出现各种裂纹和气孔，焊接性差，一般不用来制作焊接结构，只用于破损工件的焊补。焊补时通常采用焊条电弧焊或气焊。

4.4.2 低合金结构钢的焊接

低合金结构钢的焊接性主要取决于其化学成分及强度等级。一般来说，含碳量及含合金元素量少的低合金钢的焊接性较好。强度等级越高，合金元素越多，则焊接性越差。常用的低强度等级的低合金结构钢，其焊接性好，接近于普通低碳刚，其焊接规范也与低碳刚相当。

焊接低合金结构钢的常用方法有焊条电弧焊、埋弧焊和CO_2保护焊等。

4.4.3 不锈钢的焊接

奥氏体型不锈钢如0Cr18Ni9等，虽然Cr，Ni元素含量较高，但C含量低，焊接性良好，焊接时一般不需要采取工艺措施，因此它在不锈钢焊接中应用最广。当采用焊条电弧焊、埋弧焊、钨极氩弧焊时，焊条、焊丝和焊剂的选用应保证焊缝金属与母材成分类型相同。焊接时采用小电流、快速不摆动焊，焊后加大冷却速度，接触腐蚀介质的表面应最后施焊。

铁素体不锈钢如1Cr17等，焊接时热影响区中的铁素体晶粒易过热粗化，使焊接接头的塑性、韧性急剧下降甚至开裂。因此，焊前应预热，并采用小电流、快速焊等工艺。

马氏体不锈钢焊接时，在空冷条件下焊缝就可转变为马氏体组织，所以焊后淬硬倾向大，易出现冷裂纹。如果碳含量较高，淬硬倾向和冷裂纹现象更严重。因此，焊前预热温度200～400℃，焊后要进行热处理。如果不能实施预热或热处理，应选用奥氏体不锈钢焊条。

铁素体不锈钢和马氏体不锈钢焊接的常用方法是焊条电弧焊和氩弧焊。

4.4.4 铸铁的焊补

铸铁的焊补主要应用在三个方面：一是铸造生产过程中铸铁件产生的缺陷的焊补；二是使用过程中铸铁件产生裂纹和断裂损坏时的焊补修复；三是铸铁与钢件或其他金属的焊接。

铸铁焊接性能差，不能作为焊接结构件。铸铁焊补的主要问题有两个：一是焊接接头易生成白口组织和淬硬组织，难以切削加工；二是焊接接头易出现裂纹。

根据铸铁的特点，铸铁焊补可采用以下两种方法。

（1）不预热焊法

焊前工件不预热（或局部预热至300～400℃，称半热焊），焊后缓慢冷却，它依靠调整焊缝化学成分来防止或减少白口组织及裂缝。常用的焊补方法是采用镍基铸铁焊条、纯铁芯和低碳钢芯铸铁焊条和铁基铸铁焊条进行焊条电弧焊。

采用不预热焊法时，应用小电流、短电弧、窄焊缝以减少熔深，每次焊接长度一般不超过50mm，并在焊后及时轻轻锤击焊缝，其作用是尽量减少焊接应力以免开裂。

不预热焊法生产率高，劳动条件好，工件焊补成本低，应尽量多采用。

（2）热焊法

焊前将工件整体或局部加热至600～700℃高温，并在此温度下施焊，焊后缓慢冷却。这种方法可使焊件受热均匀，冷却速度慢，防止产生白口组织及裂纹。常用的焊补方法是焊条电弧焊和气焊。焊条电弧焊适用于中等厚度以上（>10mm）的铸铁件，选用铁基铸铁焊条或低碳钢芯铸铁焊条。10mm以下薄件为防止烧穿，采用气焊，用气焊火焰预热和缓慢冷却焊件，选用铁基铸铁焊丝并配合焊剂使用。

热焊法劳动条件差，一般用于焊补后还需机械加工的复杂、重要铸铁件，如汽车的缸体、缸盖和机床导轨等。

4.4.5 非铁金属的焊接

常用的非铁金属有铝、铜、钛及其合金等。由于非铁金属具有许多特殊性能，在工业中应用越来越广，其焊接技术也越来越重要。

（1）铝及铝合金的焊接

铝及铝合金焊接较困难，其主要特点是：

1）极易氧化成难熔的Al_2O_3薄膜，覆盖在金属表面，阻碍金属母材熔合。

2）氢在液态铝合金中的溶解度比固态高20多倍，所以熔池凝固时氢气来不及完全逸出，造成焊缝气孔。另外Al_2O_3薄膜易吸附水分，使焊缝出现气孔的倾向增大。

3）铝及铝合金从固态转化为液态时无颜色的明显变化，令操作者难以识别，不易控制熔融时间和温度，有可能出现烧穿等缺陷。

4）铝的热导率大，易于出现较大的焊接应力和变形。

铝合金可以用电阻焊、气焊、钎焊等方法进行焊接，但交流氩弧焊是焊接铝及铝合金的一种较好的熔焊方法。为保证焊接质量，焊前要严格清洗焊件、焊丝，并一定要干燥后再焊，否则焊缝中易出现气孔。焊接时尽量选用与母材化学成分相近的专用焊丝。

（2）铜及铜合金的焊接

铜及铜合金分为紫铜、黄铜和青铜等。焊接结构件常用的是紫铜和黄铜，铜及铜合金焊接的主要困难是：

1）由于铜的导热性好，焊接时热量极易散失，不易达到焊接所需的温度，出现填充金属与母材金属难熔合、工件未焊透、焊缝成型差等缺陷。

2）铜在凝固时收缩率大，热影响区范围宽，导致焊接应力大，易变形。

3）铜在液态时易于氧化，其氧化物分布在晶界上，易引起热裂纹。

4）铜在液态时吸气性强，易生成气孔。

因此，铜及铜合金的焊接采用强热源设备和焊前预热（150～550℃）来防止难熔合、未焊透现象并减少焊接应力与变形；严格限制杂质含量，加入脱氧剂，控制氢来源，降低溶池冷却速度等来防止裂纹、气孔缺陷的产生；焊后采用退火处理以消除应力。

常用的铜及铜合金的焊接方法有氩弧焊、气焊、埋弧焊和钎焊。应用最广的是氩弧焊。

（3）钛及钛合金的焊接

钛及钛合金具有高强度、低密度、强抗腐蚀性和好的低温韧性，是航天工业的理想材料。

由于钛及钛合金化学性质非常活泼，极易出现气孔、裂纹等多种焊接缺陷，焊接性差，所以主要采用氩弧焊，此外还可采用等离子弧焊、真空电子束焊和钎焊等。

4.5 焊接结构工艺设计

焊接结构工艺设计一般包括焊接结构材料、焊接方法、焊接接头形式的选择和焊缝布置等方面的内容。

4.5.1 焊接结构材料的选择

随着焊接技术的发展，工业上常用的金属材料一般均可焊接。但材料的焊接性不同，焊后接头质量差别就很大。因此，应尽可能选择焊接性良好的焊接材料来制造焊接构件。特别是优先选用低碳钢和普通低合金钢等材料，其价格低廉，工艺简单，易于保证焊接质量。

焊接结构材料可查阅有关标准或手册。

4.5.2 焊缝布置

焊缝布置是否合理，直接影响结构件的焊接质量和生产率。因此，设计焊缝位置时应考虑以下原则。

4.5.2.1 焊缝应尽量处于平焊位置

各种位置的焊缝，其操作难度不同。以焊条电弧焊焊缝为例，其中平焊操作最方便，易于保证焊接质量；立焊、横焊位置次之；仰焊位置施焊难度最大，不易保证焊接质量。

4.5.2.2 焊缝要布置在便于施焊的位置

焊条电弧焊时，焊条要能伸到焊缝位置，如图4-19所示。点焊、缝焊时，电极要能伸到待焊位置，如图4-20所示。埋弧焊时，要考虑焊缝所处的位置能否存放焊剂。

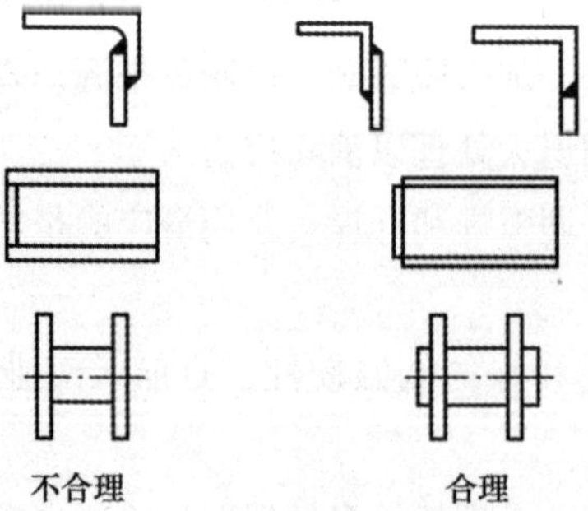

图4-19 焊条电弧焊焊缝位置

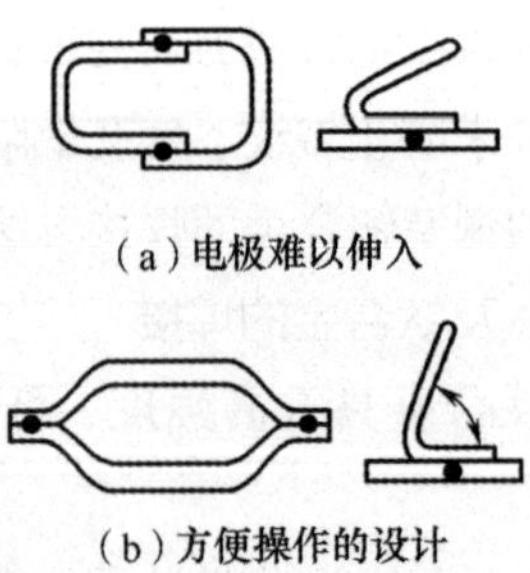

图4-20 点焊、缝焊焊缝位置

4.5.2.3 焊缝布置要有利于减少焊接应力与变形

（1）尽量减少焊缝数量及长度，缩小不必要的焊缝截面尺寸

减少焊缝数量，既可减少焊接应力和变形，又可提高生产率。因此，设计焊件结构时，可通过选取不同形状的型材、冲压件来减少焊缝数量。如图4-21所示的箱式结构，若用平板拼焊需四条焊缝，若改用槽钢拼焊则只需两条焊缝。

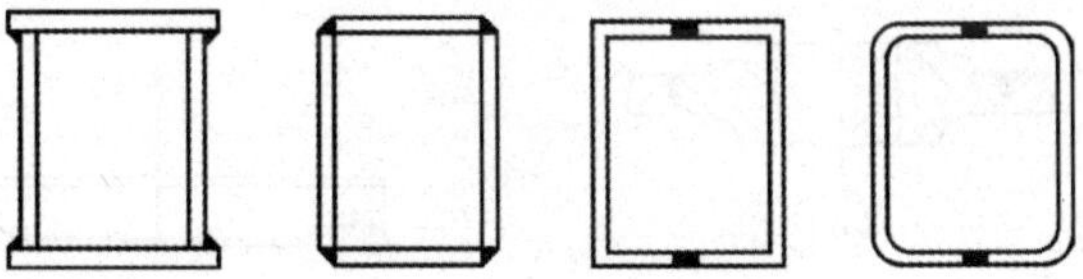

图4-21 减少焊缝数量示例

焊缝截面尺寸的增大会使焊接变形量随之加大，但过小的焊缝截面尺寸，又可能降低焊件结构强度，且截面过小焊缝冷却速度过快易产生缺陷，因此在满足焊件使用性能前提下，应尽量减少不必要的焊缝截面尺寸。

（2）焊缝布置应避免密集或交叉

焊缝密集或交叉，会使接头处严重过热，导致焊接应力与变形增大，甚至开裂。因此两条焊缝之间应隔开一定距离，一般要求大于三倍的板材厚度，且不小于100mm，如图4-22所示。处于同一平面焊缝转角的尖角处相当于焊缝交叉，易产生应力集中，应尽量避免，改为平滑过渡结构。

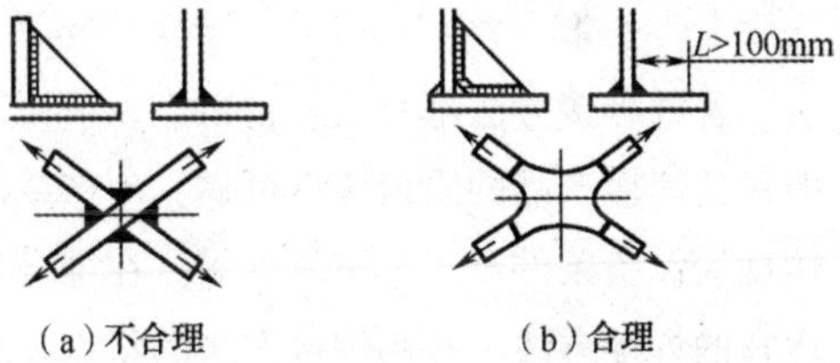

图4-22 焊缝布置应避免密集和交叉

（3）焊缝布置应尽量对称

当焊缝布置对称于焊件截面中心轴或接近中心轴时，可使焊接中产生的变形相互抵消而减少焊后总变形量。如图4-23所示，图4-23（a）中焊缝布置在焊件的非对称位置，会产生较大弯曲变形，不合理；图4-23（b）（c）将焊缝对称布置，均可减少弯曲变形。

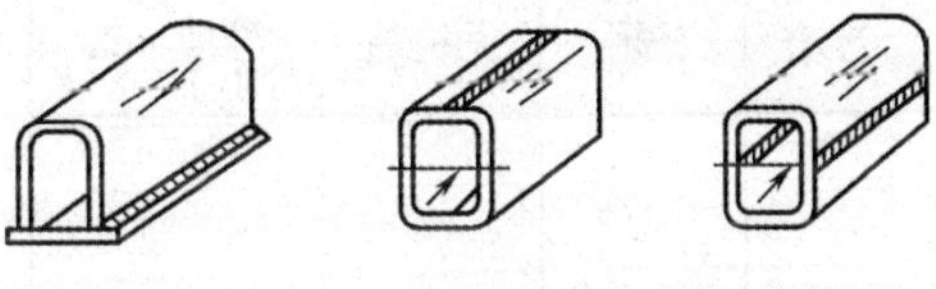

图4-23 焊缝布置应对称

（4）焊缝布置应避开机加工表面

如采用焊接结构制造的轮毂，如图4-24所示。为切削加工方便，先车削内孔后焊接轮辐，为避免内孔加工精度受焊接变形影响，必须采用如图4-24（b）所示的结构，焊缝布置离加工面远些。对机加工表面要求高的零件，由于焊后接头处的硬化组织，影响加工质量，焊缝布置应避开机加工表面，如图4-24（d）所示结构比图4-24（c）合理。

（5）焊缝布置应尽量避开最大应力位置或应力集中位置

在设计受力的焊接结构时，最大应力和应力集中的位置不应布置焊缝。在图4-25（a）

中，大跨度钢梁的最大应力处在钢梁中间，若整个钢梁结构由两段型材焊成，焊缝正布置在最大应力处，整个结构的承载能力下降；若改用图4–25（b）所示的结构，钢梁由三段型材焊成，虽增加了一条焊缝，但焊缝避开了最大应力处，提高了钢梁的承载能力。压力容器结构设计，为使焊缝避开应力集中的转角处，不应采用如图4–25（c）所示的无折边封头结构，应采用如图4–25（d）所示有折边封头结构。

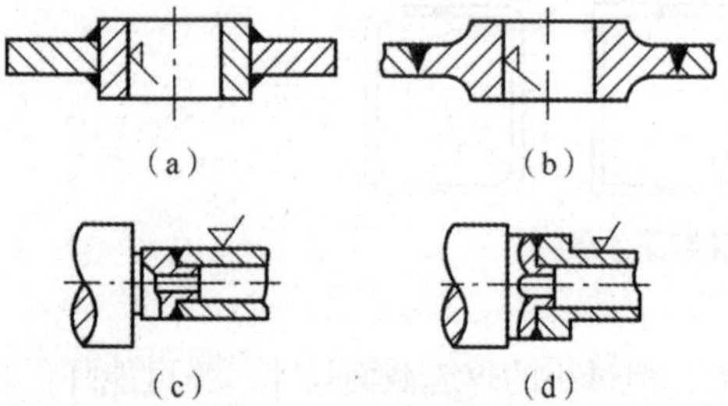

图4–24　焊缝布置应避开机加工表面

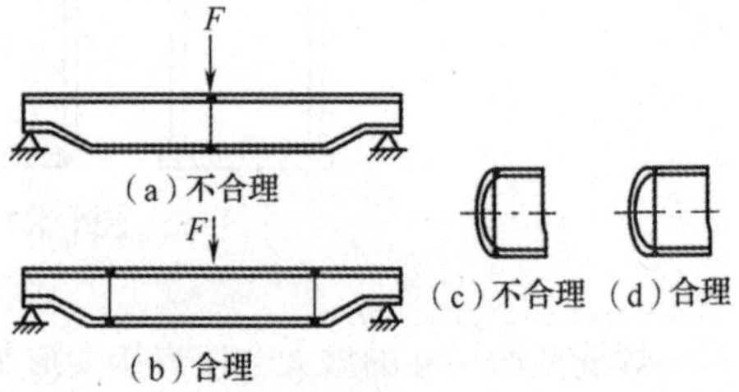

图4–25　焊缝应避开应力集中处的布置

4.5.3　焊接方法的选择

各种焊接方法都有其各自特点及适用范围，选择焊接方法时应依据以下原则：所选方法能保证焊接产品的质量优良可靠；生产率高，生产费用低，能获得较好的经济效益；具备焊接现场设备条件及工艺可靠性等。在综合分析焊件质量、经济性和工艺可能性之后，确定最适宜的焊接方法。常用焊接方法的特点及适用范围如表4–1所示。

表4–1　常用焊接方法的特点及适用范围

焊接方法	焊接热源	可焊空间位置	适用板材厚度/mm	焊缝成型性	生产率	设备费用	可焊材料	适用范围及特点
气焊	氧–乙炔气体或其他可燃气体	全位置	1～3	较差	低	低	碳钢、低合金钢、铸铁、铝及铝合金、铜及铜合金	薄板、薄管焊件，灰铸铁补焊，铝、铜及其合金薄板结构件的焊接、补焊，但焊件变形大，焊接质量较差
焊条电弧焊	电弧	全位置	>1 常用2～10	较好	中等	较低	碳钢、低合金钢、不锈钢、铸铁等	成本较低，适应性强，可焊各种空间位置的短、曲焊缝

续表

焊接方法	焊接热源	可焊空间位置	适用板材厚度/mm	焊缝成型性	生产率	设备费用	可焊材料	适用范围及特点
埋弧焊	电弧	平焊	≥3 常用4～60	好	高	较高	碳钢、低合金钢等	成批生产、中厚板长直焊缝和直径>250mm环焊缝
氩弧焊	电弧	全位置	0.5～25	好	中等	较高	铝、铜、钛、镁及其合金、不锈钢、耐热钢	焊接质量好，成本高
CO_2焊	电弧	全位置	0.8～50 常用于薄板	较好	高	较高	碳钢、低合金钢	生产率高，无渣壳，成本低，宜焊薄板，也可焊中厚板，长直或短曲焊缝
电渣焊	电阻热	立焊	25～1000 常用40～450	好	高	高	碳钢、低合金钢、铸铁	较厚工件立焊缝
点焊	电阻热	全位置	常用0.5～6	好	很高	较低～较高	碳钢、低合金钢、铝及铝合金	焊接薄板，接头为搭接
缝焊	电阻热	平焊	<3	好	很高	较高	碳钢、低合金钢、铝及铝合金	焊接有密封要求的薄板容器和管道，接头为搭接
对焊	电阻热	平焊	—	好	高	较低～较高	碳钢、低合金钢、铝及铝合金	焊接杆状零件，接头为对接
钎焊	各种热源（常用烙铁和氧-乙炔焰）	平、立焊	—	好	高		一般为金属材料	常用于电子元件、仪器、仪表及精密机械零件的焊接，还可完成其他焊接方法难以完成的异种金属间焊接，但接头强度较低，接头多为搭接

习题

4-1 什么是焊接电弧？它是如何产生的？电弧中各区的温度有多高？用直流或交流电焊接效果一样吗？

4-2 焊接时为什么要进行保护？说明各电弧焊方法中的保护方式和保护效果有什么不同？

4-3 什么是直流弧焊机的正接法、反接法？生产中应如何选用？

4-4 焊芯的作用是什么？其化学成分有何特点？焊条药皮有哪些作用？

4-5 如何防止焊接变形？减少焊接应力的工艺措施有哪些？

4-6 你所了解的其他焊接方法有哪些？各有什么特点？

4-7 低碳钢焊接有何特点？普通低合金钢焊接的主要问题是什么？焊接时应采取哪些措施？

4-8 奥氏体不锈钢焊接的主要问题是什么？

4-9 铝、铜及其合金焊接常用哪些方法？优先采用哪一种为好？为什么？

第 5 章

机械零件毛坯的选择

毛坯是指根据零件所要求的形状、工艺尺寸等制成的，并提供给后续工序进一步加工所用的物品。任何一个机械零件，都需要经过设计、选择材料、毛坯生产、机械加工、热处理等多道工序。因此，在设计零件时就要根据机器和零件的受力情况、工作环境等使用性能来选择毛坯材料，并根据毛坯材料来确定毛坯类型。

5.1 常用毛坯的种类

（1）铸造毛坯

铸铁、有色金属以及含碳量为0.45%～0.5%的钢均可采用铸造方法来获得铸件毛坯，其中应用最广泛的是铸铁。铸造不受零件尺寸、形状、重量的约束，主要用于采用其他方法难以成型的壳体、基座、支架、带轮等形状比较复杂的毛坯零件。

一般铸造原材料价格比较便宜，来源较广泛，铸造设备较简单，铸造毛坯形状与零件较接近，可节省大量金属材料与切削工时，多数情况下铸造成本较锻造成本低，所以应优先选用铸造毛坯。但铸造毛坯的组织粗大，内部组织疏松，易产生缺陷，其力学性能不如同材料的锻件，一些承受动载荷、较大拉应力、弯应力、扭应力的零件，不能完全采用铸造毛坯。

（2）压力加工毛坯

锻件适用于要求强度较高、形状不太复杂的零件毛坯。锻件由于塑性变形的结果，内部晶粒较细、均匀，没有铸造毛坯的内部缺陷，其力学性能优于同样材料的铸件。因此，主轴、齿轮、连杆等承受重载、交变应力的零件，常用锻件毛坯，但锻造方法不适用于形状复杂、大型的毛坯。

冷冲压可以制造出形状复杂、重量较轻的薄壁零件，其精度较高，表面质量较好，易于实现自动化，生产率高。但因冷冲压的模具价格较高，薄壁件刚度低，所以冷冲压工艺多用于中小尺寸零件毛坯的大批量生产。

（3）型材毛坯

型材是指通过轧制、拉拔、挤压等方式生产出来的，沿长度方向横截面不变的钢料。机械制造中的型材分为圆钢、方钢、六角钢、槽钢、工字钢、钢管、条料和板料等。型材的轧制生产方法又分为冷轧和热轧。冷轧料精度高，如用六角钢棒制造六角螺母、螺栓，头部可以不必加工，使加工时间大大缩短；热轧料精度低，多用作一般零件的毛坯。

（4）焊接组合毛坯

焊接组合毛坯是指根据毛坯的形状、尺寸要求，用铸件、锻件、冲压件、型材或局部机械加工的半成品组合焊接而成的毛坯。焊接组合件的工艺正得到广泛的应用，能制成各种需要的结构。同铸件相比较，焊接件具有强度、冲击韧性高，质量轻，材料利用率高，不需要大型设备，生产周期短等特点。缺点是残余应力和热影响区对焊接质量影响较大。

一些单件生产的重型机件，如机架、立柱、箱体等，大都采用焊接毛坯制造。对于大件，焊接件简单方便，可以小拼大，不但有良好的强度、刚度，且材料利用率高、成本低。

（5）粉末冶金制件

粉末冶金是将材料制备—加工—零件及半成品制造巧妙结合，是机械制造零件和半成品的一种金属成型技术，具有提高质量、降低成本、节约能源的优点。由于制作粉末的价格高，故只在特殊需要时选用。

5.2 毛坯选择的原则

影响毛坯选择的因素很多，例如生产类型、零件的材料、结构和尺寸、力学性能要求以及加工成本等。毛坯的选择一般应从以下几个方面考虑。

（1）零件材料及其力学性能

零件材料是决定毛坯种类及其制造方法的主要因素。一般零件材料选定后，其毛坯种类就可确定。例如，材料为铸铁和青铜的零件，应选择铸件毛坯；钢质零件形状不复杂、力学性能要求不太高时，可选择型材；重要的钢制件，为保证其力学性能，应选择锻件毛坯。

（2）零件的结构形状及其外形尺寸

这是影响毛坯选择的重要因素。对于形状复杂的毛坯，一般用铸造方法制造；形状复杂和薄壁的铸件毛坯，不宜采用砂型铸造；一般用途的阶梯轴，如阶台直径相差不大，可采用型材棒料；若直径相差较大，则宜采用锻件；尺寸较大的毛坯，不宜采用压铸、模锻。

（3）生产类型

生产类型在很大程度上决定了采用某种毛坯制造方法的经济性。大量生产的零件应选择高精度、高效率的毛坯制造方法，以提高生产率，降低成本，如铸件采用金属型机器造型或精密铸造；锻件采用模锻、精锻；型材采用冷轧或冷挤压。零件产量较小时，应选择精度和生产率较低的毛坯制造方法。

（4）现有生产条件

确定毛坯的种类及制造方法，必须考虑工厂现场生产条件，如工厂设备情况、工艺水平、工人技术水平以及对外协作的可能性等。

（5）保证设计的质量要求

一般设计零件图样上标注有零件的材料、零件的形状、尺寸、公差、表面粗糙度，热处理应达到的性能指标等。

（6）充分考虑利用新工艺、新技术和新材料

随着机械制造技术的发展，毛坯制造方面的新工艺、新技术和新材料的应用也迅速发

展，如精锻、精铸、冷挤压、粉末冶金和工程塑料等。在选择毛坯时应充分考虑利用新工艺、新技术、新材料，并在可能的条件下应尽量采用。

5.3 典型零件毛坯的选择

5.3.1 轴杆类零件的毛坯选择

按承载方式不同，轴分为心轴、传动轴和转轴三大类。心轴仅承受弯矩、不传递转矩，如自行车轮轴；传动轴主要传递转矩、不承受或承受很小的弯矩，如车床上的光杠；转轴既承受弯矩，又传递转矩，如机床的主轴、减速器中的齿轮轴等。

（1）机床主轴

机床主轴的质量好坏直接影响机床的精度和寿命。机床主轴属于中速、中载荷（承受交变的弯曲应力、扭转应力、有时受冲击载荷作用），其毛坯采用45调质钢锻造，再调质热处理，可以提高主轴的强度、韧性、疲劳强度等综合力学性能。

（2）减速器轴

减速器的轴属于中高速、中重载荷（承受交变的弯曲应力、扭转应力，有时受冲击载荷作用）。中速、中载荷的一般选用45调质钢锻造；高速、中载荷的可以选用40Cr合金结构钢锻造，经调质热处理后，都可以提高主轴的强度、韧性、疲劳强度等综合力学性能；高速重载时可以选用20Cr、20CrMnTi渗碳钢锻造，再经渗碳、淬火再低温回火来满足耐磨性、疲劳强度、心部强度和冲击韧性都较高的要求。

（3）发动机曲轴

重型汽车发动机的曲轴，承受交变的弯曲应力、扭转应力、受冲击载荷的作用，因此对毛坯材料的综合力学性能要求较高。由于曲轴较大，用优质结构钢通过锻造成型比较困难，在满足强度安全的情况下，可以采用QT700-2球墨铸铁铸造而成。

5.3.2 盘套类零件的毛坯选择

齿轮、带轮、飞轮、联轴器、轴承盖、套环以及一些饼块件等均属盘套类零件。依其功能不同，选用的材料和毛坯也各不相同。

（1）圆柱齿轮

圆柱齿轮是机器中重要的传动件之一。齿轮啮合运转时，轮齿受到弯矩，有时还受到冲击作用，齿面受到接触应力和摩擦力的作用等。弯矩、冲击力可能使轮齿折断，接触应力及摩擦力将使齿面发生点蚀、磨损和胶合等破坏。因此，齿轮选材的基本要求是：轮齿具有足够的抗弯强度；齿面具有足够硬度和耐磨性；对承受冲击的齿轮，要求心部的韧性高。当齿轮的工作环境条件恶化时，上述要求还应提高。

齿轮的毛坯选择取决于齿轮的选材、结构形状、尺寸大小、使用条件及生产批量等。

综合上述对齿轮的要求，齿轮毛坯及其成型方法大体如下。

1）要求传动精确、结构小巧的仪表齿轮，大量生产时可以用黄铜板料精冲而成，或用铝合金压铸制成。

2）对于钢制齿轮，如果尺寸较小且性能要求不高时，可直接采用热轧棒料，除此以外，一般都采用锻造毛坯。生产批量较小或尺寸较大的齿轮采用自由锻造；生产批量较大的中小尺寸的齿轮采用模锻。

3）重要机械上的齿轮，例如，切削机床上的主轴箱内的直齿圆柱齿轮，对传动精度、传递功率和结构紧凑性等都有较高的要求，常用20Cr、20CrMnTi等合金渗碳钢制造。单件（配件）生产直径较小的齿轮，可直接以圆钢为毛坯，经切削加工制成；如果大量生产可用热轧制坯。

4）对于直径比较大，结构比较复杂的不便于锻造的齿轮，采用铸钢毛坯或焊接组合毛坯。

5）高速、轻载的普通小齿轮，为减少噪声，也可用非金属材料，如尼龙等制造。此外，有些齿轮用粉末冶金，经精密模锻制成。

（2）带轮

带轮是通过中间挠性件（各种带）来传递运动和动力的，一般载荷比较平稳。因此，对于中小带轮多采用HT150制造，故其毛坯一般采用砂型铸造，生产批量较小时用手工造型；生产批量较大时可用机器造型；对于结构尺寸很大的带轮，为减轻重量可采用钢板焊接毛坯。

（3）减速器的端盖

减速器的端盖主要用于密封减速器，限制轴的轴向运动，避免灰尘、水进入减速器箱体内，同时也防止减速器内润滑油往外泄漏。减速器的轴向力并不很大，端盖内部呈腔形，与箱壁上轴承支承孔相配合的外圆精度要求较高。通常采用铸造方法，选用HT100灰铸铁。在单件小批量生产情况下，为了缩短生产周期和降低成本，可采用10 ~ 30优质碳素结构钢棒料车制而成。

5.3.3　箱体类零件的毛坯选择

箱体类零件是机器的基础件，它的加工质量将对机器的精度、性能和使用寿命产生直接影响。这类零件包括机身、齿轮箱、阀体、轴承座等。

由于箱体类零件的结构形状一般都比较复杂，且内部呈腔形，为满足减振和耐磨等方面的要求，其材料一般都采用铸铁。为达到结构形状方面的要求，最常见的毛坯是砂型制造的铸件。当单件小批量生产、新产品试制或结构尺寸很大时，也可采用钢板焊接毛坯。

习题

5-1　常见的毛坯形式有哪几类？

5-2　选择零件毛坯应遵循的基本原则是什么？

5-3　轴杆类零件的常用毛坯有哪几种？生产实际中如何选择？

5-4　盘套类零件的常用毛坯有哪几种？生产实际中如何选择？

5-5　箱体类零件的常用毛坯有哪几种？生产实际中如何选择？

第 6 章

几何量公差

6.1 互换性的基本概念

（1）互换性的概念

零（部）件的互换性是指同一规格的零（部）件，不需要任何挑选、调整或修配，就能装到机器（或部件）上去，并完全符合规定的性能要求。

（2）互换性的种类

1）完全互换　是指上面所述的互换性，在装配时无附加选择、调整或修配。

2）不完全互换　是指在装配时允许有附加选择或调整，但不允许修配。

6.2 基本术语及定义

6.2.1 有关尺寸、公差和偏差的术语及定义

6.2.1.1 尺寸

尺寸是用特定单位表示线性尺寸值的数值，如直径、半径、宽度、中心距等。通常以毫米（mm）为单位。

（1）基本尺寸（D，d）

基本尺寸是指由设计者根据零件的使用要求，通过强度和刚度等的计算及结构设计，经过圆整而给出的尺寸。孔用D表示，轴用d表示。

（2）实际尺寸（D_a，d_a）

实际尺寸是指通过测量得到的尺寸。由于存在测量误差，实际尺寸并非真值。若不作说明，均指局部实际尺寸。孔和轴的实际尺寸分别用D_a和d_a表示。

（3）极限尺寸

极限尺寸是指允许尺寸变化的两个界限值，其中较大的一个称为最大极限尺寸，较小的一个称为最小极限尺寸，孔和轴的最大极限尺寸分别用D_{max}和d_{max}表示，最小极限尺寸分别用D_{min}和d_{min}表示。

极限尺寸用于控制实际尺寸，孔或轴实际尺寸合格条件如下：

$$D_{min} \leqslant D_a \leqslant D_{max}$$

$$d_{min} \leqslant d_a \leqslant d_{max}$$

6.2.1.2 尺寸偏差

尺寸偏差是指某一尺寸减去基本尺寸所得的代数差，简称偏差，其值可为正或负，也可

为零。由于尺寸有实际尺寸和极限尺寸之分，所以偏差也有实际偏差和极限偏差两种。

（1）实际偏差

实际偏差是指实际尺寸减其基本尺寸所得的代数差。孔和轴的实际偏差分别用E_a和e_a表示，公式如下：

$$E_a=D_a-D$$

$$e_a=d_a-d$$

（2）极限偏差

极限偏差是指极限尺寸减去基本尺寸所得的代数差。最大极限尺寸减去基本尺寸所得的代数差称为上偏差，最小极限尺寸减去基本尺寸所得的代数差称为下偏差，孔和轴的上偏差分别用ES和es表示，孔和轴的下偏差分别用EI和ei表示，公式如下：

$$\mathrm{ES}=D_{\max}-D \qquad \mathrm{es}=d_{\max}-d$$

$$\mathrm{EI}=D_{\min}-D \qquad \mathrm{ei}=d_{\min}-d$$

极限偏差用于控制实际偏差，孔或轴实际偏差合格条件如下：

$$D_{\min}\leqslant D_a\leqslant D_{\max}$$

$$d_{\min}\leqslant d_a\leqslant d_{\max}$$

6.2.1.3　尺寸公差

尺寸公差是指允许尺寸的变动量，简称公差。它等于最大极限尺寸减最小极限尺寸，或上偏差减下偏差，公差不能为零，更不能为负。孔和轴的公差分别用T_D和T_d表示，公式如下：

$$T_D=D_{\max}-D_{\min}=\mathrm{ES}-\mathrm{EI}$$

$$T_d=d_{\max}-d_{\min}=\mathrm{es}-\mathrm{ei}$$

6.2.1.4　公差带图及公差带

为了方便起见，实用时对尺寸公差带图进行简化，不画孔和轴的全形且仅取纵截面视图中的一部分，称为尺寸公差带图，简称公差带图，如图6-1所示。

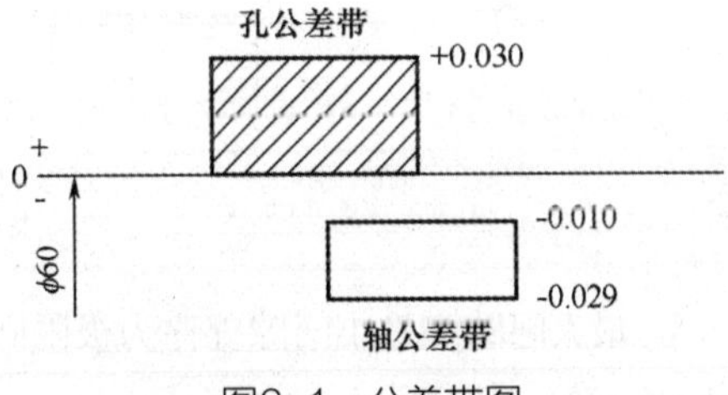

图6-1　公差带图

（1）零线

在公差带图中，代表基本尺寸并确定偏差坐标位置的一条基准直线，即零偏差线。通常将零线画成水平位置的线段，正偏差位于零线上方，负偏差位于零线下方，零偏差重合于零线。公差带图中的偏差用mm为单位时，可省略不标。

（2）尺寸公差带

在公差带图中，表示上、下偏差的两条直线所限定的一个区域称为尺寸公差带，简称为公差带。公差带沿零线方向的长度可适当任取。

（3）公差带的两要素

尺寸公差带由公差带大小和公差带位置两个要素组成。公差带的大小由标准公差值确定，公差带的位置由基本偏差确定。

6.2.2 有关配合的术语及定义

6.2.2.1 配合

配合是指基本尺寸相同的、相互结合的孔和轴公差带之间的关系。配合反映了机器上相互结合零件之间的松紧程度。

6.2.2.2 间隙（*X*）或过盈（*Y*）

间隙或过盈是指孔的尺寸减去相配合的轴的尺寸所得的代数差。该代数差为正则是间隙，用符号X表示；为负则是过盈，用符号Y表示。间隙或过盈前必须标注正号或负号。

6.2.2.3 配合的种类

根据相互配合的孔、轴公差带之间不同的相对位置关系，配合分为间隙配合、过盈配合和过渡配合三种类型。

（1）间隙配合

间隙配合是指具有间隙（包括最小间隙等于零）的配合。在间隙配合中，孔的公差带位于轴的公差带的上方，如图6-2所示。

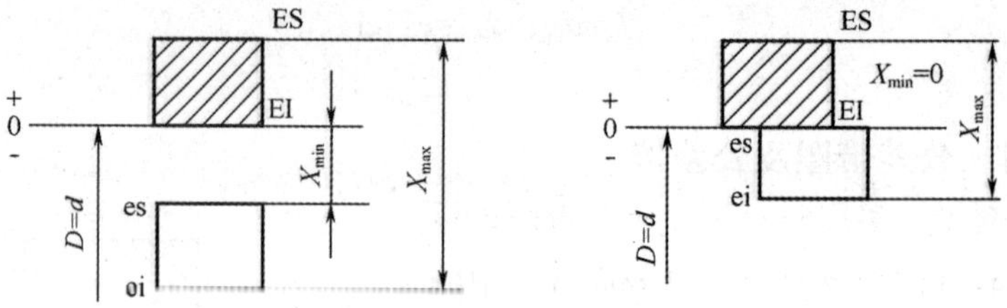

图6-2 间隙配合

最大间隙和最小间隙统称为极限间隙，是间隙配合中允许间隙变动的两个界限值，分别用X_{max}和X_{min}表示，公式如下：

$$X_{max}=D_{max}-d_{min}=ES-ei$$

$$X_{min}=D_{min}-d_{max}=EI-es$$

在实际中有时用到平均间隙，平均间隙是最大间隙和最小间隙的平均值，用X_m表示。

$$X_m=\frac{1}{2}(X_{max}+X_{min})$$

（2）过盈配合

过盈配合是指具有过盈（包括最小过盈等于零）的配合。在过盈配合中，孔的公差带位于轴的公差带的下方，如图6-3所示。

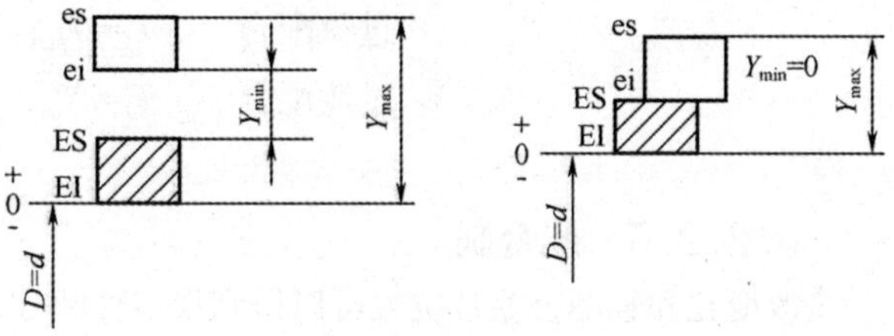

图6-3　过盈配合

最大过盈和最小过盈统称为极限过盈，是过盈配合中允许过盈变动的两个界限值，分别用Y_{max}和Y_{min}表示，公式如下：

$$Y_{max}=D_{min}-d_{max}=EI-es$$

$$Y_{min}=D_{max}-d_{min}=ES-ei$$

平均过盈是最大过盈和最小过盈的平均值，用Y_m表示。

$$Y_m=\frac{1}{2}(Y_{max}+Y_{min})$$

（3）过渡配合

过渡配合是指可能具有间隙或过盈的配合。在过渡配合中，孔和轴的公差带相互交叠，如图6-4所示。

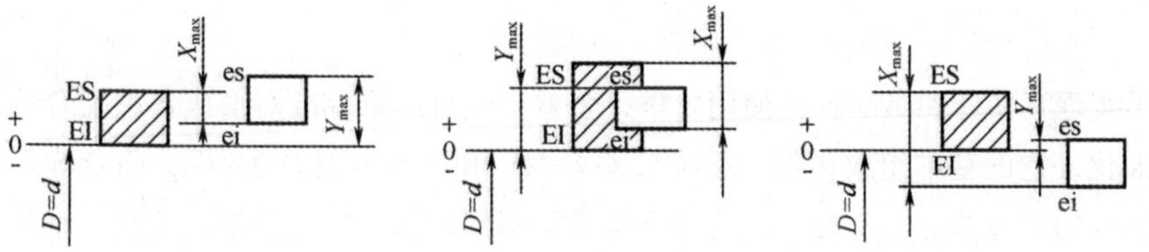

图6-4　过渡配合

最大间隙和最大过盈是过渡配合中允许间隙和过盈变动的两个界限值，分别用X_{max}和Y_{max}表示，公式如下：

$$X_{max}=D_{max}-d_{min}=ES-ei$$

$$Y_{max}=D_{min}-d_{max}=EI-es$$

过渡配合中的平均间隙或平均过盈是：

$$X_m(Y_m)=\frac{1}{2}(X_{max}+Y_{max})$$

上式计算所得结果为正值是平均间隙，为负值是平均过盈。

6.2.2.4　配合公差

配合公差是指允许间隙或过盈的变动量。它表明配合松紧程度的变化范围。配合公差用T_f表示，公式如下：

间隙配合　$T_f=|X_{max}-X_{min}|=T_D+T_d$

过盈配合 $T_f=|Y_{max}-Y_{min}|=T_D+T_d$

过渡配合 $T_f=|X_{max}-Y_{max}|=T_D+T_d$

6.2.2.5 配合制

改变孔和轴的公差带位置可以得到很多种配合，为便于现代化大生产，简化标准，标准规定了两种配合制：基孔制和基轴制。

（1）基孔制

基孔制是指基本偏差为一定的孔的公差带与不同基本偏差轴的公差带形成各种配合的一种制度。基孔制中的孔为基准孔，其下偏差为0，基本偏差代号为H。

（2）基轴制

基轴制是指基本偏差为一定的轴的公差带与不同基本偏差孔的公差带形成各种配合的一种制度。基轴制中的轴为基准轴，其上偏差为0，基本偏差代号为h。

6.3 标准公差与基本偏差系列

为了实现互换性和满足各种使用要求，公差与配合国家标准对形成各种配合的公差带进行了标准化，它的基本组成包括“标准公差系列”和“基本偏差系列”，前者确定公差带的大小，后者确定公差带的位置，二者结合构成了不同的孔、轴公差带，而孔、轴公差带之间不同的相互关系则形成了不同的配合。

6.3.1 标准公差系列

标准公差是国家标准规定的用以确定公差带大小的任一公差值。由若干标准公差所组成的系列称为标准公差系列，它以表格形式列出，如表6-1所示，称为标准公差数值表。从表6-1中可知，标准公差的数值与两个因素有关：标准公差等级和基本尺寸分段。

（1）标准公差等级

标准公差等级是指确定尺寸精确程度的等级。GB/T1800.3—2009将标准公差分为20个公差等级，分别为IT01、IT0、IT1、IT2、…、IT18，其中IT01为最高一级，IT18为最低一级。

（2）基本尺寸分段

标准公差值的大小与公差等级及基本尺寸有关。机械产品中，基本尺寸不大于500mm的尺寸段在生产中应用最广，该尺寸段称为常用尺寸段。为了简化标准公差数值表格，国家标准采用了基本尺寸分段的方法，对同一尺寸段内的所有基本尺寸，在公差等级相同的情况下，规定相同的标准公差。国家标准基本尺寸的分段如表6-1所示。

表6-1 标准公差数值（摘自GB/T 1800.3—2009）

基本尺寸 mm		公差等级																			
		IT01	IT0	IT1	IT2	IT3	IT4	IT5	IT6	IT7	IT8	IT9	IT10	IT11	IT12	IT13	IT14	IT15	IT16	IT17	IT18
大于	至	μm													mm						
—	3	0.3	0.5	0.8	1.2	2	3	4	6	10	14	25	40	60	0.10	0.14	0.25	0.40	0.60	1.0	1.4
3	6	0.4	0.6	1	1.5	2.5	4	5	8	12	18	30	48	75	0.12	0.18	0.30	0.48	0.75	1.2	1.8
6	10	0.4	0.6	1	1.5	2.5	4	6	9	15	22	36	58	90	0.15	0.22	0.36	0.58	0.90	1.5	2.2
10	18	0.5	0.8	1.2	2	3	5	8	11	18	27	43	70	110	0.18	0.27	0.43	0.70	1.10	1.8	2.7
18	30	0.6	1	1.5	2.5	4	6	9	13	21	33	52	84	130	0.21	0.33	0.52	0.84	1.30	2.1	3.3
30	50	0.6	1	1.5	2.5	4	7	11	16	25	39	62	100	160	0.25	0.39	0.62	1.00	1.60	2.5	3.9
50	80	0.8	1.2	2	3	5	8	13	19	30	46	74	120	190	0.30	0.46	0.74	1.20	1.90	3.0	4.6
80	120	1	1.5	2.5	4	6	10	15	22	35	54	87	140	220	0.35	0.54	0.87	1.40	2.20	3.5	5.4
120	180	1.2	2	3.5	5	8	12	18	25	40	63	100	160	250	0.40	0.63	1.00	1.60	2.50	4.0	6.3
180	250	2	3	4.5	7	10	14	20	29	46	72	115	185	290	0.46	0.72	1.15	1.85	2.90	4.6	7.2
250	315	2.5	4	6	8	12	16	23	32	52	81	130	210	320	0.52	0.81	1.30	2.10	3.20	5.2	8.1
315	400	3	5	7	9	13	18	25	36	57	89	140	230	360	0.57	0.89	1.40	2.30	3.60	5.7	8.9
400	500	4	6	8	10	15	20	27	40	63	97	155	250	400	0.63	0.97	1.55	2.50	4.00	6.3	9.7

注：基本尺寸小于1mm时，无IT14～IT18。

6.3.2 基本偏差系列

6.3.2.1 基本偏差及其代号

基本偏差是指确定公差带相对于零线位置的上偏差或下偏差，一般为靠近零线的那个偏差。国家标准对孔和轴的每一个基本尺寸段规定了28个基本偏差，并规定分别用大、小写拉丁字母作为孔和轴的基本偏差代号，如图6-5所示。

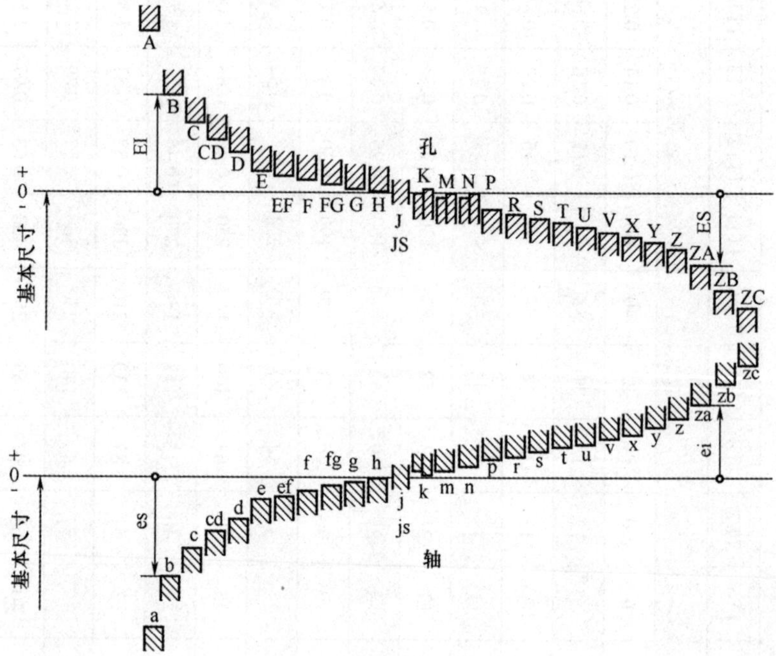

图6-5 基本偏差系列图

由图6-5可见，对于孔，A～H以下偏差EI为基本偏差，J～ZC（JS除外）以上偏差ES为基本偏差；对于轴，a～h以上偏差es为基本偏差，j～zc（js除外）以下偏差ei为基本偏差。由于JS、js的公差带是对称分布的，故它们的基本偏差可以是上偏差，也可以是下偏差。

6.3.2.2 轴的基本偏差

轴的基本偏差数值是以基孔制为基础，根据各种配合要求，经过理论计算、实验或统计分析得到的。a～h的基本偏差是上偏差，与基准孔配合是间隙配合，最小间隙正好等于基本偏差的绝对值；j、k、m、n的基本偏差是下偏差，与基准孔配合是过渡配合；j～zc的基本偏差是下偏差，与基准孔配合是过盈配合。基本尺寸≤500mm轴的基本偏差数值见表6-2，而轴的另一个偏差是根据基本偏差和标准公差的关系，按照es=ei+IT或ei=es-IT计算得出。

表6-2 尺寸≤500mm的轴的基本偏差数值（摘自GB/T 1800.3—2009）

基本尺寸/mm	基本偏差/μm																														
	上偏差（es）												下偏差（ei）																		
	a	b	c	cd	d	e	ef	f	fg	g	h	js	j			k		m	n	p	r	s	t	u	v	x	y	z	za	zb	zc
	所有公差等级												5、6	7	8	4~7	≤3 >7	所有公差等级													
≤3	-270	-140	-60	-34	-20	-14	-10	-6	-4	-2	0	偏差等于$\pm\frac{IT}{2}$	-2	-4	-6	0	0	+2	+4	+6	+10	+14	—	+18	—	+20	—	+26	+32	+40	+60
>3~6	-270	-140	-70	-46	-30	-20	-14	-10	-6	-4	0		-2	-4	—	+1	0	+4	+8	+12	+15	+19	—	+23	—	+28	—	+35	+42	+50	+80
>6~10	-280	-150	80	-56	-40	-25	-18	-13	-8	-5	0		-2	-5	—	+1	0	+6	+10	+15	+19	+23	—	+28	—	+34	—	+42	+52	+67	+97
>10~14 >14~18	-290	-150	-95	—	-50	-32	—	-16	—	-6	0		-3	-6	—	+1	0	+7	+12	+18	+23	-28	—	+33	— +39	+40 +45	—	+50 +60	+64 +77	+90 +108	+130 +150
>18~24 >24~30	-300	-160	-110	—	-65	-40	—	-20	—	-7	0		-4	-8	—	+2	0	+8	+15	+22	+28	+35	— +41	+41 +48	+47 +55	+54 +64	+63 +75	+73 +88	+98 +118	+136 +160	+188 +218
>30~40 >40~50	-310 -320	-170 -180	-120 -130	—	-80	-50	—	-25	—	-9	0		-0	-10	—	+2	0	+9	+17	+26	+34	+43	+48 +54	+60 +70	+68 +81	+80 +97	+94 +114	+112 +136	+148 +180	+200 +242	+274 +325
>50~65 >65~80	-340 -360	-190 -200	-140 -150	—	-10	-60	—	-30	—	-10	0		-7	-12	—	+2	0	+11	+20	+32	+41 +43	+53 +59	+66 +75	+87 +102	+102 +120	+122 +146	+144 +174	+172 +210	+226 +274	+300 +360	+405 +480
>80~100 >100~120	-380 -410	-220 -240	-170 -180	—	-120	-72	—	-36	—	-12	0		-9	-15	—	+3	0	+13	+23	+37	+51 +54	+71 +79	+91 +104	+124 +144	+146 +172	+178 +210	+214 +256	+258 +310	+335 +400	+445 +525	+585 +690
>120~140 >140~160 >160~180	-460 -520 -580	-260 -280 -310	-200 -210 -230	—	-145	-185	—	-43	—	-4	0		-11	-18	—	+3	0	+15	+27	+43	+63 +65 +68	+92 0100 +108	+122 +134 +146	+170 +190 +210	+202 +228 +252	+248 +280 +310	+300 +340 +380	+365 +415 +465	+470 +535 +600	+620 +700 +780	+800 +900 +1000
>180~200 >200~225 >225~250	-660 -740 -820	-340 -380 -420	-240 -260 -280	—	-170	-100	—	-50	—	-15	0		-13	-21	—	+4	0	+17	+31	+50	+77 +80 +84	+122 +130 +140	+166 +180 +196	+236 +258 +284	+284 +310 +340	+350 +385 +425	+425 +470 +520	+520 +575 +640	+670 +740 +820	+880 +960 +1050	+1150 +1250 +1350
>250~280 >280~315	-920 -1050	-480 -540	-300 -330	—	-190	-110	—	-56	—	-17	0		-16	-26	—	+4	0	+20	+34	+56	+94 +98	+158 +170	+218 +240	+315 +350	+385 +425	+475 +525	+580 +650	+710 +790	+920 +1000	+1200 +1300	+1550 +1700
>315~355 >355~400	-1200 -1350	-600 -680	-360 -400	—	-210	-125	—	-62	—	-18	0		-18	-28	—	+4	0	+21	+37	+62	+108 +114	+190 +208	+268 +294	+390 +435	+475 +530	+590 +660	+730 +820	+900 +1000	+1150 +1300	+1500 +1650	+1900 +2100
>400~450 >450~500	-1500 -1650	-760 -840	-440 -480	—	-230	-135	—	-68	—	-20	0		-20	-32	—	+5	0	+23	+40	+68	+126 +132	+232 +252	+330 +360	+490 +540	+595 +660	+740 +820	+920 +1000	+1100 +1250	+1450 +1600	+1850 +2100	+2400 +2600

注：1. 基本尺寸小于1mm时，各级的a和b均不采用。

2. js的数值：对IT7至IT11，若IT的数值（μm）为奇数，则取js=±$\frac{IT-1}{2}$。

6.3.2.3 孔的基本偏差

孔的基本偏差数值是由相同字母轴的基本偏差，在相应的公差等级的基础上通过换算得到的。如H9/f9与F9/h9，H7/p6与P7/h6。由于孔比轴加工困难，因此，国家标准规定，为使孔和轴在加工工艺上等价，在较高精度等级的配合中，孔比轴的公差等级低一级。在较低精度等级的配合中，孔与轴采用相同的公差等级。在孔与轴的基本偏差换算中，有以下两种规则：

（1）通用规则

用同一字母表示的孔的基本偏差与轴的基本偏差相对零线是完全对称的，即孔与轴的基本偏差的绝对值相同，而符号相反。

对于孔

$$A \sim H：\quad EI=-es;$$

$$J \sim ZC：\quad ES=-ei$$

（2）特殊规则

当孔、轴基本偏差代号对应时，孔的基本偏差ES和轴的基本偏差ei符号相反，而绝对值相差一个Δ值。

即：

$$ES=-ei+\Delta$$

$$\Delta=IT_n-IT_{n-1}$$

上式适用于3mm＜基本尺寸≤500mm，标准公差≤IT8的J～N和标准公差≤IT7的P～ZC。

用上述公式计算出孔的基本偏差按一定规则化整，编制出孔的基本偏差数值表，如表6-3所示。孔的另一个偏差是根据孔的基本偏差和标准公差的关系，按照EI=ES-IT或ES=EI+IT计算得出。

6.4 优先和常用配合

6.4.1 一般、常用和优先公差带

原则上，任意一对孔、轴公差带都可以构成配合，为了简化公差配合的种类，减少定值刀具、量具和工艺装备的品种及规格，国家标准在尺寸≤500mm的范围内，规定了基孔制和基轴制的优先（基孔制、基轴制各13种）和常用配合（基孔制59种、基轴制47种）。如图6-6和图6-7所示，其中方框内的公差带为常用公差带，圆圈内的公差带为优先公差带。尺寸≤500mm的常用尺寸段配合，应按优先、常用、一般和任意组合的顺序，选用合适的公差带和配合。

表6-3 尺寸≤500mm的孔的基本偏差数值（摘自GB/T 18003.3—2009）

基本偏差/mm	基本偏差/μm 下偏差（EI）												上偏差（ES）																						Δ/μm					
	A	B	C	CD	D	E	EF	F	EG	G	H	JS	J			K		M		N		P-ZC	P	R	S	T	U	V	X	Y	Z	ZA	ZB	ZC						
	所有的公差等级												6	7	8	≤8	>8	≤8	>8	≤8	>8	≤7	>7												3	4	5	6	7	8
≤3	+270	+140	+60	+34	+20	+14	+10	+6	+4	+2	0		+2	+4	-6	0	0	-2	-2	-4	-4	在大于7级的相应数值上增加一个Δ值	-6	-10	-14		-18		-20		-26	-32	-0	-60	0					
>3~6	+270	+140	+70	+36	+30	+20	+14	+10	+6	+4	0	偏差等于$\pm\frac{IT}{2}$	+5	+6	+10	-1 +Δ	—	-4 +Δ	-4	-8 +Δ	0		-12	-15	-19		-23		-28		-35	-42	-50	-80	1	1.5	1	3	4	6
>6~10	+280	+150	+80	+56	+40	+25	+18	+13	+8	+5	0		+5	+8	+12	-1 +Δ	—	-6 +Δ	-6	-10 +Δ	0		-15	-19	-23		-28		-34		-42	-52	-67	-97	1	1.5	2	3	6	7
>10~14 >14~18	+290	+150	+95	—	+50	+32	—	+16	—	+6	0		+6	+10	+15	-1 +Δ	—	-7 +Δ	-7	-12 +Δ	0		-18	-23	-28		-33	— -39	-40 -45		-50 -60	-64 -77	-90 -108	-130 -150	1	2	3	3	7	9
>18~24 >24~30	+300	+160	+110	—	+65	+40	—	+20	—	+7	0		+8	+12	+20	-2 +Δ	—	-8 +Δ	-8	-15 +Δ	0		-22	-28	-35	— -41	-41 -48	-47 -55	-54 -64	-65 -75	-73 -88	-98 -118	-136 -160	-188 -218	1.5	2	3	4	8	12
>30~40 >40~50	+310 +320	+170 +180	+120 +130	—	+80	+50	—	+25	—	+9	0		+10	+14	+24	-2 +Δ	—	-9 +Δ	-9	-17 +Δ	0		-26	-34	-43	-48 -54	-60 -70	-68 -81	-80 -95	-94 -114	-112 -136	-148 -180	-200 -242	-274 -325	1.5	3	4	5	9	14
>50~65 >65~80	+340 +360	+190 +200	+140 +150	—	+100	+60	—	-30	—	+10	0		+13	+18	+23	-2 +Δ	—	-11 +Δ	-11	-20 +Δ	0		-32	-41 -43	-53 -59	-66 -75	-87 -102	-102 -120	-122 -146	-144 -174	-172 -210	-226 -274	-300 -360	-400 -480	2	3	5	6	11	16
>80~100 >100~120	+380 +410	+220 +240	+170 +180	—	+120	+72	—	-36	—	+12	0		+16	+22	+34	-3 +Δ	—	-13 +Δ	-13	-23 +Δ	0		-37	-51 -54	-71 -79	-91 -104	-124 -144	-146 -172	-178 -210	-214 -254	-258 -310	-335 -400	-445 -525	-585 -600	2	4	5	7	13	19
>120~140 >140~160 >160~180	+440 +520 +580	+260 +280 +310	+200 +210 +230	—	+145	+85	—	+43	—	+14	0		+18	+26	+41	-3 +Δ	—	-15 +Δ	-15	-27 +Δ	0		-43	-63 -65 -68	-92 -100 -108	-122 -134 -146	-170 -190 -210	-202 -228 -252	-248 -280 -310	-300 -340 -380	-365 -415 -465	-470 -535 -600	-620 -700 -780	-800 -900 -100	3	3	6	7	15	23
>180~200 >200~225 >225~250	+660 +740 +820	+340 +380 +430	+240 +260 +280	—	+170	+100	—	+50	—	+15	0		+22	+30	+47	-4 +Δ	—	-17 +Δ	-17	-31 +Δ	0		-50	-77 -80 -84	-122 -130 -140	-166 -180 -196	-236 -258 -284	-284 -310 -340	-350 -385 -425	-425 -470 -520	-520 -575 -640	-670 -740 -820	-880 -960 -1050	-1150 -1250 -1350	3	4	6	9	17	26
>250~280 >280~315	+920 +1050	+480 +540	+300 +330	—	+190	+110	—	+56	—	+17	0		+25	+36	+55	-4 +Δ	—	-20 +Δ	-20	-34 +Δ	0		-56	-94 -98	-158 -170	-218 -240	-315 -350	-385 -425	-475 -525	-580 -650	-710 -790	-920 -1000	-1200 -1300	-1550 -1700	4	4	7	9	20	29
>315~355 >355~400	+1200 +1350	+600 +680	+360 +400	—	+210	+125	—	+62	—	+18	0		+29	+39	+60	-4 +Δ	—	-21 +Δ	-21	-37 +Δ	0		-62	-108 -114	-190 -208	-268 -294	-390 -435	-475 -530	-590 -660	-730 -820	-900 -1000	-1150 -1300	-1500 -1650	-1900 -2100	4	5	7	11	21	32
>400~450 >450~500	+1500 +1650	+760 +840	+440 +480	—	+230	+135	—	+68	—	+20	0		+33	+43	+66	-5 +Δ	—	-23 +Δ	-23	-40 +Δ	0		-68	-126 -132	-232 -252	-330 -360	-490 -540	-595 -660	-740 -820	-920 -1000	-1100 -1250	-1450 -1600	-1850 -2100	-2400 -2600	5	5	7	13	23	34

注：1. 基本尺寸小于1mm时，各级的A和B及大于8级的N均不采用。

2. JS的数值：对IT7至IT11，若IT的数值（μm）为奇数，则取JS=$\pm\frac{IT-1}{2}$。

3. 特殊情况：当基本尺寸大于250mm至315mm时，M6的ES等于-9（不等于-11）μm。

4. 对小于或等于IT8的K、M、N或小于等于IT7的P至ZC，所需的Δ值从表内右侧栏选取。

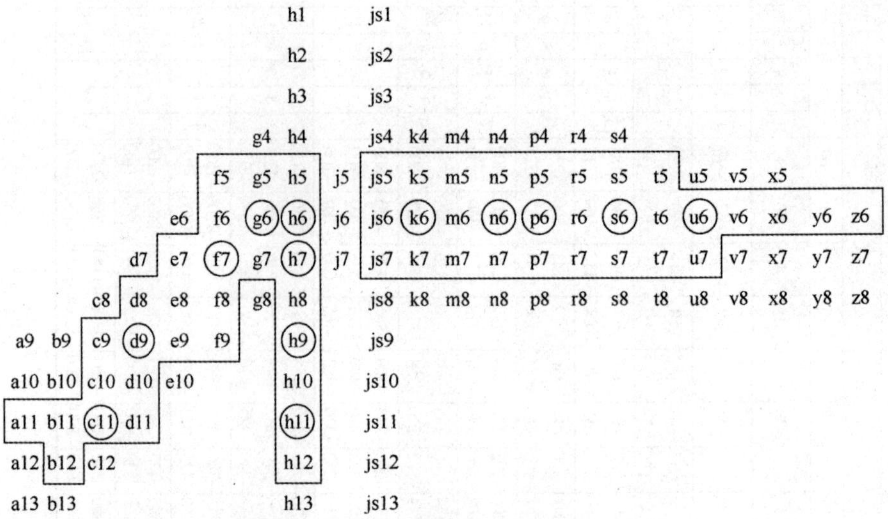

图6-6　一般、常用和优先轴的公差带

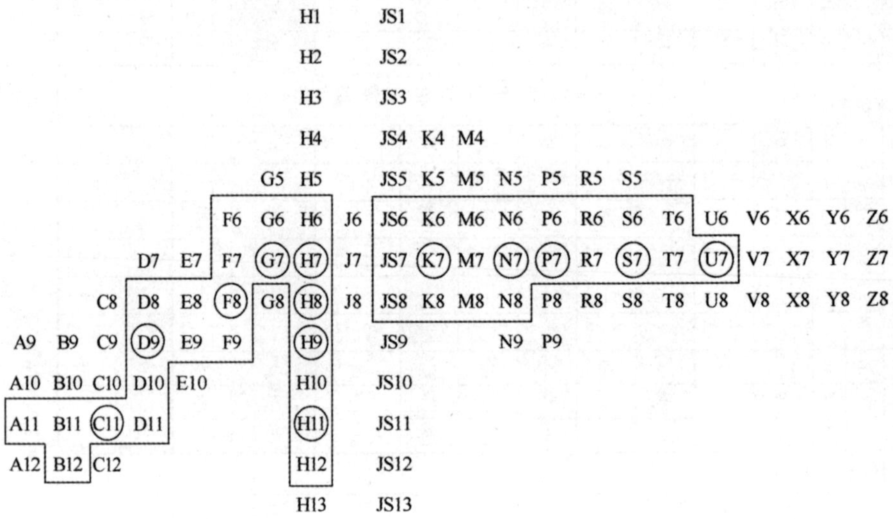

图6-7　一般、常用和优先孔的公差带

6.4.2 常用和优先配合

在上述推荐的孔、轴公差带的基础上，国家标准还推荐了孔、轴公差带的组合。对基孔制，规定有59种常用配合；对基轴制，规定有47种常用配合。在此基础上，又从中各选取了13种优先配合。基孔制和基轴制的优先、常用配合分别如表6-4、表6-5所示。

表6-4 基孔制优先、常用配合

基准孔	轴																				
	a	b	c	d	e	f	g	h	js	k	m	n	p	r	s	t	u	v	x	y	z
	间隙配合								过渡配合			过盈配合									
H6						H6/f5	H6/g5	H6/h5	H6/js5	H6/k5	H6/m5	H6/n5	H6/p5	H6/r5	H6/s5	H6/t5					
H7						H7/f6	H7/g6 ◥	H7/h6 ◥	H7/js6	H7/k6 ◥	H7/m6	H7/n6 ◥	H7/p6 ◥	H7/r6	H7/s6 ◥	H7/t6	H7/u6 ◥	H7/v6	H7/x6	H7/y6	H7/z6
H8					H8/e7	H8/f7 ◥	H8/g7	H8/h7 ◥	H8/js7	H8/k7	H8/m7	H8/n7	H8/p7	H8/r7	H8/s7	H8/t7	H8/u7				
				H8/d8	H8/e8	H8/f8		H8/h8													
H9			H9/c9	H9/d9 ◥	H9/e9	H9/f9		H9/h9 ◥													
H10			H10/c10	H10/d10				H10/h10													
H11	H11/a11	H11/b11	H11/c11 ◥	H11/d11				H11/h11 ◥													
H12		H12/b12						H12/h12													

注：1. 带◥的配合为优先配合。

2. H6/n5、H7/p6在基本尺寸≤3mm和H8/r7在基本尺寸≤100mm时，为过渡配合。

表6-5 基轴制优先、常用配合

基准轴	孔																				
	A	B	C	D	E	F	G	H	JS	K	M	N	P	R	S	T	U	V	X	Y	Z
	间隙配合								过渡配合			过盈配合									
h5						F6/h5	G6/h5	H6/h5	JS6/h5	K6/h5	M6/h5	N6/h5	P6/h5	R6/h5	S6/h5	T6/h5					
h6						F7/h6	G7/h6 ◥	H7/h6 ◥	JS7/h6	K7/h6 ◥	M7/h6	N7/h6 ◥	P7/h6 ◥	R7/h6	S7/h6 ◥	T7/h6	U7/h6 ◥				
h7					E7/h7	F8/h7 ◥		H8/h7 ◥	JS8/h7	K8/h7	M8/h7	N8/h7									
h8				D8/h8	E8/h8	F8/h8		H8/h8													
h9				D9/h9 ◥	E9/h9	F9/h9		H9/h9 ◥													
h10				D10/h10				H10/h10													
h11	A11/h11	B11/h11	C11/h11 ◥	D11/h11				H11/h11 ◥													
h12			B12/h12					H12/h12													

注：带◥的配合为优先配合。

6.5 尺寸公差与配合的选用

尺寸公差与配合的选择内容包括基准制、公差等级和配合种类三个方面。选择的原则是在满足使用要求的前提下，能获得最佳的经济效益。

6.5.1 基准制的选用

（1）优先选用基孔制

中等尺寸精度较高的孔的加工和检验常采用钻头、铰刀和量规等定值刀具和量具，因此，采用基孔制可以减少定值刀具和量具的规格数量，降低成本，提高加工的经济性。所以，一般优先选择基孔制。

（2）选用基轴制的情况

1）当在机械制造中采用具有一定公差等级的冷拉钢材，其外径不经切削加工即能满足使用要求，此时就应选择基轴制。

2）加工尺寸小于1mm的精密轴比同级孔困难，在仪器制造、钟表生产、无线电工程中，常使用经过光轧成型的钢丝直接做轴，这时采用基轴制较经济。

3）根据结构上的需要，同一基本尺寸的轴上装配有不同配合要求的几个孔件时应采用基轴制。

（3）与标准件配合时，应以标准件为基准件来确定配合制。

如键与键槽的配合应采用基轴制；滚动轴承外圈与箱体孔的配合应采用基轴制，滚动轴承内圈与轴的配合应采用基孔制。

为了满足配合的特殊需要，允许选用非基准制的配合。

6.5.2 公差等级的选用

选择公差等级的基本原则是在满足使用要求的前提下，尽量选取低的公差等级。

公差等级的选择可用类比法，也就是参照生产实践证明是合理的同类产品的孔、轴公差等级进行比较选择。如表6-6所示为各种加工方法可能达到的公差等级。

表6-6 各种加工方法可能达到的公差等级

加工方法	公差等级（IT）																			
	01	0	1	2	3	4	5	6	7	8	9	10	11	12	13	14	15	16	17	18
研磨		—	—	—	—	—	—													
珩磨						—	—	—	—											

续表

加工方法	公差等级（IT）																			
	01	0	1	2	3	4	5	6	7	8	9	10	11	12	13	14	15	16	17	18
圆磨							—	—	—	—										
平磨							—	—	—	—										
金刚石车							—	—	—											
金刚石镗							—	—	—											
拉削							—	—	—	—										
铰孔								—	—	—	—	—								
车									—	—	—	—	—							
镗									—	—	—	—	—							
铣										—	—	—	—							
刨、插												—	—							
钻												—	—	—	—					
滚压、挤压												—	—							
冲压												—	—	—	—	—				
压铸													—	—	—	—				
粉末冶金成型								—	—	—										
粉末冶金烧结									—	—	—	—								
砂型铸造、气割																		—	—	—
锻造																	—	—		

6.5.3 配合种类的选用

根据使用要求，公差配合的选择有三种情况：装配后有相对运动要求的，选用间隙配合；装配后需靠过盈传递载荷的，选用过盈配合；装配后有定位精度要求需拆卸的，应采用过渡配合或小间隙、小过盈的配合。

6.6 形状与位置公差

6.6.1 基本概念

6.6.1.1 基本概念

1）形状误差　是指被测实际要素对其理想要素的变动量。

2）形状公差　是指单一实际要素的形状所允许的变动全量。

3）位置误差　是指被测实际要素对其理想要素位置的变动量。

4）位置公差　是指关联实际要素的位置对基准所允许的变动全量。

6.6.1.2 几何要素及其分类

形位公差的研究对象是构成零件几何特性的点、线、面，这些点、线、面统称为零件的几何要素。几何要素的分类：

（1）按存在的状态分为理想要素和实际要素

1）理想要素　具有几何学意义、没有任何误差的要素。

2）实际要素　零件上实际存在的要素。

（2）按结构特征分为轮廓要素和中心要素

1）轮廓要素　构成零件轮廓的点、线、面，如平面、球面、圆锥面、圆柱面、交点等。

2）中心要素　看不见、摸不着的，由轮廓要素体现的要素，如圆心、球心、中心线、轴线、对称中心线、对称中心面等。

（3）按所处地位分为被测要素和基准要素

1）被测要素　图样上给出了形位公差要求的要素。

2）基准要素　用来确定被测要素的方向和（或）位置的要素。

（4）按功能关系分为单一要素和关联要素

1）单一要素　仅对要素本身提出功能要求，而给出形状公差的要素。

2）关联要素　对其他要素有功能关系而给出位置公差的要素。

6.6.1.3 形位公差项目

按国家标准，形位公差分为形状公差、形状或位置公差和位置公差三大类，共14项，其中形状公差4项，形状或位置公差2项，位置公差有三种类型，分8项。形位公差的项目和符号以及标注时的其他有关符号见表6–7。

表6-7　　形位公差符号

类别		名称	符号	类别		名称	符号	类别	名称	符号
形状	形状	直线度	—	位置	定向	平行度	//	其他有关符号	公差带为圆或圆柱时的符号	φ
		平面度	▱			垂直度	⊥		最大实体要求	Ⓜ
		圆度	○			倾斜度	∠		延伸公差带	Ⓟ
		圆柱度	⌭		定位	同轴度	◎		包容要求	Ⓔ
形状或位置	轮廓	线轮廓度	⌒			对称度	⌯		最小实体要求	Ⓛ
						位置度	⌖		可逆要求	Ⓡ
					跳动	圆跳动	↗		自由状态条件	Ⓕ
		面轮廓度	⌓						理论正确尺寸	[50]
						全跳动	⌰		基准目标	φ10/A1
									全周（轮廓）	○↙

6.6.1.4　形位公差代号

形位公差代号由形位公差框格和指引线、形位公差项目的符号、形位公差数值和有关符号以及基准代号等组成。

1）形状公差框格为2格，位置公差框格为2～5格。框格形式及填写项目如图6-8所示，框格应水平或垂直放置，不可斜放。

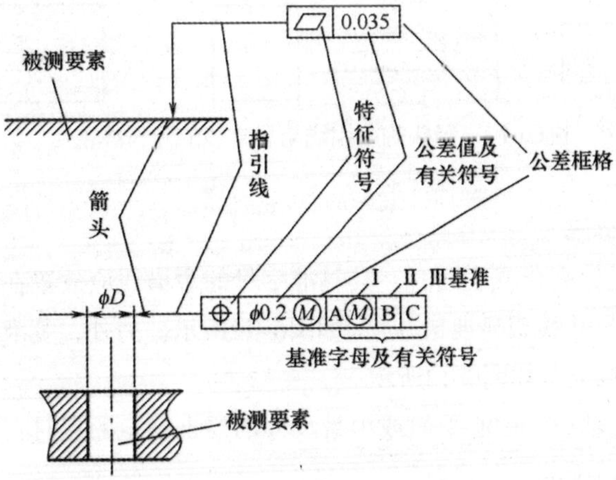

图6-8　形位公差框格和指引线

2）指引线应与框格线垂直，指引线只可引出一条，一般从框格的左端或右端引出，也可以从侧边直接引出；当多个部位有相同形位公差要求时，可从框格引出线上分出多个指引箭头；指引线指向被测要素时可以弯折，但要尽量避免，且不得多于两次。

3）指引线箭头应指向公差带的宽度或直径方向。

4）形位公差有附加要求时，应加注其他有关符号。其他有关符号见表6-7。

5）基准代号由基准符号、圆圈、连线和相应的基准字母组成，基准字母在任何情况下都应水平书写。基准字母不得采用E、I、J、M、O、P、L、R、F等字母。

6.6.1.5 形位公差标注方法

（1）被测要素的标注

1）当公差涉及轮廓线或表面时，应将指引线箭头置于要素的轮廓线或轮廓线的延长线上（必须与尺寸线明显地错开），如图6-9所示。

2）当指向实际表面时，箭头可置于带点的参考线上，该点指在实际表面上，如图6-10所示。

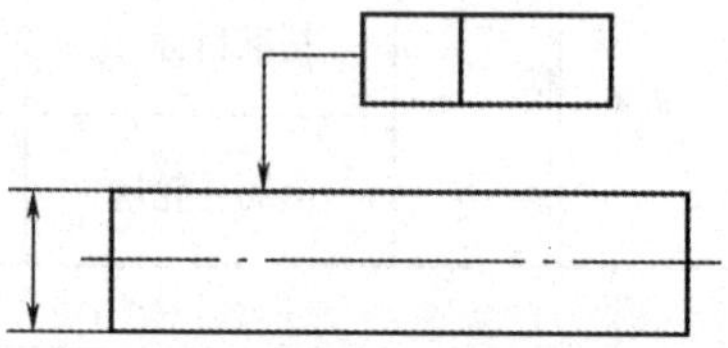

图6-9 箭头置于要素的轮廓线上

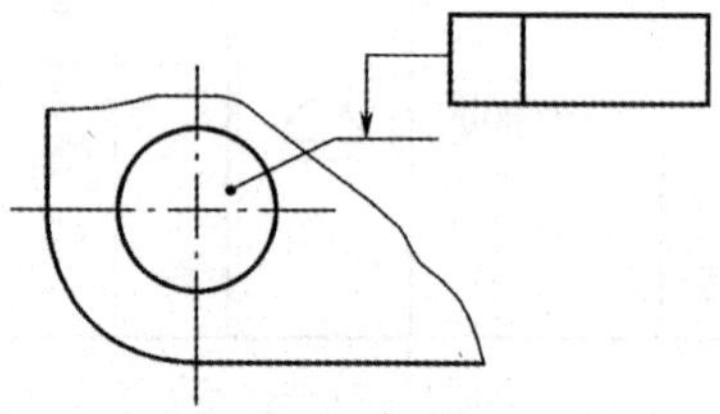

图6-10 箭头置于参考线上

3）当公差涉及轴线、中心平面或带尺寸要素确定的点时，则带箭头的指引线应与尺寸线的延长线重合，如图6-11所示。

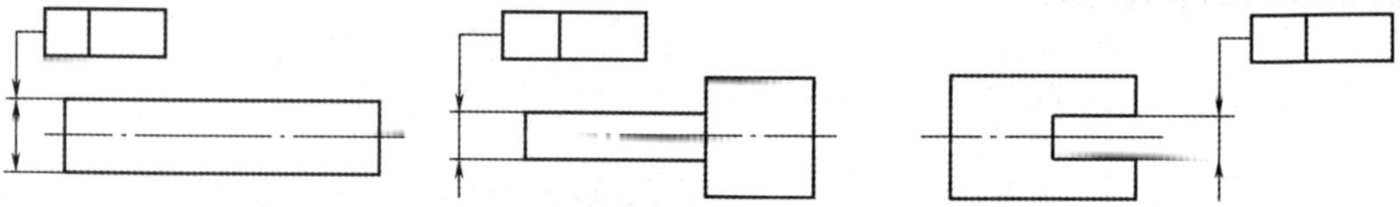

图6-11 箭头的指引线与尺寸线的延长线重合

（2）基准要素的标注

1）当基准要素是轮廓线或表面时，其基准字母的短横线应放置在要素的外轮廓线或它的延长线上（必须与尺寸线明显地错开），如图6-12所示。另外，基准符号还可置于用圆点指向实际表面的参考线上，如图6-13所示。

2）当基准要素是轴线、中心平面或由带尺寸的要素确定的点时，则基准符号中的线与尺寸线对齐，如图6-14所示。

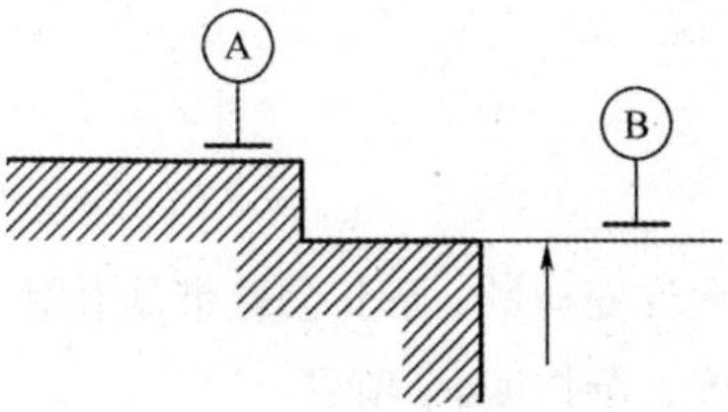

图6-12　基准符号置于轮廓线上

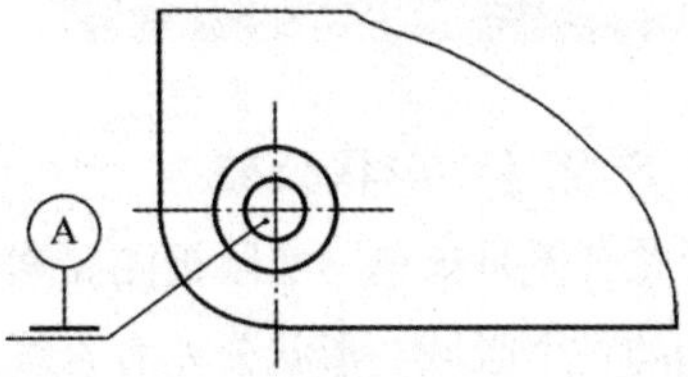

图6-13　基准符号置于参考线上

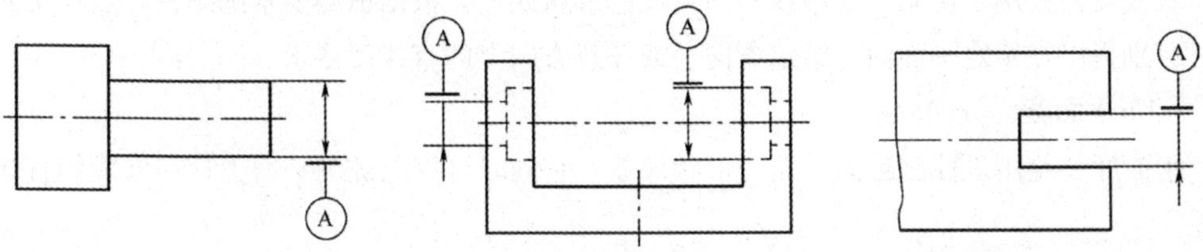

图6-14　基准符号中的线与尺寸线对齐

（3）形位公差的简化标注

1）当多个被测要素有相同的形位公差时，可以从一个框格内的同一端引出多个指示箭头与各被测要素相连，如图6-15（a）所示。当同一个被测要素有多项形位公差要求而标注形式又一致时，可以在一条指引线上画出多个公差框格，如图6-15（b）所示。

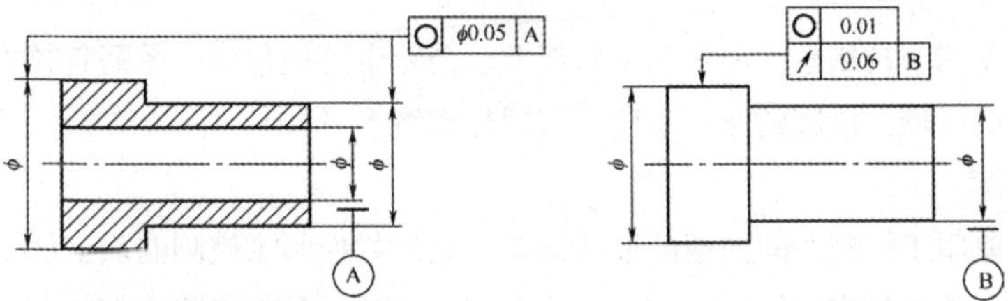

（a）单项形位公差　　（b）多项形位公差

图6-15　形位公差的简化标注

2）对于由两个或两个以上要素组成的公共基准，其基准字母应用横线连起来，并写在公共框格的同一格内，如图6-16所示。

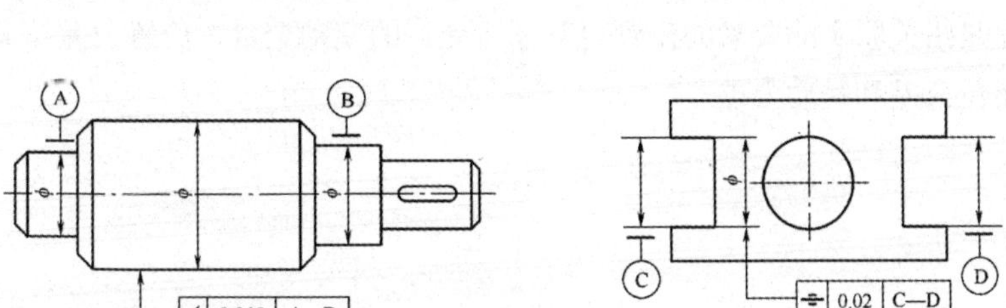

（a）公共轴线　　（b）公共中心平面

图6-16　公共基准的简化标注

6.6.2 形位公差项目

6.6.2.1 形状公差

形状公差是指单一实际被测要素对其理想要素的允许变动量。形状公差带是限制实际要素变动的一个区域。形状公差有直线度、平面度、圆度、圆柱度4个项目。

（1）直线度

直线度公差用于控制平面内或空间直线的形状误差。根据被测要素的结构特点和功能要求可分别提出在给定平面内、给定方向上或任意方向上的直线度要求。

（2）平面度

平面度公差用于控制被测平面的形状误差，它同时可控制被测平面上任一素线的直线度误差。

（3）圆度

圆度公差用于控制圆柱（锥）面的正截面或球面任一径向截面的圆度误差。

（4）圆柱度

圆柱度公差用于控制圆柱面的形状误差，它同时可综合控制圆柱面轴线的直线度、正截面的圆度和轴向截面内两条素线间的平行度误差。

6.6.2.2 形状或位置公差

（1）线轮廓度

线轮廓度公差用于控制平面曲线的形状误差。公差带是指包络一系列直径为公差值的圆的两包络线之间的区域，诸圆的圆心应位于理想轮廓线上。

（2）面轮廓度

面轮廓度公差用于控制空间曲面的形状误差，它同时控制了被测曲面上任一截面曲线的线轮廓度误差。公差带是指包络一系列直径为公差值的球的两包络面之间的区域，球心应位于理想轮廓面上。

形状公差的标注及公差带示例见表6–8。

6.6.2.3 位置公差

位置公差是指关联实际要素的位置对基准所允许的变动全量。位置公差按其特征可分为定向公差、定位公差和跳动公差。

表6-8 形状公差的标注及公差带示例

项目	要素特征	标注示例	公差带图及要素	
			公差带图	公差带要素
直线度	给定平面：圆柱在任一轴向截面上的上素线	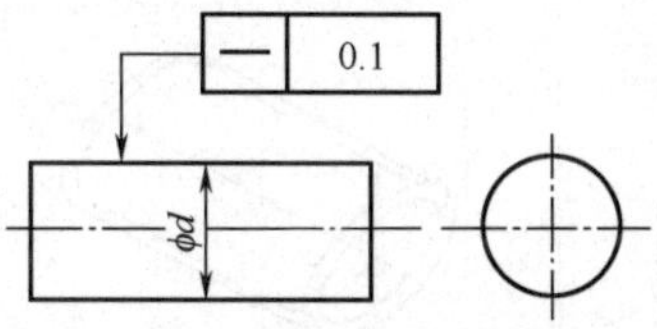	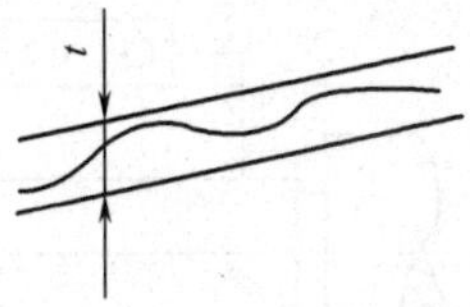	形状：两平行直线 大小：距离 t=0.1
	空间上：刀口尺的刃一个方向要求	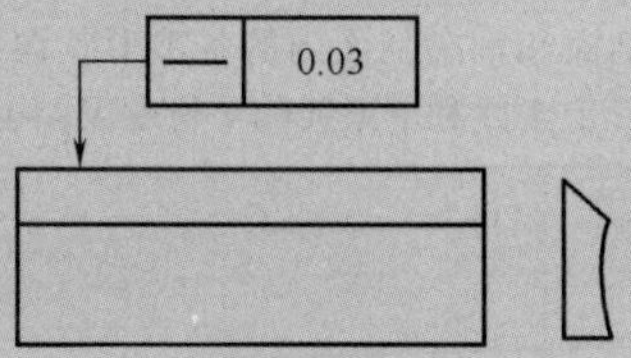	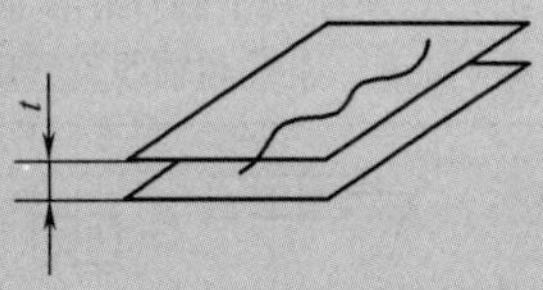	形状：两平行平面 大小：距离 t=0.03
	空间上：三棱尺的某一个棱两个方向要求	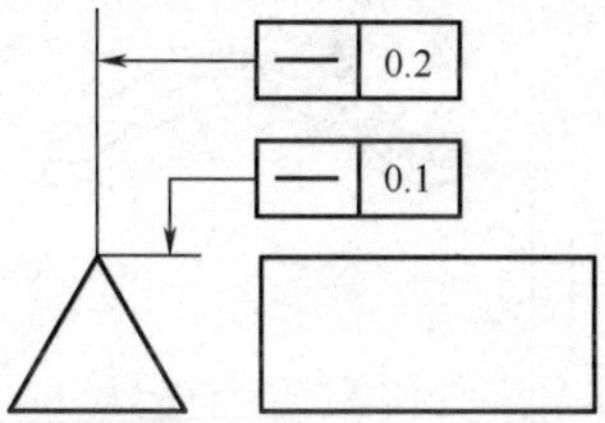	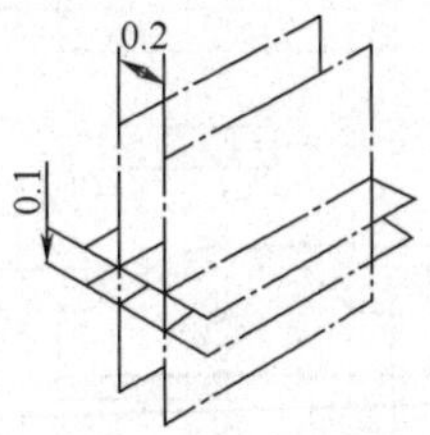	形状：两组平行平面（相互垂直） 大小：距离 t=0.2 t=0.1
	空间上：圆柱轴线任意方向上的上素线	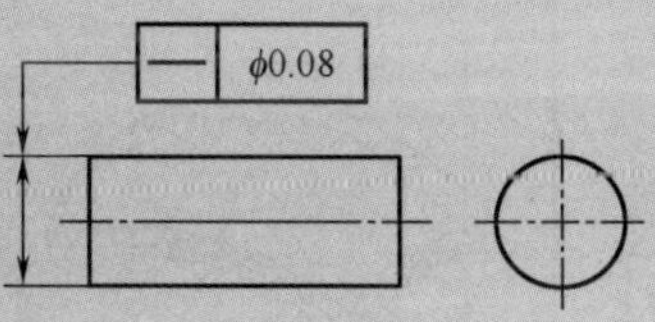	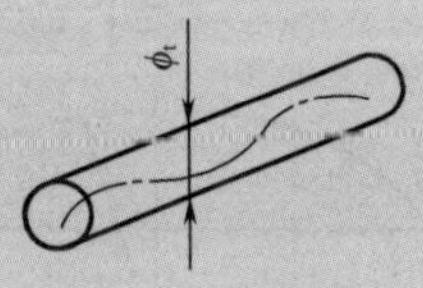	形状：圆柱 大小：直径 ϕt=ϕ0.08
平面度	工作台面	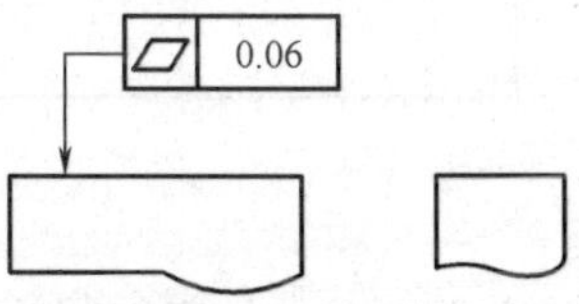	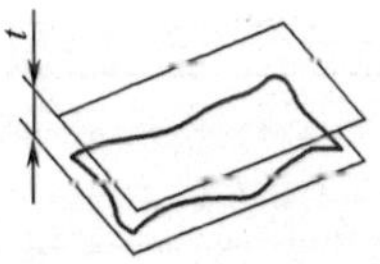	形状：两平行平面 大小：距离 t=0.06
圆度	圆柱正截面上的圆、圆锥正截面上的圆	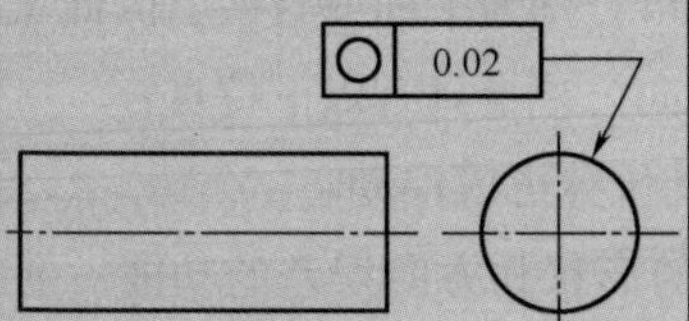	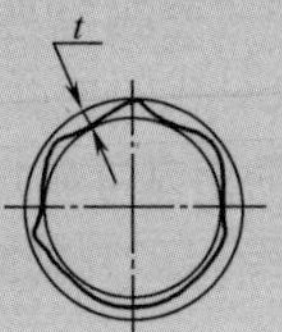	形状：两同心圆 大小：半径差 t=0.02

续表

项目	要素特征	标注示例	公差带图及要素	
			公差带图	公差带要素
圆柱度	圆柱综合指标	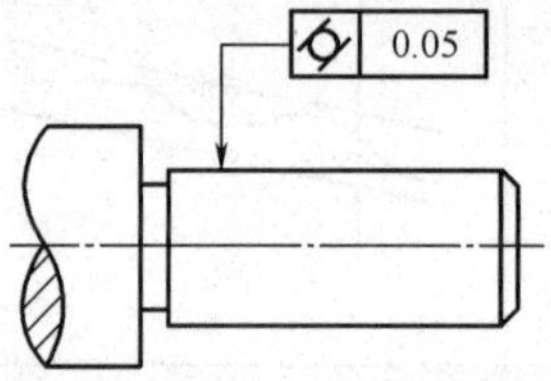	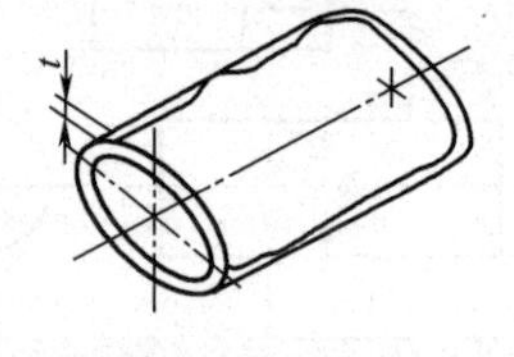	形状：两同轴圆柱 大小：半径差 t=0.05
		圆柱公差控制了圆柱在横向剖面和轴向剖面内的各项形状误差（圆度、素线和轴线直线度、上素线和下素线的平行度误差）		
线轮廓度	在上曲面的任一正截面上的曲线无基准	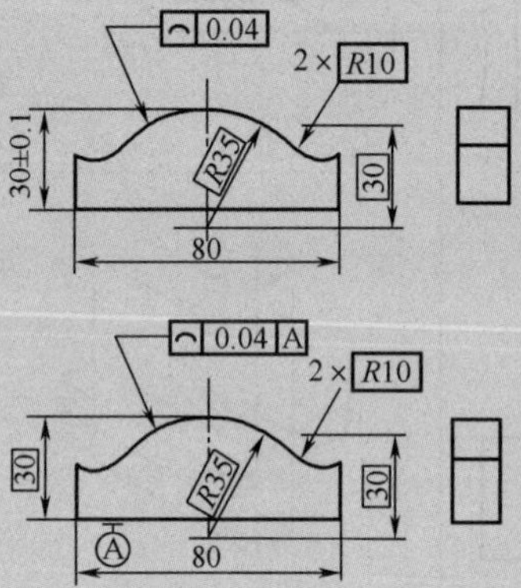	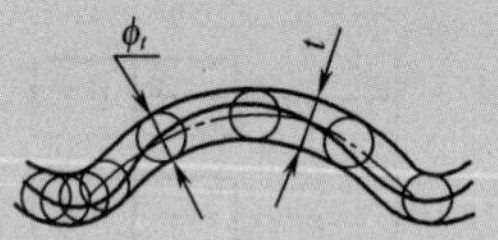	形状：两等距曲线 大小：距离t=0.04 方位：公差带的对称中心曲线是由理论尺寸决定的几何形状
面轮廓度	空间曲面有基准	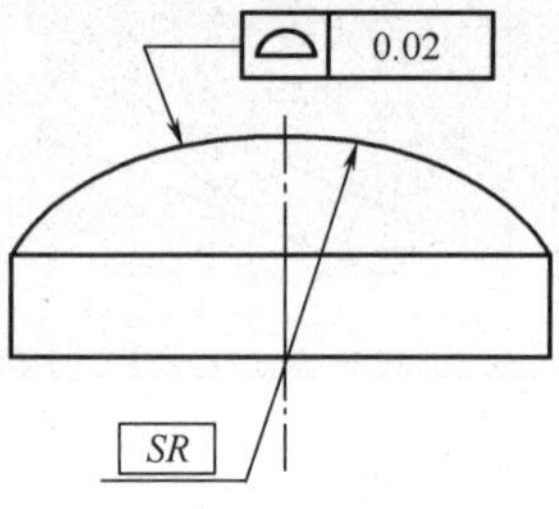	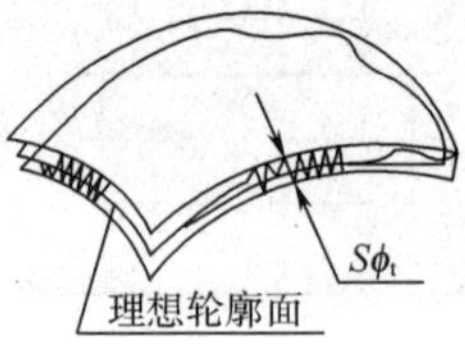	形状：两等距曲面 大小：距离为0.02 方位：由基准和理论正确尺寸决定的理想轮廓面为公差带的对称中心

（1）定向公差带

平行度、垂直度和倾斜度三个项目属于定向公差项目，用于控制关联实际要素对基准在方向上的误差。由于被测要素和基准要素均可分别为平面或直线，因此定向公差可以有面对面、线对面、面对线、线对线四种形式。定向公差带具有以下特点：

1）定向公差带的方向由基准确定，而其位置可以浮动。

2）定向公差带具有综合控制被测要素的形状和方向误差的功能。通常，被测要素给定了定向公差后不必再给出形状公差，如果对形状精度有进一步要求，则给出的形状公差值必须小于定向公差值。

定向公差的标注及公差带示例见表6-9。

表6-9　　　　定向公差的标注及公差带示例

项目	要素特征	标注示例	公差带图及要素	
			公差带图	公差带要素
平行度	线对线一个方向要求	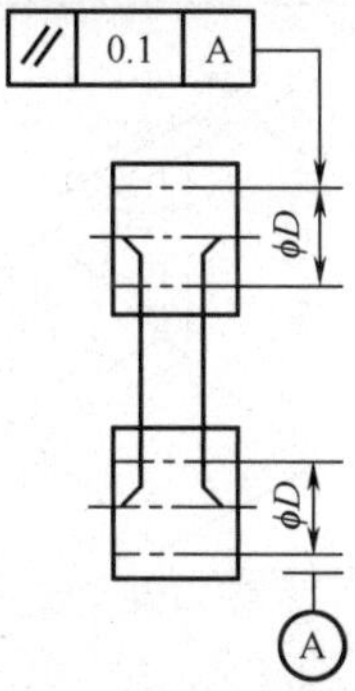	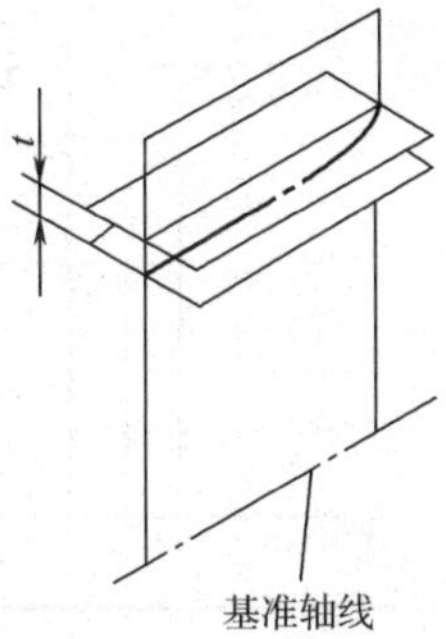	形状：两平行平面 大小：距离 t=0.1 方向：与基准轴线平行
	线对线两个方向要求	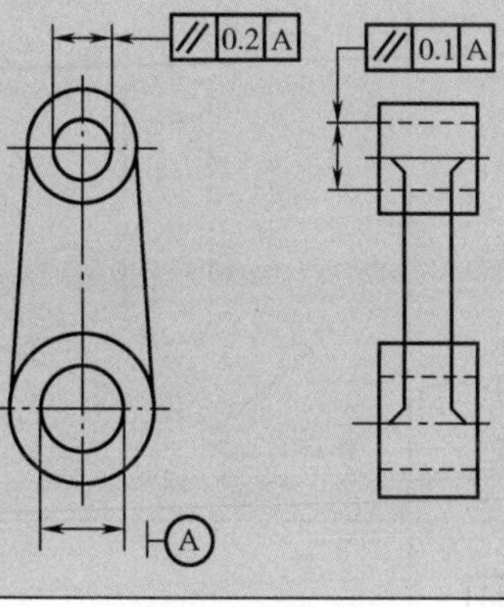	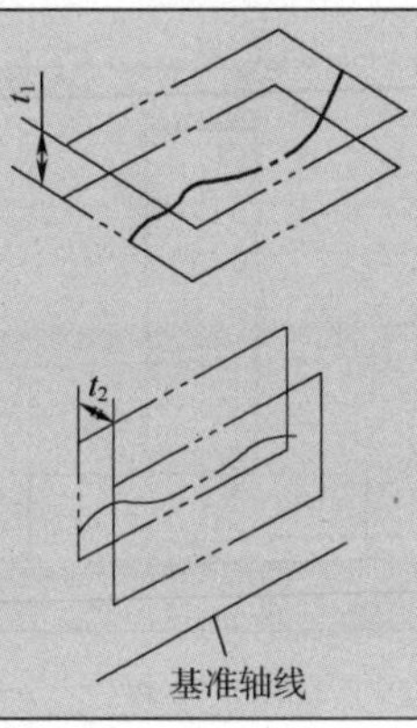	形状：两组两平行平面 大小：距离 t=0.1 t=0.2 方向：分别与基准轴线平行
	线对线任意方向要求	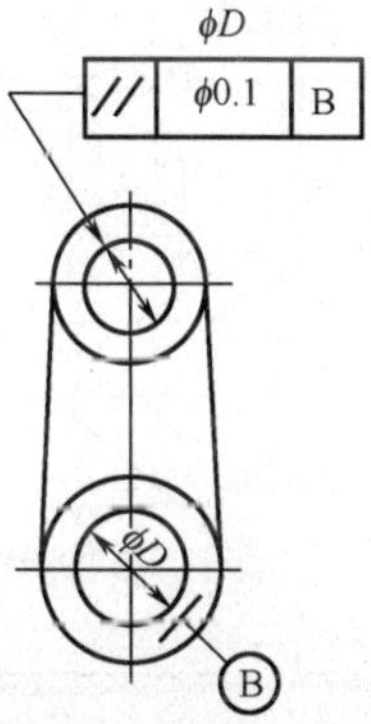	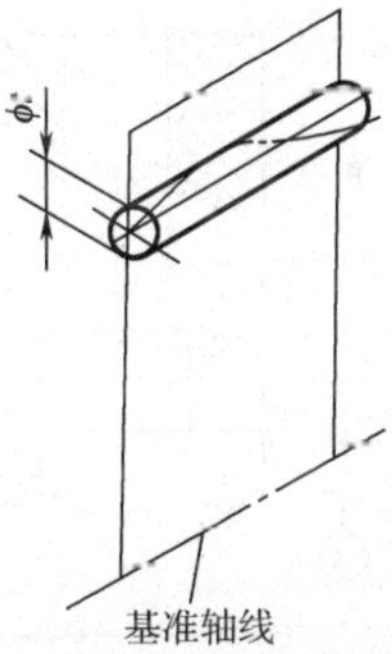	形状：圆柱 大小：直径 $\phi t=\phi 0.1$ 方向：圆柱轴线与基准轴线平行
	面对面	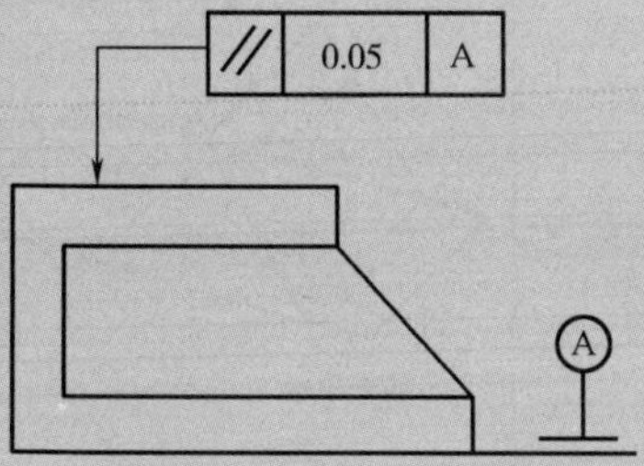	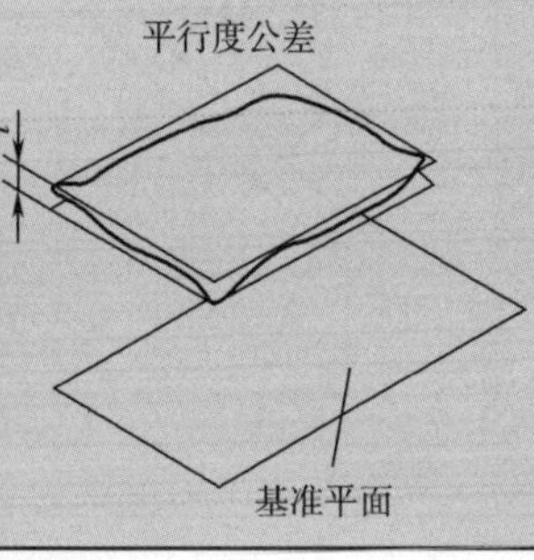	形状：两平行平面 大小：距离 t=0.05 方向：与基准平面平行

续表

项目	要素特征	标注示例	公差带图及要素	
			公差带图	公差带要素
垂直度	线对面一个方向要求	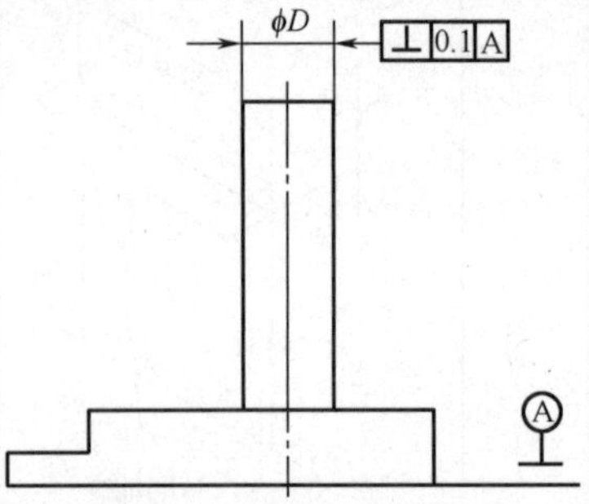	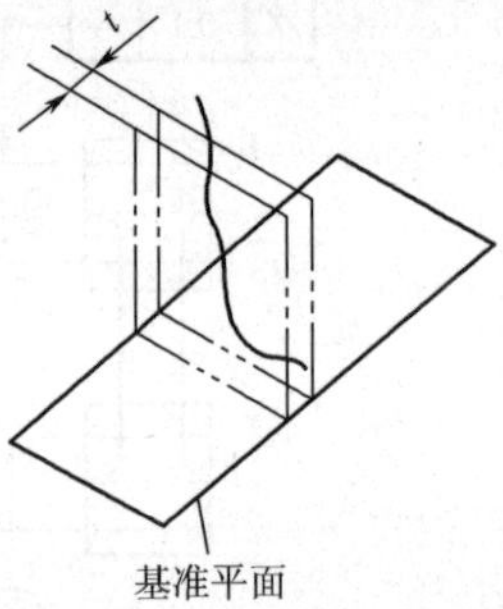	形状：两平行平面 大小：距离 t=0.1 方向：与基准平面垂直
	线对面任意方向要求	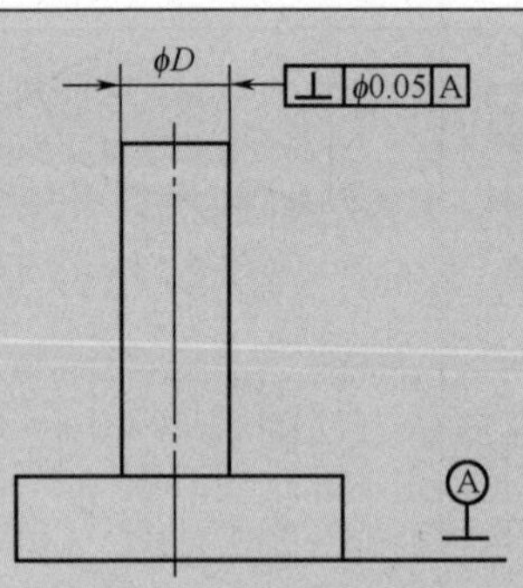	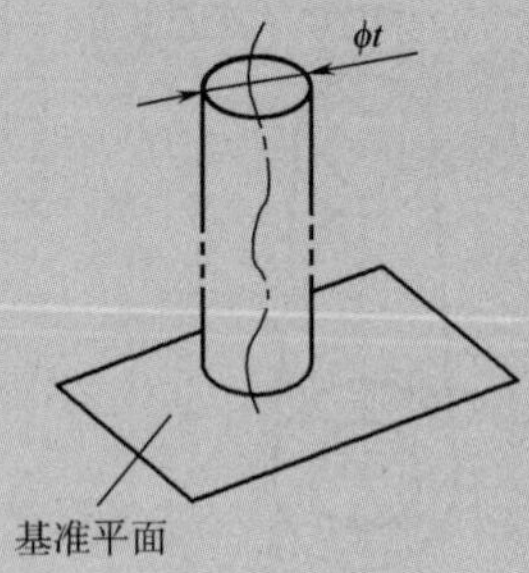	形状：圆柱 大小：直径 $\phi t=\phi 0.05$ 方向：圆柱轴线与基准平面垂直
	线对面一个方向要求	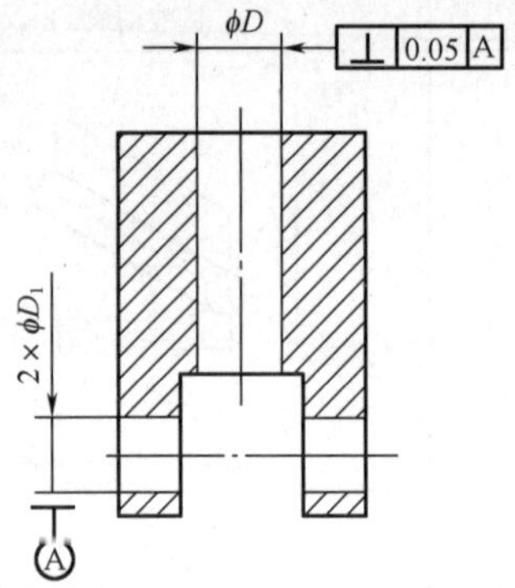	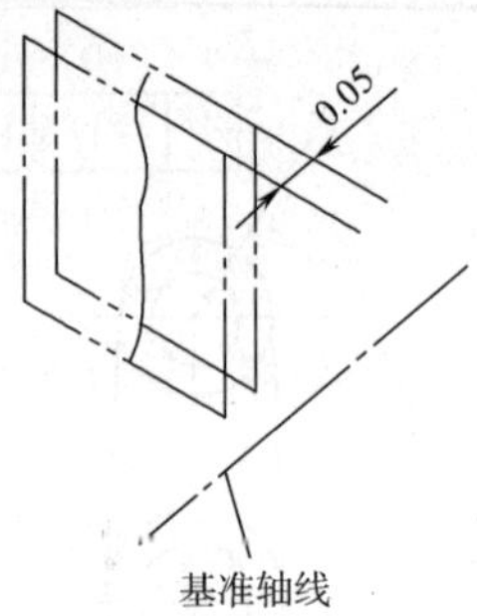	形状：两平行平面 大小：距离 t=0.05 方向：与基准（公共）轴线垂直
倾斜度	面对面	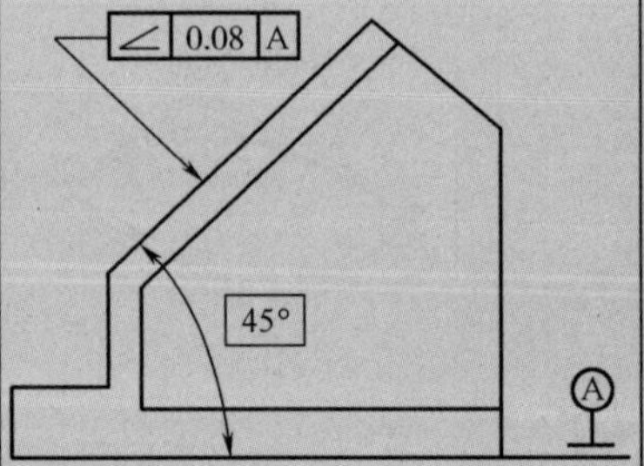	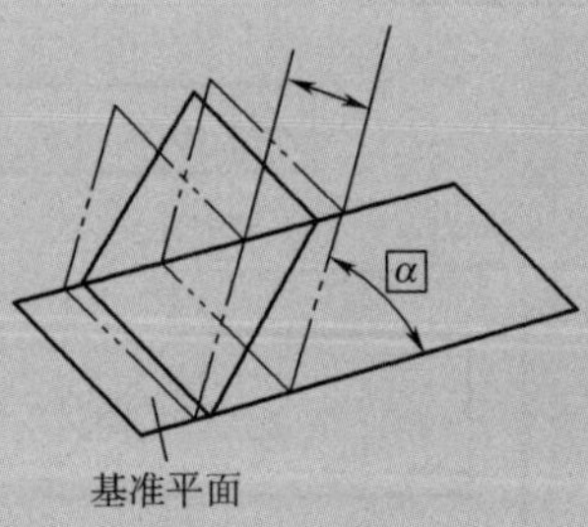	形状：两平行平面 大小：距离 t=0.08 方向：与基准平面成理论正确角度 α=45°

续表

项目	要素特征	标注示例	公差带图及要素	
			公差带图	公差带要素
倾斜度	线对面两个基准任意方向	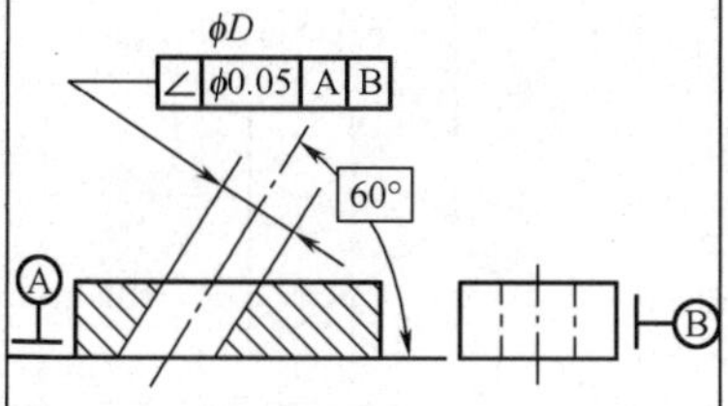	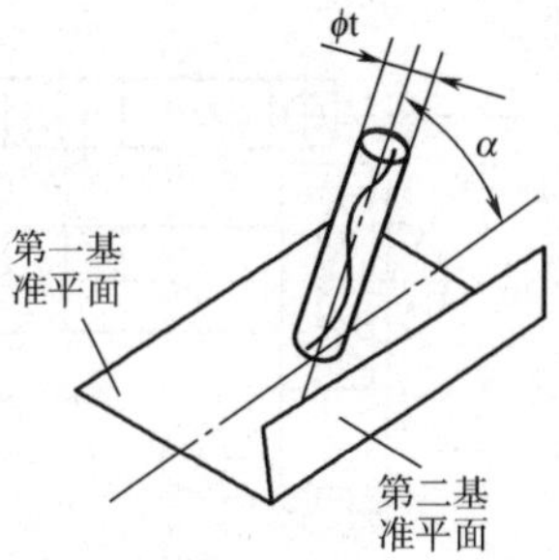	形状：圆柱 大小：直径 $\phi t=\phi 0.05$ 方向：圆柱轴线与基准底面A成理论正确角度45°，且平行于基准侧面B

（2）定位公差带

同轴度、对称度和位置度三个项目属于定位公差项目，用于控制关联实际要素对基准在方位上的误差。定位公差带具有以下特点：

1）定位公差带的方向和位置由基准确定，而其位置不可浮动。

2）定位公差带具有综合控制被测要素形状、方向、位置误差的功能。通常，被测要素给定了定位公差后，不必再给出形状和定向公差，如果对形状或（和）定向精度有进一步要求，形状或（和）定向公差值必须小于定位公差值。

定位公差的标注及公差带示例见表6–10。

表6–10　　定位公差的标注及公差带示例

项目	要素特征	标注示例	公差带图及要素	
			公差带图	公差带要素
同轴度	轴线对公共轴线	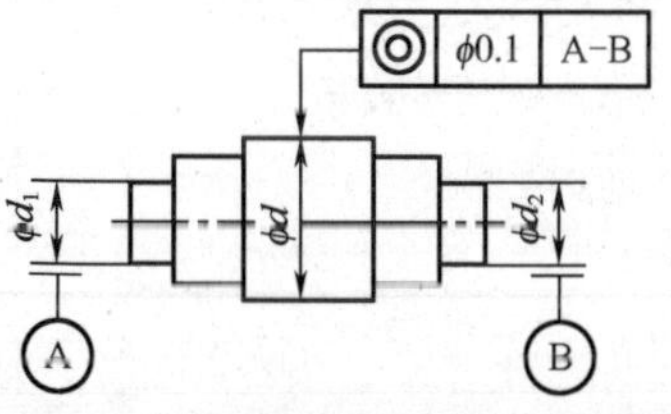	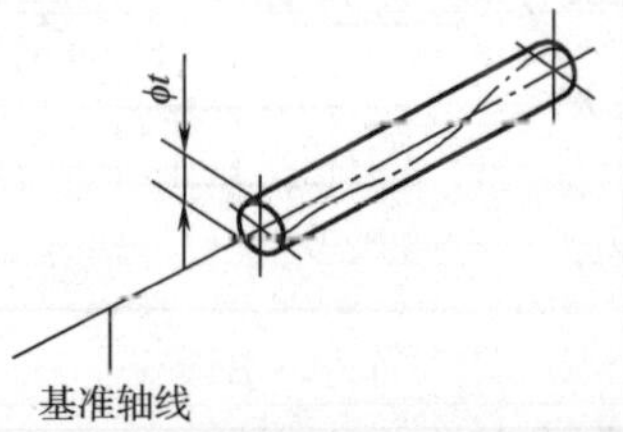	形状：圆柱 大小：直径 $\phi t=\phi 0.1$ 方位：圆柱的轴线与公共基准轴线重合
对称度	中心平面对中心平面	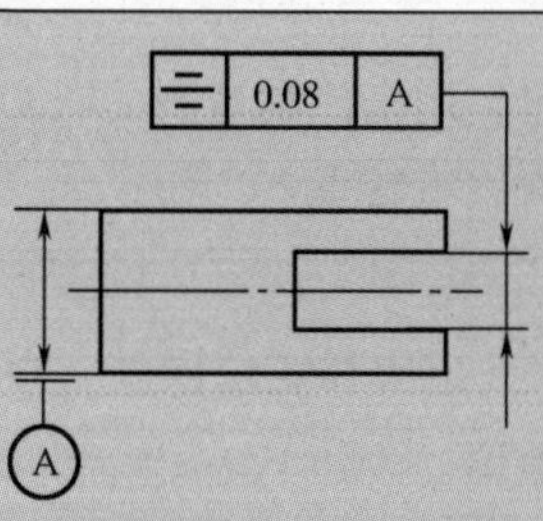	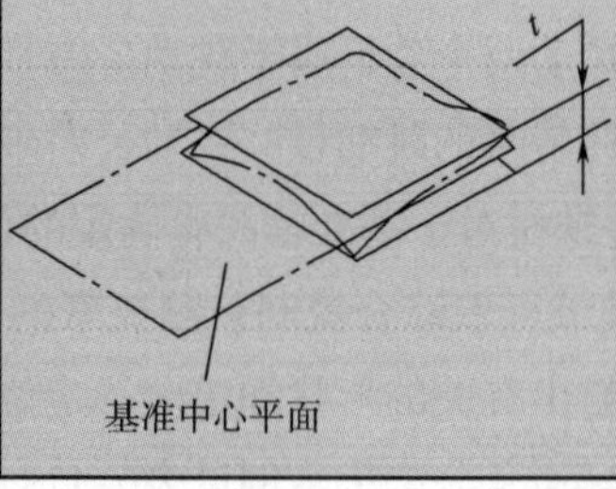	形状：两平行平面 大小：距离 $t=0.08$ 方向：对称分布

续表

项目	要素特征	标注示例	公差带图及要素	
			公差带图	公差带要素
	空间的点（球心）对轴线、基准面任意方向	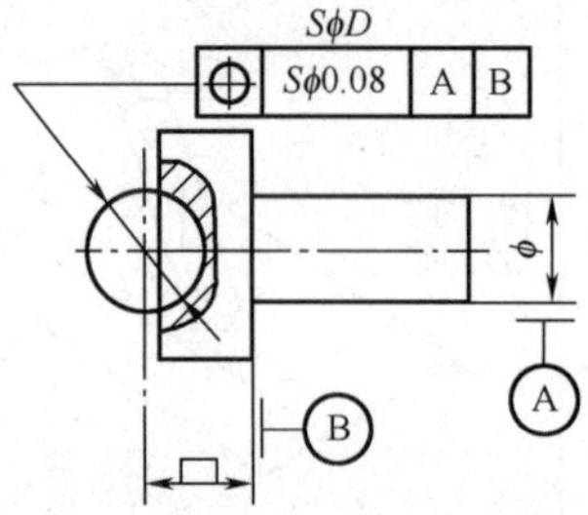	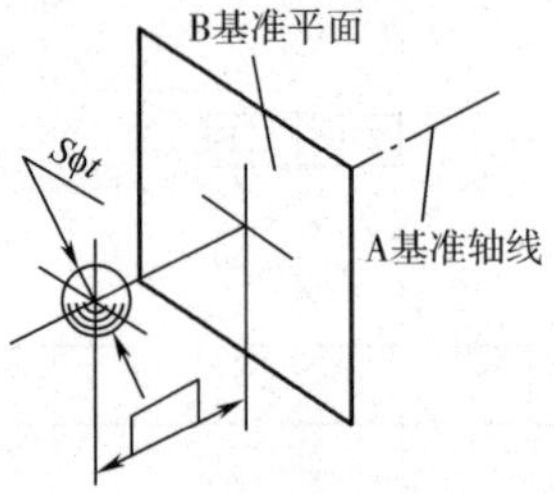	形状：球 大小：直径 $t=\phi0.08$ 方位：球心位于理想位置（由基准A、B和理论正确尺寸确定）
位置度	空间的线（孔的轴线）对3个基准面任意方向	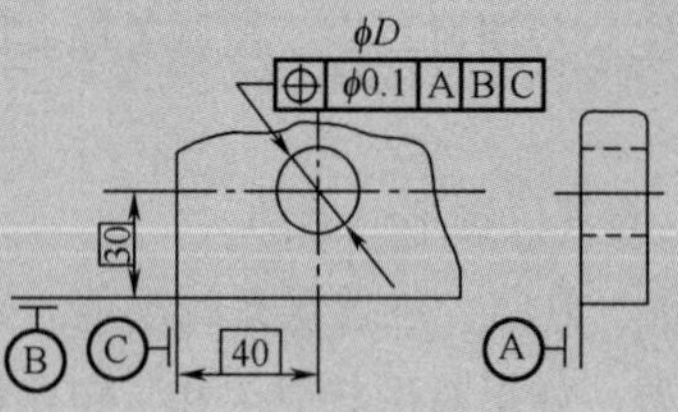	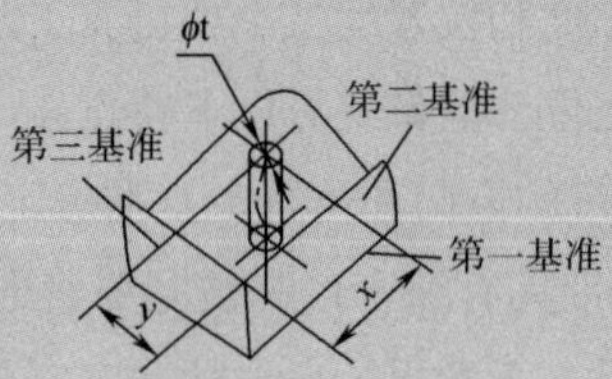	形状：圆柱 大小：直径 $t=\phi0.1$ 方向：轴线垂直于基准平面A，圆心位于理想位置（由基准B、C和理论正确尺寸确定）
	面（斜端面）对轴线、基准面	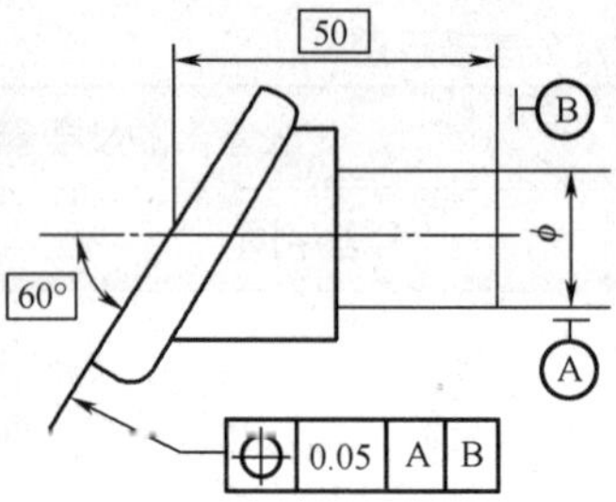	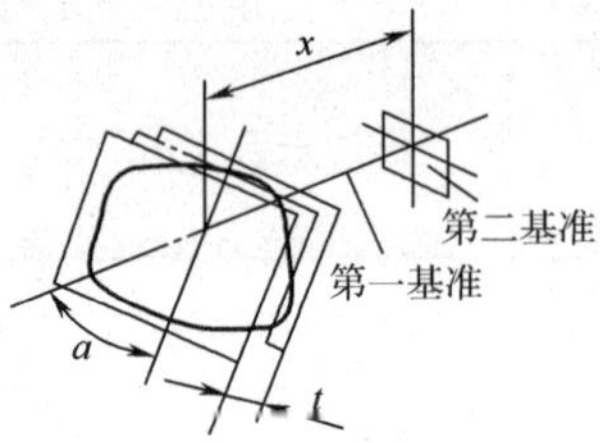	形状：两平行平面 大小：距离为0.05 方向：其对称中心在理想位置上（与基准轴线A相交理论正确角度，与基准平面B距离为理论正确尺寸）

（3）跳动公差带

圆跳动和全跳动两个项目属于跳动公差带项目，用来控制被测关联实际要素绕基准轴线回转一周或连续回转时的跳动量。跳动公差带具有以下特点：

1）跳动公差带相对于基准轴线有确定的位置。

2）跳动公差带可以综合控制被测要素的形状、定向和定位误差。当其不能满足功能要求时，可进一步给出有关的形状和定向、定位公差值。

跳动公差的标注及公差带示例见表6-11。

表6-11　跳动公差的标注及公差带示例

项目		要素特征	标注示例	公差带要素
圆跳动	径向圆跳动	被测要素是轮廓要素，基准要素是中心要素	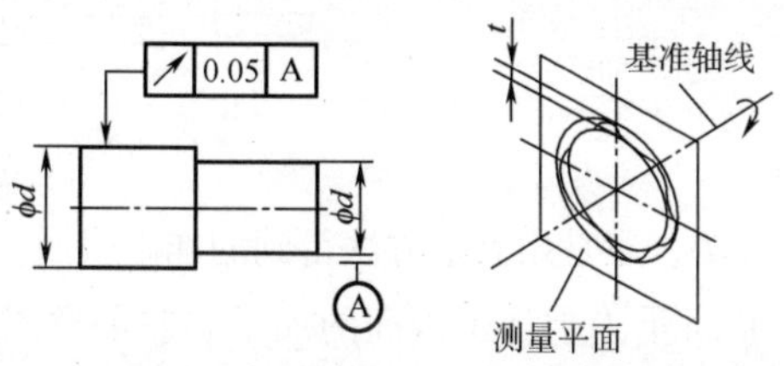	形状：两同心圆 大小：半径差为0.05 方位：圆心在基准轴线上，并在垂直于基准轴线的任一测量平面内
	端面圆跳动	被测要素是轮廓要素，基准要素是中心要素	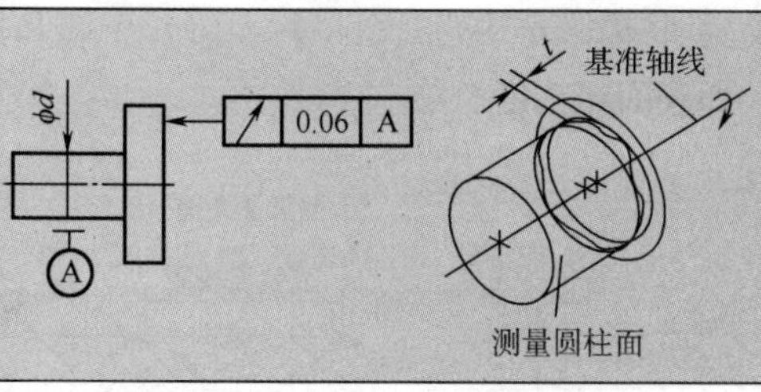	形状：圆柱 大小：距离0.06 方位：与基准轴线同轴的任一直径位置的测量圆柱内
	斜向圆跳动	被测要素是轮廓要素，基准要素是中心要素	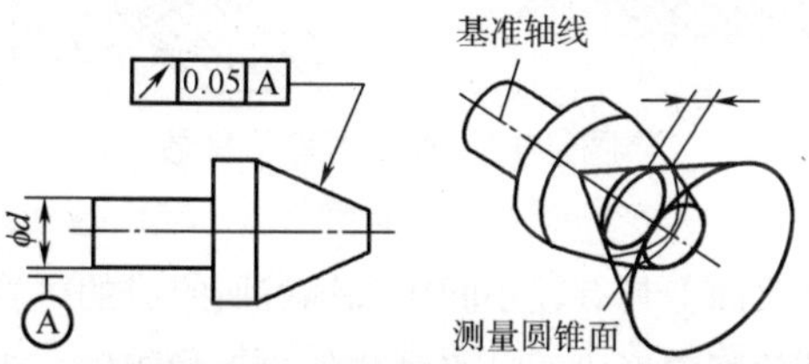	形状：圆锥 大小：距离0.05 方位：与基准轴线同轴的任一测量圆锥内
全跳动	径向全跳动	被测要素是轮廓要素，基准要素是中心要素	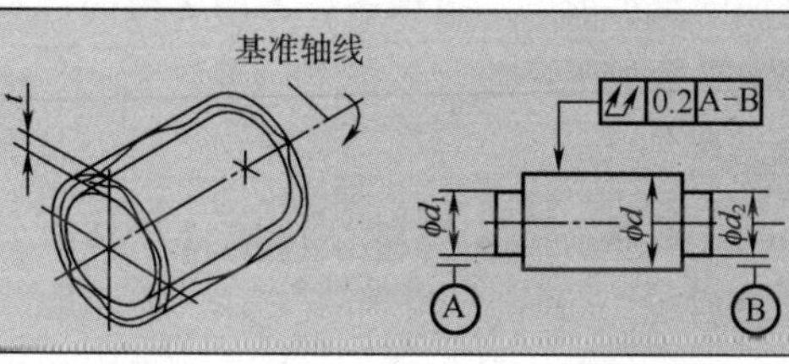	形状：两同轴圆柱 大小：半径差为0.2 方位：与基准轴线同轴的两圆柱面之间
	端面全跳动	被测要素是轮廓要素，基准要素是中心要素	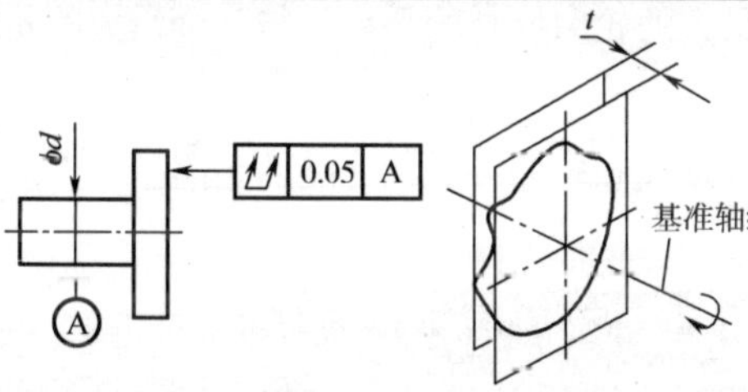	形状：两平行平面 大小：距离t=0.2 方向：与基准轴线垂直

6.6.3　形位公差与尺寸公差的关系

为了保证设计要求，正确地判断零件是否合格，必须进一步明确形位公差和尺寸公差之间的相互关系和内在联系。确定形位公差和尺寸公差之间相互关系的原则称为公差原则。公差原则按形位公差与尺寸公差是否相互有关分为独立原则和相关要求。形位公差和尺寸公差相互无关系的为独立原则，相互有关系的为相关要求。相关要求又分为包容要求、最大实体要求、最小实体要求和可逆要求。

6.7 表面粗糙度

6.7.1 概述

无论是采用机械加工方法，还是用其他方法得到的加工表面，除尺寸误差外，还存在各种几何形状误差。如图6-17所示为被加工表面的加工误差示意图，其几何形状误差包含三种：宏观几何形状误差，即形状误差，如直线度误差等；中间几何形状误差，即表面波纹度；微观几何形状误差，即表面粗糙度。

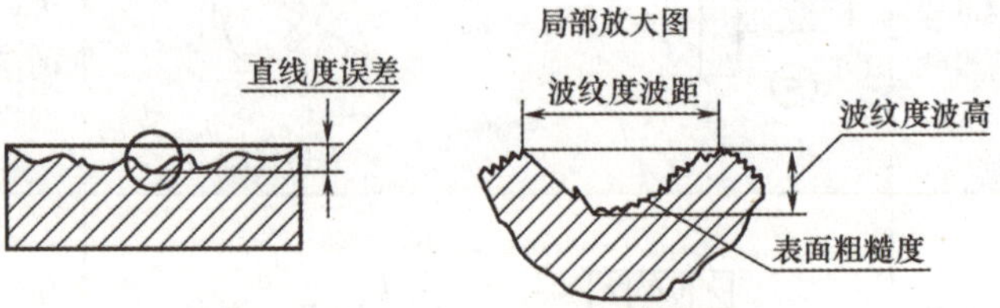

图6-17 加工误差示意图

表面粗糙度是指加工表面上具有较小间距和峰谷所组成的微观几何形状特性。一般是由加工方法本身和（或）其他因素形成的。机械零件表面越粗糙，表面粗糙度就越大。

表面粗糙度的主要评定参数如下：

（1）轮廓算术平均偏差R_a

在取样长度内，轮廓线上各点至轮廓中线距离的算术平均值。

（2）微观不平度十点高度R_Z

在取样长度内，五个最大的轮廓峰高的平均值与五个最大的轮廓谷深的平均值之和。

（3）轮廓最大高度R_Y

在取样长度内，轮廓峰顶线和轮廓谷底线之间的距离。

6.7.2 表面粗糙度对零件功能的影响

（1）对配合性质的影响

对于间隙配合，因零件配合表面容易磨损而使间隙增大，改变了配合性质；对于过盈配合，孔轴在压入装配时会把粗糙表面凸峰挤平，减小实际有效过盈。

（2）对耐磨性的影响

相互接触的表面由于存在几何形状误差，只能在轮廓峰顶处接触，实际有效接触面积减小，导致单位面积上压力增大，表面磨损加剧。

（3）对抗腐蚀性的影响

表面越粗糙，则积聚在零件表面上的腐蚀性气体和液体越多，并通过微观凹谷向零件表面层渗透，使腐蚀加剧。

（4）对强度的影响

零件表面越粗糙，则对应力集中越敏感，特别是在交变载荷的作用下，影响更大。

6.7.3　表面粗糙度代号及标注

6.7.3.1　表面粗糙度代号

图样上所标注的表面粗糙度代号是该表面完工后的要求，如表6–12所示为表面粗糙度符号。表面粗糙度高度参数代号示例见表6–13。

表6–12　　表面粗糙度符号

名称	符号	含义
基本图形符号		基本符号，表示表面可用任何方法获得
扩展图形符号		表示表面是用去除材料的方法获得，例如：车、铣、钻、磨、电火花加工等
		表示表面是用不去除材料的方法获得。例如：铸、锻、冲压变形等，也可用于保持上道工序形成的表面
完整图形符号	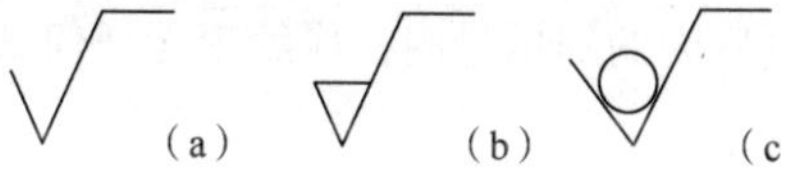	在以上各种符号的长边上加一横线，以便注写对表面结构的各种要求

表6–13　　表面粗糙度高度参数代号示例

序号	代号示例	含义
1	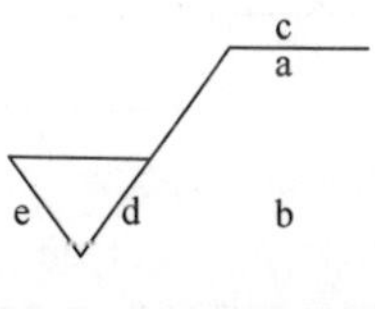	位置a：注写表面粗糙度的单一要求 位置a和b：a注写第一表面粗糙度要求，b注写第二表面粗糙度要求 位置c：注写加工方法，如“车”“磨”“镀”等 位置d：汁写表面纹理方向，如“=”“*x*”“*m*” 位置e：注写加工余量
2		用不去除材料方法获得的表面，*Ra*的上限值为0.8μm
3	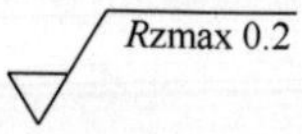	用去除材料方法获得的表面，R_Z的最大值为0.2μm
4	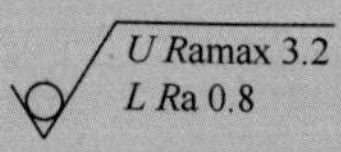	用不去除材料方法获得的表面，*Ra*的上限值为3.2μm，*Ra*的下限值为0.8μm。在不致引起歧义时，可不加注“*U*”“*L*”

6.7.3.2 表面粗糙度的标注

表面粗糙度标注的基本规则如下：

1）表面粗糙度代（符）号一般注在可见轮廓线、尺寸线、尺寸界线或它们的延长线上，也可用带箭头或黑点的指引线引出标注。符号的尖端必须从材料外指向并接触表面，如图6-18所示。

2）表面粗糙度代号中数字及符号的方向必须与尺寸数字方向一致。

3）同一零件图上，构成封闭轮廓的各表面有相同的表面粗糙度要求时，在完整图形符号上加一圆圈，标注在图样中工件的封闭轮廓线上，如图6-19所示。

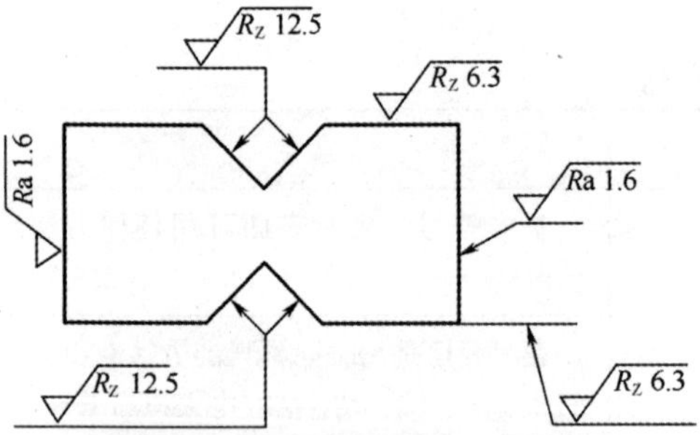

图6-18 表面粗糙度的标注位置

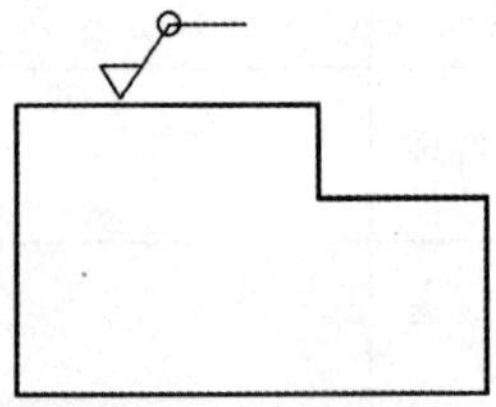
图6-19 表面粗糙度要求相同的表面的标注

4）当零件的大部分（或全部）表面具有相同的表面粗糙度要求时，可将代号统一标注在标题栏附近。此时，在表面粗糙度代号后面的圆括号内，应给出无任何其他标注的基本符号或不同的表面粗糙度要求，如图6-20所示。

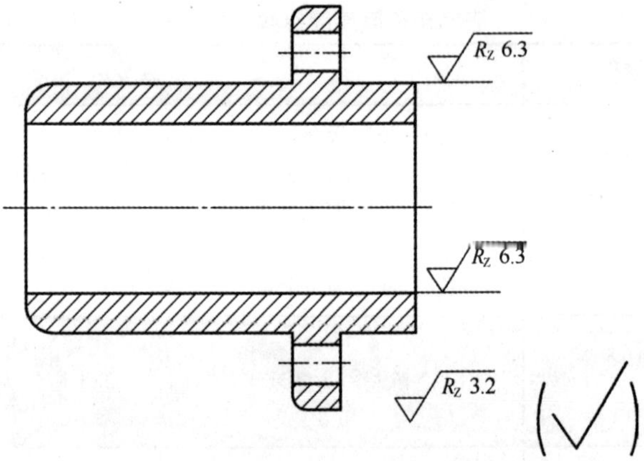

图6-20 有相同表面粗糙度要求的简化标注

习 题

6-1　根据已经提供的数据，填写下表各空白处。

零件图上的要求						测量的结果		结论
序号	基本尺寸	极限尺寸	极限偏差	公差	尺寸标注	实际尺寸	实际偏差	是否合格
1	轴$\phi30$		es=−0.030 ei=−0.054			$\phi29.955$		
2	轴$\phi40$		es= ei=		$\phi40_{-0.034}^{-0.009}$		0	
3	轴$\phi50$	$\phi50.016$ $\phi49.992$	es= ei=				−0.01	
4	孔$\phi50$		ES= EI=0	0.060		$\phi50.035$		
5	孔$\phi60$	$\phi60.021$ $\phi59.985$	ES= EI=				+0.010	
6	孔$\phi70$		ES= EI=+0.036	0.034			+0.072	

6-2　对下列三对孔与轴的配合，画出公差带图，指出各属何种基准制配合和配合性质，并计算它们的极限间隙或过盈、平均间隙或过盈及配合公差。

（1）孔$\phi30_{0}^{+0.021}$　轴$\phi30_{+0.023}^{+0.035}$

（2）孔$\phi40_{+0.009}^{+0.035}$　轴$\phi40_{-0.016}^{0}$

（3）孔$\phi50_{0}^{+0.025}$　轴$\phi50\pm0.008$

6-3　根据下列已知条件，求孔、轴极限偏差和配合公差，并画出公差带图。

（1）孔、轴的基本尺寸为ϕ30mm，EI=0，T_d=13μm，X_{max}=+74μm，X_m=+57μm

（2）孔、轴的基本尺寸为ϕ20mm，EI=0，T_d=11μm，Y_{max}=−12μm，X_m=+2.5μm

（3）孔、轴的基本尺寸为ϕ40mm，es=0，T_D=25μm，Y_{max}=−50μm，Y_m=−29.5μm

6-4　查表确定下列各孔、轴公差带的极限偏差，并画出公差带图，说明属何种基准制配合和配合性质。

（1）$\phi30\frac{G8}{h7}$ （2）$\phi30\frac{H8}{g7}$ （3）$\phi50\frac{R8}{h7}$ （4）$\phi100\frac{H7}{js6}$

（5）$\phi20\frac{H9}{h9}$ （6）$\phi80\frac{M8}{h8}$ （7）$\phi60\frac{H6}{p5}$ （8）$\phi60\frac{P6}{h5}$

6-5 某孔、轴的基本尺寸为ϕ80mm，要求它们的配合间隙为+60μm～+136μm，试确定孔、轴的公差等级和选用适当的配合。

6-6 将下列形位公差要求标注在零件图6-21上。

（1）ϕd的轴线对ϕD的轴线的同轴度公差为ϕ0.06

（2）ϕd的外圆柱面的圆度公差为0.02

（3）ϕD的左端面对右端面的平行度公差为0.02

（4）ϕD圆柱面的素线直线度公差为0.03

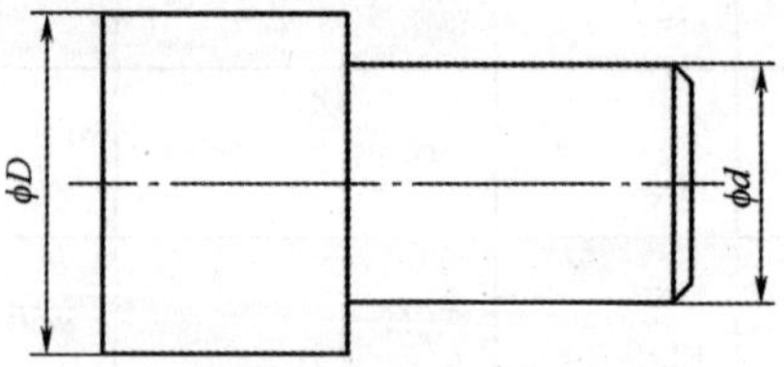

图6-21 6-6题零件图

6-7 改正图6-22中形位公差标注上（包括公差数值）的错误。（要求不改变形位公差项目）。

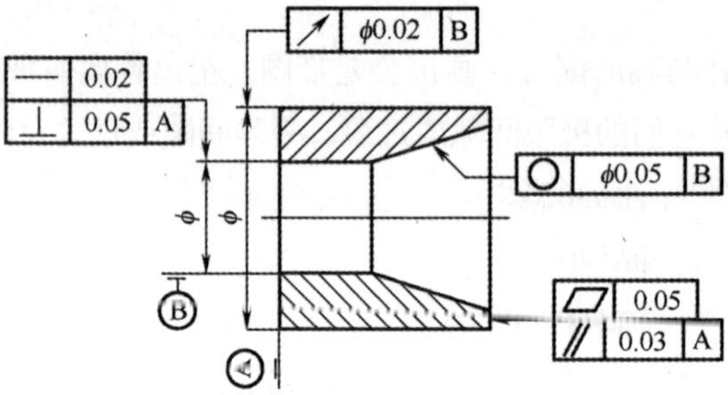

图6-22 6-7题图

6-8 表面粗糙度的含义是什么？它对零件的使用性能有何影响？

6-9 试比较ϕ40H6与ϕ40H7、ϕ40H6与ϕ80H6、ϕ40H6与ϕ40g6，二者中哪一个表面粗糙度值应选得小一些？

第 7 章

金属切削加工基础

金属切削加工是指用刀具或磨具从工件表面上切除多余的金属，以获得具有一定加工精度和表面质量的机械零件的加工方法，它是机械制造工业中应用最广泛的一种加工方法。

7.1 切削运动

7.1.1 切削主运动和进给运动

在金属切削加工过程中，为了获得各种形状的零件，工具与工件之间必须具有一定的相对运动，这种相对运动称为切削运动，它由各种切削机床的传动系统提供，如图7-1所示。切削运动按其所起的作用可分为主运动和进给运动两种。

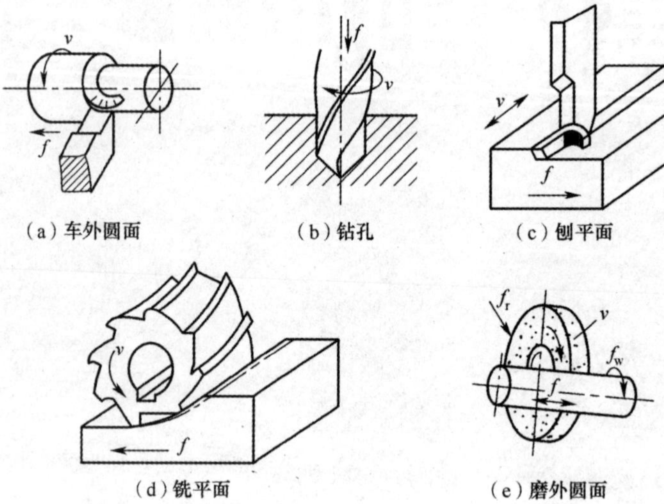

图7-1 常见机械加工方法的切削运动

（1）主运动

主运动是指形成机床切削速度或消耗主要动力的工作运动，也就是切下切屑的基本运动。主运动的表式方式有两种：一种为转速，即每分钟转数（r/min）；另一种为工作行程的运动速度（m/min）或每分钟往复行程（冲程）次数（dst/min）。

（2）进给运动

进给运动是指使工件多余的材料不断被去除的工作运动。进给运动可以是连续的，也可以是间断的，如车削时车刀沿工件轴线的连续运动；刨削时刨刀沿垂直于主运动方向的间断运动。

切削运动的主运动只有一个，而进给运动则可能有一个或几个。主运动和进给运动可由刀具和工件分别完成，也可由刀具单独完成。

7.1.2 工件表面

在切削过程中，工件表面上的金属不断地被刀具一层层地切下来转化为切屑，从而加工出所需要的工件新表面。在新表面的形成过程中，工件上形成了三个不断依次变化着的表面，如图7–2所示。

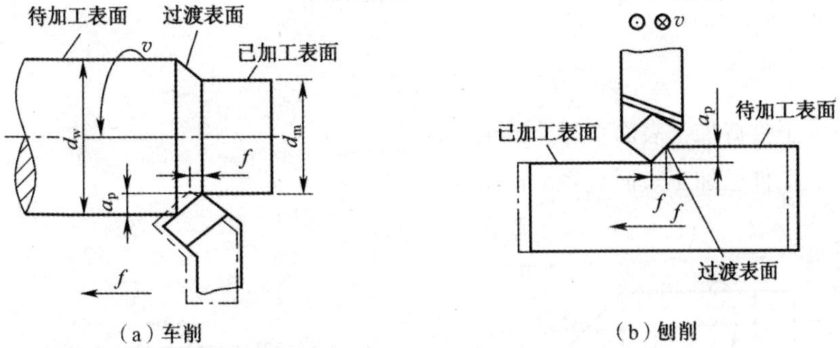

图7–2　切削运动与加工表面

（1）待加工表面

工件上即将被切除的表面。它随切削运动的进行逐渐缩小，直至全部切除。

（2）已加工表面

工件上经刀具切削后形成的新表面。它随着切削运动的进行逐渐变大。

（3）过渡表面

工件上被切削刃正在切削着的表面，它总是处在待加工表面与已加工表面之间，也称切削表面或加工表面。

7.1.3 切削用量与切削层

（1）切削用量

切削用量是指切削速度、进给量和背吃刀量，合称为切削用量三要素。

1）切削速度v_c　在切削加工时，切削刃上选定点相对于工件主运动的瞬时速度称为切削速度，其单位为m/s或m/min。切削刃上不同选定点的速度是不相同的。

当主运动为旋转运动时，切削速度可按式（7–1）计算。

$$v_c=\frac{\pi dn}{1000\times 60} \tag{7-1}$$

式中　d——工件或刀具直径，mm；

n——工件或刀具转速，r/min。

2）进给量f　是指主运动每转一转，刀具沿进给运动方向相对于工件的位移量。单位是mm/r，f称为每转进给量。钻削、铣削等多刀齿刀具切削时还可用每齿进给量f_z表示，单位是mm/z。进给运动有时还用进给速度v_f来表示，三者关系见式（7-2），单位是mm/min。

$$v_f = fn = f_z zn \tag{7-2}$$

式中 z——刀具齿数；

n——主运动转速，r/min。

3）背吃刀量a_p 是指零件上已加工表面至待加工表面间的垂直距离。对外圆车削（图7-3）来说，背吃刀量可按式（7-3）计算，单位是mm。

$$a_p = \frac{d_w - d_m}{2} \tag{7-3}$$

式中 d_w——工件待加工表面直径，mm；

d_m——工件已加工表面直径，mm。

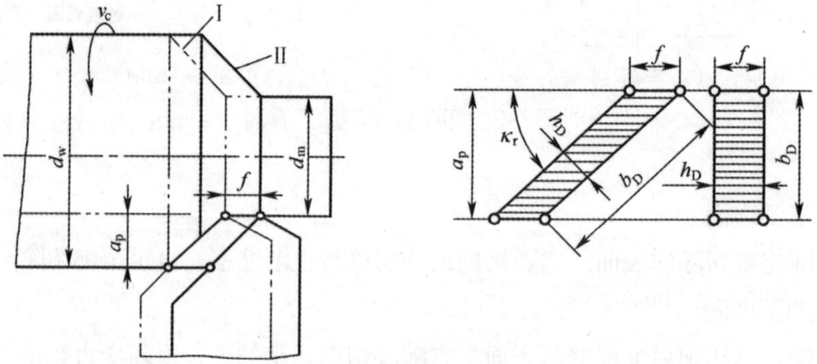

图7-3 外圆纵车削时切削层的参数

（2）切削层参数

切削层是指切削时，切削刃在一次进给中从工件的待加工表面上切除的那一层金属。如图7-3所示，当工件旋转一周时，车刀由位置Ⅱ移动到位置Ⅰ，位置Ⅰ与位置Ⅱ之间被切离的那一层金属（阴影部分）即为切削层，其截面尺寸的大小即为切削层参数。切削层参数通常在与主运动方向相垂直的平面内观察和度量。

1）切削层公称厚度h_D（mm） 是指在垂直于切削表面度量的切削层尺寸。车外圆时，如车刀主切削刃为直线，则

$$h_D = f\sin\kappa_r \tag{7-4}$$

2）切削层公称宽度b_D（mm）是指沿切削表面度量的切削层尺寸，如车刀主切削刃为直线，则

$$b_D = a_p / \sin\kappa_r \tag{7-5}$$

3）切削层公称横截面积A_D（mm^2） 是指切削层在切削层尺寸度量平面内的横截面积，其计算公式为

$$A_D = h_D b_D = f a_p \tag{7-6}$$

7.2 刀具切削部分的几何角度

通常以外圆车刀为代表来说明刀具切削部分的组成，并确定刀具几何参数的有关定义。

7.2.1　刀具切削部分的组成

普通外圆车刀的构造如图7-4所示，它由刀头和刀体两部分组成。刀头用来焊接或夹持刀片，或由它形成切削刃直接参与切削工作，所以又称切削部分；刀体用来将车刀夹持在刀架上，所以又称夹持部分。车刀的切削部分一般由三面二刃一尖组成。

（1）三面

三面即前刀面、主后刀面和副后刀面。

1）前刀面A_r　是指刀具上切屑流过的表面。

2）主后刀面A_a　是指与工件上过渡表面相对的表面。

3）副后刀面A'_a　是指与工件上已加工表面相对的表面。

（2）二刃

二刃即主切削刃和副切削刃。

1）主切削刃S　是指前刀面与后刀面的交线，又称主刀刃。它完成主要的切削工作。

2）副切削刃S'　是指前刀面与副后刀面的交线，又称副刀刃。

（3）一尖

一尖即刀尖，是指主、副切削刃的交点。在实际应用中，为了提高刀具的使用寿命，通常刀尖用短直线或圆弧取代，介于主、副切削刃之间，这段切削刃称为过渡刃。如图7-5所示，刀尖有3种不同的类型：锐刀尖、倒角刀尖和修圆刀尖。

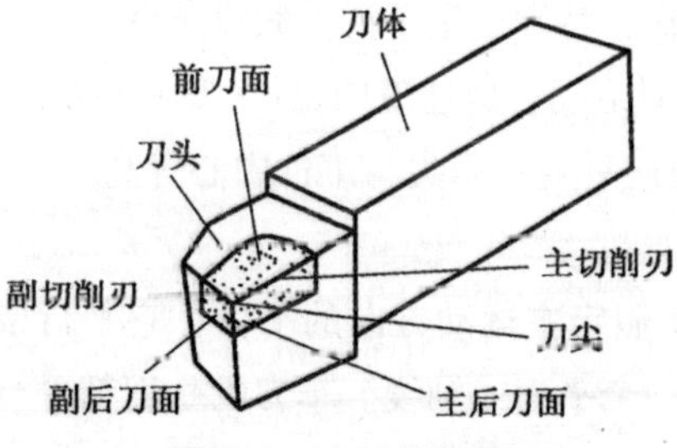

图7-4　车刀的组成

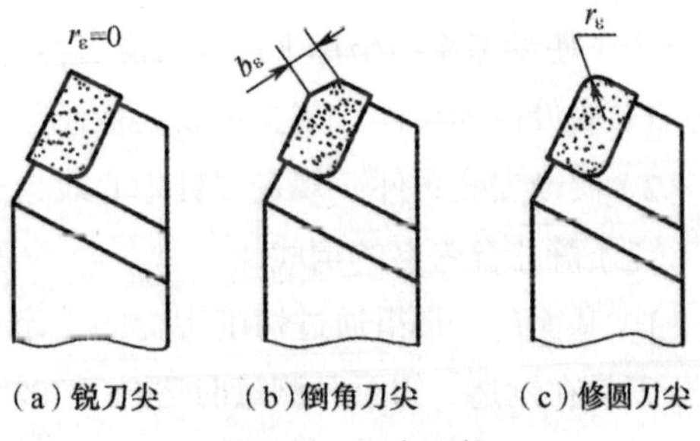

图7-5　刀尖形状

不同类型的刀具，其刀面、切削刃的数量不完全相同。例如切断车刀就有两个副切削刃和两个刀尖。

7.2.2 刀具静止角度的参考系和刀具的标注角度

为了便于确定车刀上的几何角度，常选择某一参考系作为基准，通过测量刀具表面或切削刃相对于参考系坐标平面的角度值来反映它们的空间方位。

7.2.2.1 刀具静止角度参考系

刀具要完成切削工作，其切削部分就应具有一定的几何形状。而要确定刀具切削部分各个表面和刀刃在空间的位置，就需要人为地建立平面参考系，用来定义刀具设计、制造、刃磨和测量的几何参数，由于这些参数都是在非切削状态下进行的，故其所在的平面参考系称为静止参考系，如图7-6所示。

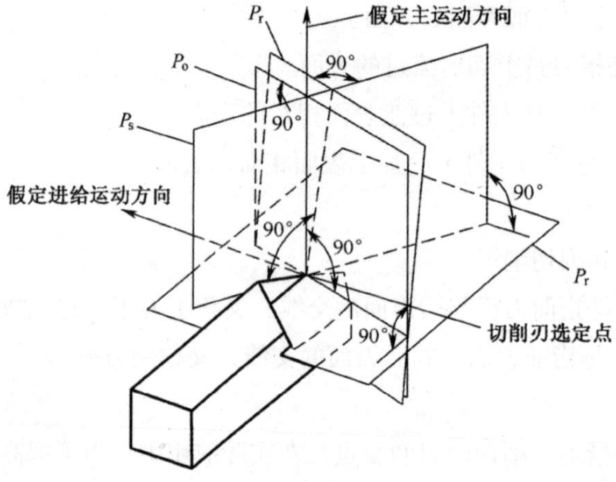

图7-6 刀具的静止参考系

（1）假设条件

为了使参考系中坐标平面与刃磨、测量基准面一致，特别规定了如下假设条件：

1）假设运动条件 用主运动向量v_c近似地代替相对运动合成速度向量v_e（即v_f=0）。

2）假设安装条件 规定刀杆中心线与进给运动方向垂直；刀尖与工件中心等高。

（2）静止参考系的组成

1）基面P_r 是指通过切削刃上的选定点并垂直于假定主运动方向的平面。它平行或垂直于刀具在制造、刃磨及测量时适合于安装或定位的一个平面或轴线。车刀的基面都平行于刀具的安装面（即底面）。

2）切削平面P_s 是指通过切削刃上的选定点，与该切削刃相切并垂直于基面的平面。因刀具的切削刃有主切削刃和副切削刃之分，所以切削平面也分为主切削平面和副切削平面（P'_s）。车刀的切削平面垂直于刀杆底面。基面与切削平面在空间总是互相垂直的。

3）正交平面P_o 是指通过主切削刃上的选定点并同时垂直于基面和主切削平面的平面。此外，通过副切削刃上的选定点并同时垂直于基面和副切削平面的平面，称为副切削刃的正交平面，即副正交平面P'_0。

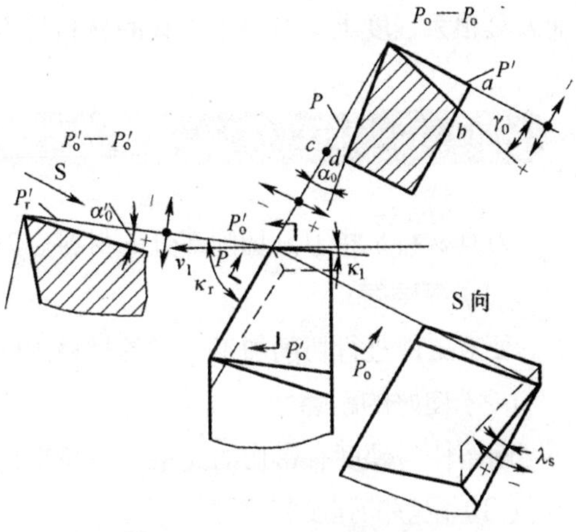

图7–7　车刀的主要标注角度

7.2.2.2　刀具的标注角度

刀具的标注角度是指在刀具图样上标注的角度，是在刀具角度的参考系中确定的。

普通车刀的6个主要标注角度是指前角、后角、主偏角、副偏角、刃倾角和副后角。它们是在正交平面参考系中的标注角度，如图7–7所示。正交平面参考系是由基面P_r、切削平面P_s、正交平面P_o组成的空间直角坐标系。

在正交平面内测量的角度如下。

1）前角γ_0　前角是指前刀面与基面之间的夹角，它决定了刀具前面的位置。前角有正、负和零度之分，规定如下：若基面在前刀面之上为正值，称为正前角；若基面在前刀面之下为负值，称为负前角；若基面与前刀面重合为零度前角。

2）后角α_0　后角是指主后刀面与切削平面之间的夹角，它决定了刀具后面的位置。后角也有正、负和零度之分，规定如下：当后刀面与切削平面重合时为零度后角；当后刀面与基面之间的夹角小于90°时，后角为正值；当后刀面与基面之间的夹角大于90°时，后角为负值。

前刀面与后刀面之间的夹角称为楔角β_0，于是有：

$$\gamma_0+\alpha_0+\beta_0=90° \tag{7–7}$$

在基面内测量的角度如下。

3）主偏角κ_r　主偏角是指主切削刃在基面上的投影与假定进给方向之间的夹角。

4）副偏角κ'_r　副偏角是指副切削刃在基面上的投影与假定进给反方向之间的夹角。

在主切削平面内测量的角度如下。

5）刃倾角λ_s　刃倾角是指主切削刃与基面之间的夹角。刃倾角有正、负和零度之分，规定如下：当刀尖处于主切削刃上最高点时为正值；当刀尖处于主切削刃上最低点时为负值；当主切削刃与基面重合时为零度刃倾角。

在副正交平面内测量的角度如下。

6）副后角α'_0　副后角是指副后刀面与副切削平面之间的夹角。

7.3 常用刀具材料

先进的切削工具是实现生产过程优质、高效、低耗必不可少的条件和保证，而先进的切削刀具很大程度上又取决于刀具的材料技术。

7.3.1 刀具材料应具备的性能

刀具材料是指刀具切削部分的材料。刀具材料应具备以下性能。

(1) 高硬度

要对工件进行切削加工，刀具材料的硬度必须高于工件材料的硬度。

(2) 良好的耐磨性

耐磨性与硬度有密切的关系，一般来说，材料的硬度越高，耐磨性也越好。

(3) 足够的强度和韧性

在切削加工中，为防止刀具变形、崩刃和断裂，刀具材料必须具有足够的强度和韧性。

(4) 高耐热性

在切削加工中一般都会产生很高的温度，所以，刀具材料必须具有较高的耐热性。

(5) 良好的导热性

导热性越好，越有利于降低切削温度和减轻刀具的磨损，提高刀具寿命。

(6) 良好的工艺性和经济性

为了便于刀具的制造，刀具切削部分材料应具有良好的加工性能和热处理性能。

刀具材料的经济性是指取材资源丰富，价格低廉，可最大限度降低刀具制造的生产成本。

7.3.2 常用刀具材料的类型及选用

目前刀具材料主要分为高速钢、硬质合金、陶瓷、立方氮化硼和聚晶金刚石5类。

7.3.2.1 高速钢刀具材料

高速钢是高速工具钢的简称，又称为锋钢、白钢，是在钢中加入较多的钨、钼、铬、钒等合金元素的高合金工具钢。表7-1列出了几种常用高速钢的力学性能。

高速钢的特点是工艺性能好，具有较高的硬度和耐磨性、良好的耐热性、高的强度和韧性，切削速度可以高达30m/min，因此被称为高速钢刀具。高速钢主要用来制造钻头、丝锥、板牙、拉刀、齿轮刀具和成型刀具等形状复杂的刀具。高速钢刀具可加工的材料范围非常广，可加工碳钢、合金钢、有色金属、铸铁等多种材料。

高速钢的品种繁多，按切削性能可分为普通高速钢和高性能高速钢；按化学成分可分为钨系高速钢和钼系高速钢；按制造工艺方法不同又可分为熔炼高速钢和粉末冶金高速钢。

表7-1　常用高速钢的力学性能

钢号		牌号	硬度HRC			抗弯强度/GPa	冲击韧度/$MJ \cdot m^{-2}$
			常温	500℃	600℃		
普通高速钢		W18Cr4V（W18）	63～66	56	48.5	3～3.4	0.18～0.32
		W6Mo5Cr4V2（M2）	63～66	55～56	47～48	3.5～4	0.3～0.4
高性能高速钢	高碳	9W18Cr4V（9W18）	66～68	57	51	3～3.4	0.17～0.22
	高钒	W6Mo5Cr4V3（M3）	65～67	—	51.7	3.2	0.25
	含钴	W6Mo5Cr4V2Co8（M36）	66～68	—	54	3.0	0.3
	含钴	W2Mo9Cr4VCo8（M42）	67～70	60	55	2.7～3.8	0.23～0.3
	含铝	W6Mo5Cr4V2Al（501）	67～69	60	55	2.9～3.9	0.23～0.3
	含铝	W10Mo4Cr4V3Al（5F6）	67～69	59.5	54	3.1～3.5	0.2～0.28

（1）普通高速钢

普通高速钢应用广泛，占高速钢总量的75%左右，具有工艺性能好，能满足通用工程材料切削加工的要求等特点。常用的种类如下。

1）钨系高速钢　钨系高速钢中的典型牌号是W18Cr4V，简称W18，是我国最常用的一种高速钢，具有较好的综合性能。W18适合制作螺纹车刀、成型车刀、拉刀和齿轮刀具等形状复杂的刀具。但因其强度和韧性略低，不适合制作大截面的刀具；因其热塑性较差，不适合制造热成型刀具。

2）钼系高速钢　钼系高速钢中的典型牌号是W6Mo5Cr4V2，简称M2，具有较好的力学性能，适合制作承受较大冲击力的刀具（如插齿刀）、结构比较薄弱的刀具（如麻花钻、丝锥）和截面较大的刀具，其热塑性和可磨削性好，因而适合制作各种热轧刀具（如热轧麻花钻）和抵抗冲击的刀具。

W9Mo3Cr4V是另一钼系类牌号的普通高速钢，简称W9，有较好的硬度和韧性配合，热塑性、热稳定性都较好。由于含钒量少，其磨削加工性比M2好，表面粗糙度值也小，可用于制造锯条、钻头、拉刀、铣刀和齿轮刀具等各种刀具。

（2）高性能高速钢

高性能高速钢是指在普通高速钢中增加了一些碳、钒、钴或铝等合金元素，以进一步提高其耐磨性和耐热性的新型高速钢，主要用于加工高温合金、钛合金、不锈钢、高强度钢等难加工的材料。常见的高性能高速钢有以下几种。

1）高碳高速钢　其典型牌号是9W18Cr4V，简称9W18，其常温硬度可达66～68HRC，适合制作耐磨性要求高的铰刀、锪钻和丝锥等刀具，也可用于切削奥氏体不锈钢。

2）铝高速钢　其典型牌号是W6Mo5Cr4V2Al（简称501）和W10Mo4Cr4V3Al（简称5F6），其常温硬度可达67～69HRC，600℃时的硬度达到54～55HRC，切削性能与钴高速钢M42相当，刀具寿命比W18提高1～2倍以上，而价格却相差不多，制作齿轮滚刀时允许的切削速度为1.67m/s。

3）钴高速钢　其典型牌号是W2Mo9Cr4VCo8，简称M42，其常温硬度可达67～70HRC，600℃时的硬度达54～55HRC，适合制作加工高温合金、钛合金及其他难加工材料的刀具。

4）高钒高速钢　其典型牌号是W6Mo5Cr4V3，简称M3，适合制作加工硬橡胶、塑料等对刀具磨损严重的刀具材料，以及低速薄切屑精加工刀具，如拉刀、铰刀和丝锥等。

（3）粉末冶金高速钢

粉末冶金高速钢具有强度和韧性较高、磨加工性好、耐磨性好、淬火变形小等优点，适合制作切削难加工材料的刀具、各种精密刀具和形状复杂的刀具。

7.3.2.2　硬质合金刀具材料

（1）硬质合金的组成和特点

硬质合金的硬度很高，耐磨性好，在800～1000℃的高温下仍能保持良好的切削能力。因此，它允许的切削速度比高速钢高4～10倍，切削速度可达100～200m/min，能加工包括淬硬钢在内的多种材料，所以获得了广泛应用。但其抗弯强度低，冲击韧性差，不能承受振动和冲击，制造工艺性差，多用于制造刀片，很少做成形状复杂的整体刀具。

（2）硬质合金的种类、牌号、性能及选用

国际标准ISO将硬质合金分为P、K、M 3大类，该3大类硬质合金的主要成分都是碳化钨，故又统称为碳化钨基硬质合金。

K类相当于我国的钨钴类硬质合金，代号为YG，适用于加工短切屑的黑色金属、有色金属和非金属材料，外包装用红色标志。

P类相当于我国的钨钛钴类硬质合金，代号为YT，适用于加工长切屑的黑色金属，外包装用蓝色标志。

M类相当于我国的钨钛钽钴类硬质合金，代号为YW，适用于加工长、短切屑的黑色金属和有色金属，外包装用黄色标志。

常用硬质合金刀具材料的牌号及用途见表7-2。

表7-2　常用硬质合金的牌号、性能及用途

相近ISO牌号	国产牌号	硬度HRA	抗弯强度/GPa	用途
K01	YG3X	91.5	1.1	铸铁、有色金属及其合金连续切削时的精加工、半精加工
K10	YG6X	91	1.4	铸铁、耐热合金的精加工、半精加工
K20	YG6	89.5	1.45	铸铁、有色金属及其合金连续切削时的粗加工、半精加工
K30	YG8	89	1.5	铸铁、有色金属及其合金的粗加工，间断切削
P30	YT5	89.5	1.4	碳钢、合金钢的粗加工
P10	YT15	91	1.15	碳钢、合金钢连续切削时的粗加工，间断切削时的半精加工

续表

相近ISO牌号	国产牌号	硬度HRA	抗弯强度/GPa	用途
P01	YT30	92.5	0.9	碳钢、合金钢连续切削时的精加工
M10	YW1	92	1.2	难加工钢材的精加工、半精加工
M20	YW2	91	1.47	难加工钢材的半精加工、粗加工

1）钨钴类硬质合金　钨钴类硬质合金由碳化钨（WC）和钴（Co）构成。常用的牌号有YG3X、YG6X、YG6、YG8等。

钨钴类硬质合金适用于切削铸铁、有色金属及其合金，以及非金属材料和含Ti元素的不锈钢等工件材料，其中YG3适用于精加工，YG8适用于粗加工，YG6适用于半精加工。

2）钨钛钴类硬质合金　钨钛钴类硬质合金由碳化钨（WC）、碳化钛（TiC）和钴（Co）构成。常用的牌号有YT5、YT15、YT14、YT30等。

钨钛钴类硬质合金耐热性高，不易发生黏结，通常情况下适宜加工塑性材料，其中YT30适用于精加工钢材，YT5适用于粗加工塑性较大的材料，YT15适用于半精加工钢材。

3）钨钛钽钴类硬质合金　钨钛钽钴类硬质合金由碳化钨（WC）、碳化钽（TaC）或碳化铌（NbC）和钴（Co）构成，是一种既能加工钢，又能加工铸铁和有色金属及其合金，通用性较好的刀具材料。常用的牌号有YW1、YW2等。

（3）涂层硬质合金

涂层硬质合金刀具是在普通硬质合金基体上，通过化学气相沉积法（CVD）或物理气相沉积法（PVD），涂覆一层5～12μm厚的耐磨性很高的难熔金属碳化物而获得的，这样既使刀具具有基体材料的强度和韧性，又具有很高的耐磨性，从而较好地解决了强度与韧性和硬度、耐磨性之间的矛盾。涂层硬质合金刀片的寿命可以提高1～3倍。

1）TiC涂层刀片　TiC涂层的熔点和硬度都很高，耐磨性好，TiC容易扩散到基体内与基体黏结较牢固，故刀具容易产生剧烈磨损时宜涂TiC。

2）TiN涂层刀片　TiN涂层与铁基材料的亲和力小，在空气中抗氧化能力、抗黏结性能比TiC强，故刀具材料与工件材料容易产生黏结时宜涂TiN。

3）Al_2O_3涂层刀片　Al_2O_3涂层在高温下具有良好的热稳定性和较高的高温硬度，故刀具在高温下切削时宜涂Al_2O_3。

除上述的单涂层外，还可以采用TiC-TiN、TiC-Al_2O_3、TiC-Al_2O_3-TiN等双涂层或多涂层，其性能优于单涂层。涂层刀片广泛用于各种钢料、铸铁的精加工和半精加工，负荷较轻的粗加工。近年来，随着可转位刀具的广泛应用，硬质合金涂层刀片也得到越来越多的应用。涂层刀具的缺点是刀刃的锋利程度和抗剥落能力不及未涂层的刀具，所以不宜小进给量加工高硬度材料和重载切削。

7.3.2.3 陶瓷与超硬刀具材料

陶瓷与超硬材料是近年来出现的新型刀具材料，它们在硬度、耐磨性及耐热性等方面优于传统的刀具材料，极具发展潜力，应用越来越广泛。

7.4 金属切削过程中的物理现象

金属切削过程是指工件上一层多余的金属被刀具切除的过程和已加工表面形成的过程。在这个过程中始终存在着刀具与工件（金属材料）之间切削和抗切削的矛盾，并产生一系列重要现象，如形成切屑、切削力、切削热与切削温度及刀具的磨损等。

7.4.1 切屑的类型及断屑方法

7.4.1.1 切屑的类型

工件上的切削层材料经过切削，被切离工件基体，形成切屑。由于被加工工件的材料性质不同，所选的刀具几何角度参数和切削用量不同，因而切削过程中产生的变形程度也就不同，会出现四种不同形态的切屑，如图7-8所示。

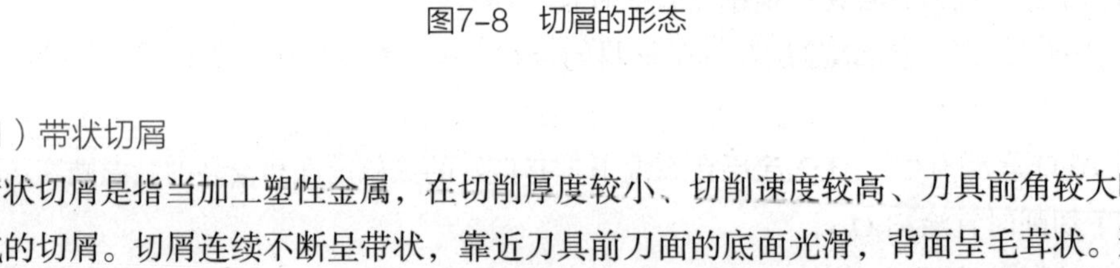

（a）带状切屑　（b）挤裂切屑　（c）单元切屑　（d）崩碎切屑

图7-8　切屑的形态

（1）带状切屑

带状切屑是指当加工塑性金属，在切削厚度较小、切削速度较高、刀具前角较大时，切削形成的切屑。切屑连续不断呈带状，靠近刀具前刀面的底面光滑，背面呈毛茸状。形成带状切屑时，切削力波动小，切削过程比较平稳，加工表面质量高。

（2）挤裂切屑

挤裂切屑又称节状切屑，是当加工塑性金属，在切削厚度较大、切削速度较低、刀具前角较小时，切削形成的切屑。切屑外表面呈锯齿状，底面光滑但有明显的裂纹。形成挤裂切屑时，由于切屑局部断裂，切削力波动较大，切削过程不太平稳，加工表面质量较差。

（3）单元切屑

单元切屑又称粒状切屑，是当加工塑性较大的金属时，若整个剪切面上的剪应力超过了材料的断裂强度，产生的裂纹贯穿切屑断面，切屑以单元形式脱离零件基体而形成的切屑。当切削零件硬度较高而韧性较低（如淬火钢），在切削速度很低、进给速度较大、刀具前角（或负前角）较小时，易出现这种切屑。形成单元切屑时，切削力波动很大，切削过程不平稳，加工表面质量也很差，故在生产中应避免出现这种切屑。

（4）崩碎切屑

崩碎切屑是指当加工脆性金属（铸铁、青铜）时，在刀具前角较小，切削厚度较大时，由于材料的塑性很小且抗拉强度低，切削层内靠近切削刃和前刀面的局部金属未经塑性变形就被挤裂或在拉应力下脆断，形成形状不规则的碎块状的切屑。形成崩碎切屑时，切削过程有冲击，波动较大，切削力和切削热集中在刀尖刃口上，使刀具磨损加快；切屑是以块状脱离零件基体，使已加工表面凹凸不平，表面粗糙度值增大。

7.4.1.2 控制切屑的方法

加工塑性金属时，易形成带状切屑，切屑连绵不断缠绕在工件或刀具上，使工件已加工表面拉伤，甚至危及操作者的安全；加工脆性金属时，易形成崩碎切屑，碎块四处飞溅，污染周围环境，也会危及操作者的安全。因此，在切削加工中，控制切屑的形状、流向、卷曲和折断，对于保证正常生产秩序和操作者的人身安全有着重要意义。

在刀具上磨制出断屑槽和选择合理的卷屑槽斜角，是控制切屑折断及流向的有力措施。

（1）断屑槽的型式

断屑槽的型式有折线型、直线圆弧型和全圆弧型三种，如图7–9所示。

1）折线型断屑槽　其前面为直线形，反屑面也为直线形，用小圆弧连接，如图7–9（a）所示。

2）直线圆弧型断屑槽　其前面为直线形，反屑面是一段圆弧形，如图7–9（b）所示。

3）全圆弧型断屑槽　其前面和反屑面是由同一半径的圆弧面组成，如图7–9（c）所示。

折线型、直线圆弧型断屑槽适用于加工碳钢、合金钢和工具钢等；全圆弧型断屑槽适用丁加工塑性较高的金属材料。

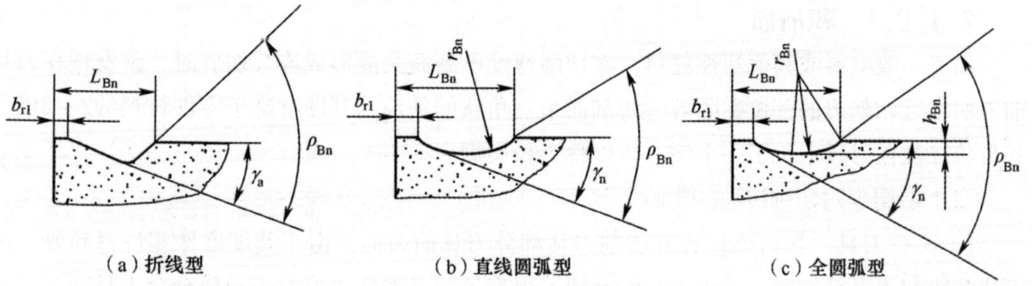

图7–9　断屑槽的型式

（2）卷屑槽斜角ρ_{Bn}

卷屑槽斜角ρ_{Bn}是卷屑槽的侧边与主切削刃之间的夹角，影响着切屑的流向和屑形。常见的有外斜式、平行式和内斜式三种，如图7-10所示。

外斜式［图7-10（a）］的主要特点是卷屑槽的宽度外宽内窄，深度是外深内浅。因此槽A点处的切削速度高，槽宽窄，切削时，切屑顺前刀面流出先碰反屑面，并以较小的弯曲半径卷曲；槽B点处的切削速度低，槽宽深，切屑后碰反屑面，并以较大的弯曲半径卷曲。当槽底制有$-\lambda_s$角时，F力使得切屑流向工件表面，与工件表面相碰后形成C形切屑。

平行式［图7-10（b）］的特点是卷屑槽的宽度、深度前后均相等，其断屑效果与外斜式相近。

内斜式［图7-10（c）］的主要特点是卷屑槽的宽度外窄内宽，深度是外浅内深。因此槽B点处的切屑先碰反屑面，并以较小的卷曲半径卷曲，当槽底制有$+\lambda_s$角时，F力使得切屑往往成螺卷形背离工件流出，卷曲到一定长度后靠自身质量甩断形成螺旋形切屑。内斜式一般用于半精车或精车的场合。

此外，增大进给量f和刀具主偏角κ_r、采用合适的刃倾角λ_s等措施，都能较好地控制切屑的流向和折断。

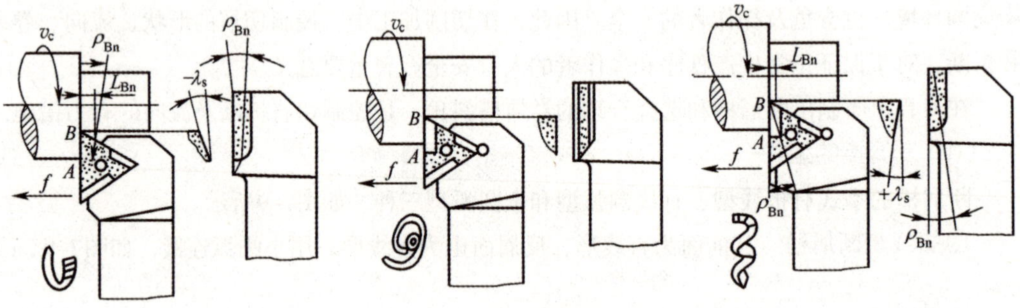

（a）外斜式　　（b）平行式　　（c）内斜式

图7-10　断屑槽斜角

7.4.2　积屑瘤与鳞刺

7.4.2.1　积屑瘤

加工一般钢料或其他塑性材料，在切削速度不高而又能形成连续切屑时，常发现在刀具前刀面靠近切削刃的部位黏附着一块剖面呈三角状的硬块，其硬度高于零件材料的2～3倍，其形状好像在刀具上长了一个瘤，所以称为积屑瘤。

（1）积屑瘤对切削过程的影响

1）保护刀具　积屑瘤包裹着切削刃和部分刀具前刀面，由于其硬度比零件材料硬，故可代替切削刃进行切削，减少刀具的磨损，提高了刀具寿命。但对于硬质合金刀具而言，因积屑瘤的形成过程是不稳定的，积屑瘤的频繁脱落，导致硬质合金刀具颗粒剥落，反而使刀具磨损加剧（图7–11）。

2）增大刀具前角　当积屑瘤黏附在刀具的前刀面时，使其具有30°左右的前角，因而可以减小切削变形，降低切削力。

3）增大切削厚度　积屑瘤的前端伸出切削刃之外一个H_b，因而使切削厚度也增大了一个Δh_D，从而影响了零件的尺寸精度。

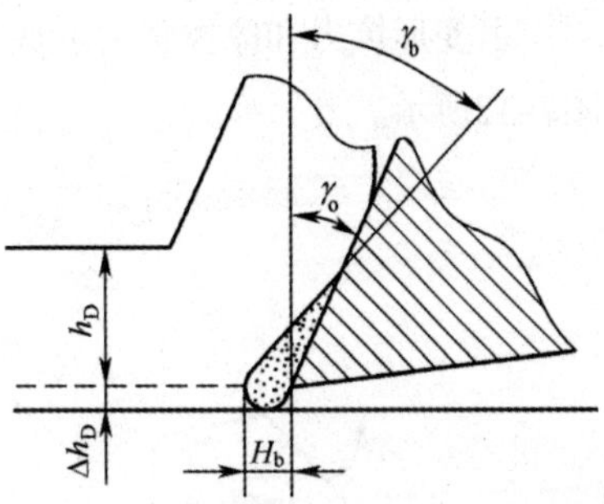

图7–11　积屑瘤对切削过程的影响

4）增大已加工表面粗糙度　积屑瘤脱落时，一部分被切屑带走，也有一部分嵌入到已加工表面，当它代替切削刃进行切削时，便增大了已加工表面的表面粗糙度。

所以，在粗加工时，对已加工表面质量和加工精度要求不高，可利用积屑瘤；而在精加工时一定要避免积屑瘤的产生。

（2）控制积屑瘤的措施

①控制切削速度：应使用低速或高速切削，从而避开产生积屑瘤的速度范围。

②增大刀具前角。

③降低材料的塑性。

④合理使用切削液。

7.4.2.2　鳞刺

鳞刺就是在已加工表面上出现的一种鳞片状有裂口的毛刺。

鳞刺的产生影响了零件加工表面质量，必须通过采取热处理工艺（正火或调质）适当提高零件材料的硬度、降低材料塑性、增大刀具前角等措施来控制鳞刺的产生。

7.4.3　切削力

切削力是金属切削过程中的基本物理现象之一，是分析工艺和设计机床、刀具、夹具的重要依据。

7.4.3.1　切削力的产生

切削力是指切削时，刀具作用在工件上使工件材料发生变形，并使多余材料变为切屑所需要的力。切削力的来源有以下两个方面。

（1）变形抗力

变形抗力是指在切削过程中，由于刀具的切削与推挤作用，工件材料产生的弹性变形抗力和塑性变形抗力。

（2）摩擦阻力

摩擦阻力是指刀具前刀面与切屑之间以及刀具后刀面与工件之间的摩擦阻力。

由变形抗力和摩擦阻力形成作用在刀具上的切削合力F，切削合力也称为总切削力，如图7–12所示。

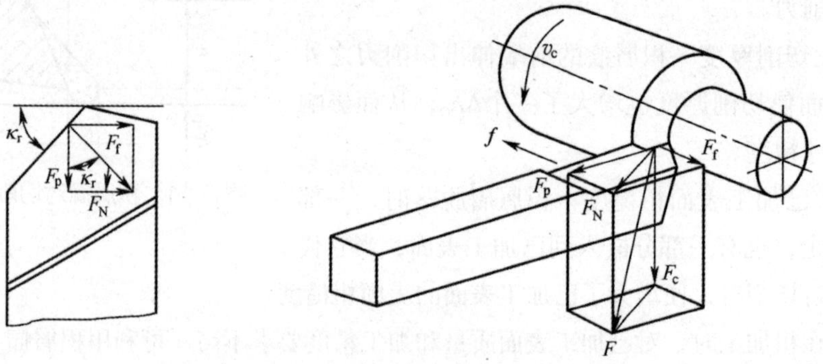

图7–12 切削合力与分力

7.4.3.2 切削力的分解

因合力F的大小和方向都不易测量，为了便于测量和应用，通常将合力F分解为三个互相垂直的分力，如图7–12所示。

（1）主切削力F_c

F_c是指切削合力F在主运动方向上的分力。F_c是计算机床主运动机构强度、刀杆和刀片强度以及设计机床夹具、选择切削用量等的主要依据，是消耗机床功率最多的切削力。

（2）背向力F_p

F_p是指切削合力F在垂直于进给运动方向上的分力。纵车外圆时，因该方向无相对运动，F_p不消耗机床功率，但它作用在机床工艺系统刚性最差的方向上，使零件在水平面内弯曲，影响加工精度，并且容易引起振动。

（3）进给力F_f

F_f是指切削合力F在进给运动方向上的分力。F_f作用在进给机构上，是设计进给机构的主要依据。由图7–12可知，切削合力与三个分力之间的关系为：

$$F=\sqrt{F_c^2+F_N^2}=\sqrt{F_c^2+F_p^2+F_f^2} \tag{7–8}$$

7.4.3.3 切削功率

切削功率是指在切削过程中消耗的总功率，用P（kW）表示，因背向力F_p不消耗机床功率，所以它是主切削力F_c与进给力F_f消耗的功率之和。由于进给力F_f消耗的功率约占总消耗功率的1%～5%，可忽略不计，故一般只计算切削功率P_c（kW），即

$$P\approx P_c=\frac{F_c v_c\times 10^{-3}}{60} \tag{7–9}$$

式中 F_c——主切削力，N；

v_c——切削速度，m/min。

7.4.4　切削热与切削温度

切削热与切削温度是金属切削过程中的又一基本物理现象。切削热和由它产生的切削温度直接影响刀具的磨损和使用寿命，最终影响工件的加工精度和表面质量。

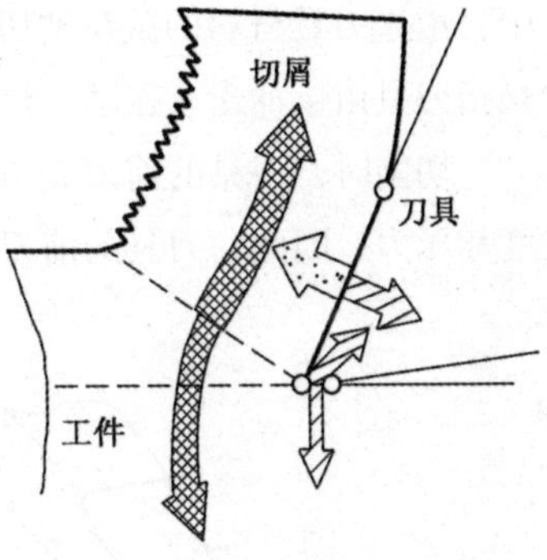

图7–13　切削热的产生与传导

（1）切削热的产生

切削热主要来源于三个方面：一是正在加工的工件表面和已加工表面发生的弹性变形和塑性变形会产生大量的热，是切削热的主要来源；二是切屑与刀具前刀面之间的摩擦产生的热；三是工件与刀具后刀面之间的摩擦产生的热，如图7–13所示。

（2）切削热的传导

切削热由切屑、工件、刀具及周围介质传导出去。

（3）切削温度的概念

切削温度一般是指切屑与刀具前刀面接触区域的平均温度。

（4）切削温度的分布规律

实际上，切屑、工件和刀具上各点的温度是不相同的。如图7–14所示为某切削条件下各点的切削温度分布情况。

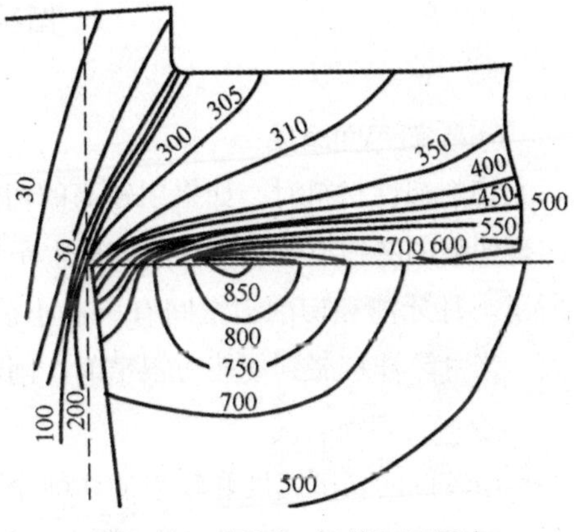

图7–14　切屑、工件和刀具上各点的温度（℃）分布

从图中可以看出，前刀面上最高温度不在切削刃上，而是在距离切削刃有一小段距离的地方。切削不同的金属材料，温度最高区的分布是不相同的。

1）切削塑性金属。切削塑性金属时，最高温度区一般在距离切削刃有一小段距离的地方。切屑上的最高温度区在切屑刚离开前刀面的底层处；工件的最高温度区在接近刀刃处。

2）切削脆性金属。切削脆性金属时，最高温度区在接近刀刃的后刀面上，其次在接近刀刃的前刀面上，这是因为切屑呈崩碎状，切屑与前刀面之间的摩擦很小。

7.4.5　刀具磨损与刀具使用寿命

切削加工过程中，刀具在切下切屑的同时本身也要发生磨损或局部破损。

7.4.5.1 刀具磨损形式

刀具磨损的形式分为正常磨损和非正常磨损两种。刀具的正常磨损是指刀具在切削过程中，由于刀具材料的微粒被切屑或工件带走，使刀具逐渐磨损的现象。而刀具的非正常磨损是指刀具由于冲击、振动、热效应等原因而出现崩刃或碎断的现象。

切削时，刀具的前刀面与切屑，后刀面与工件之间发生剧烈摩擦，同时承受着很高的温度和压力，因此，刀具的前刀面和后刀面都会发生磨损，如图7–15所示。

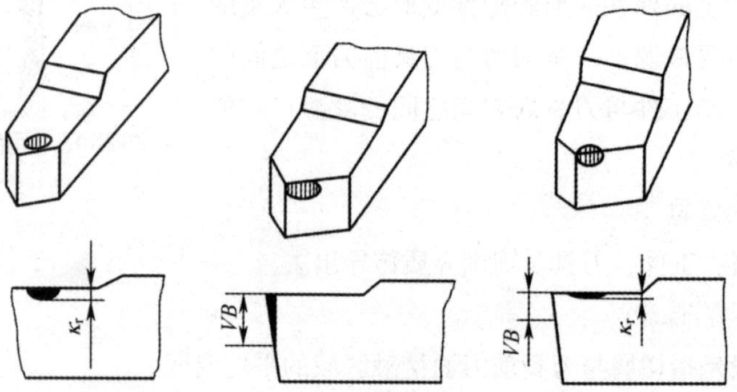

（a）前刀面磨损　（b）后刀面磨损　（c）前、后刀面同时磨损

图7–15　刀具磨损形式

（1）前刀面磨损

切削塑性材料时，如果用较高的切削速度和较大的切削厚度进行切削，刀具后刀面还未出现明显的磨损痕迹，却在前刀面上距切削刃一定距离处会磨出一个月牙洼，如图7–15（a）所示。月牙洼和切削刃之间有一条小棱边，随着切削的继续进行，月牙洼的宽度、深度增大，当月牙洼扩展到使棱边很窄时，削弱了刀具强度，极易导致崩刃，降低加工质量。

（2）后刀面磨损

用较低的切削速度和较小的切削厚度切削塑性金属材料，或切削脆性金属时，刀具的磨损主要发生在后刀面。后刀面磨损往往是不均匀的，如图7–15（b）所示，在刀尖部位，因强度较低，散热条件又差，所以磨损较大；在切削刃靠近工件表面处，因毛坯的硬皮或上道工序的加工硬化等原因的影响，磨损也较大；只有在后刀面中间区域，磨损比较均匀，其平均磨损宽度以*VB*表示。

（3）前、后刀面同时磨损

当切削塑性金属材料时，若采用中等切削速度和中等切削厚度，则经常会发生前、后刀面同时磨损的磨损形式，如图7–15（c）所示。

7.4.5.2 刀具磨损原因

（1）磨粒磨损

磨粒磨损是指切削时，在切屑、工件材料中含有一些比刀具材料硬度更高的碳化物、氧化物、氮化物和脱落的积屑瘤碎片等硬质点，可在刀具表面刻画出沟纹而使刀具磨损。

（2）氧化磨损

氧化磨损是指在切削温度较高时，切屑、工件和刀具极易与周围某些介质起氧化反应，生成一层氧化膜，若刀具表面上的氧化膜硬度较低，会被切屑和工件抹拭掉而形成的磨损。

（3）扩散磨损

扩散磨损是指高温切削时，刀具与工件、切屑的新鲜切削表面相接触，造成刀具材料和工件材料中的化学元素互相扩散到对方去，改变了原来材料的成分与结构，使刀具表面材料性能下降而形成的磨损，其实质是一种化学性质磨损。

（4）黏结磨损

黏结磨损是指在一定的温度（300～400℃）和压力作用下，刀具与工件、切屑之间易产生黏结，因接触面间的相对运动，黏结处产生撕裂，使刀具表面的微粒被对方带走而造成的刀具磨损，又称冷焊磨损。在中等偏低的切削速度下黏结磨损是刀具磨损的主要形式。

（5）相变磨损

相变磨损是指切削温度升高，当刀具材料温度升高到其相变温度时，刀具材料的金相组织发生变化，使硬度明显下降而造成的刀具磨损。

由上可知，温度越高，刀具磨损越快，所以温度是刀具磨损的主要原因。

7.4.5.3　刀具磨损过程

随着切削的不断进行，刀具后刀面的磨损量随之增加，如图7-16所示为刀具后刀面磨损过程曲线，实验证明，刀具磨损过程可分为三个阶段。

（1）初期磨损阶段（*AB*段）

在刀具开始切削的短时间内，磨损较快。这是因为新刃磨的刀具切削刃锋利，其主后刀面与过渡表面之间的实际接触面积很小，表面压强很大，加之新刃磨的刀具表面存在表面粗糙度值大和表层组织不耐磨等缺陷所造成的。

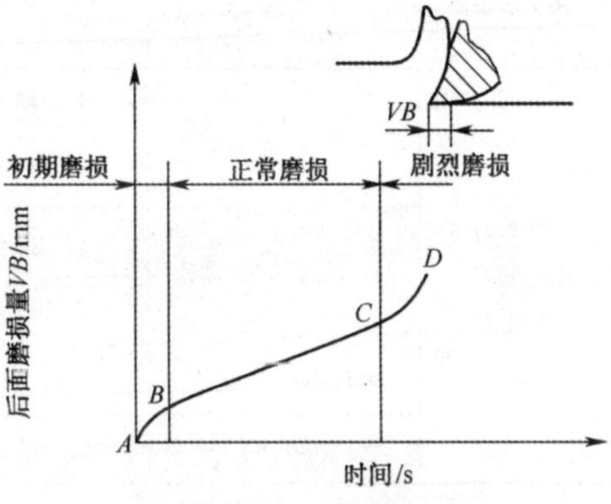

图7-16　刀具磨损过程

（2）正常磨损阶段（*BC*段）

经过初期磨损后，刀具磨损变慢，随着切削时间的增加，磨损量以较均匀的速度增加。刀具磨损进入正常磨损阶段，这是刀具工作的有效阶段。

（3）急剧磨损阶段（*CD*段）

刀具经过正常磨损阶段，后刀面磨损量已达较大数值后，切削刃变钝，切削力增大，切削温度迅速升高，使磨损速度急剧增加，以致刀具损坏而失去切削能力。生产中为合理使用刀具，以保证加工质量，应当在这个阶段到来之前及时重磨或换刀。

7.4.5.4 刀具磨钝标准

为了保证刀具使用时间较长和保证零件加工质量，刀具磨损到一定限度就不能再继续使用，因此对刀具规定了一个允许磨损量的最大值，这个值称为刀具磨钝标准或磨损限度。

刀具磨钝标准一般规定在刀具的后刀面上，以后刀面磨损带中间部分（*B*区）磨损量的平均值*VB*表示。表7-3为国标中规定的高速钢刀具、硬质合金刀具的磨钝标准。

根据加工条件的不同，磨钝标准应有所变化。粗加工应取大值，工件刚性较好或加工大件时应取大值，反之则应取小值。

工件材料与加工条件不同，磨钝标准*VB*值也不同。

（1）经济磨钝标准

经济磨钝标准是根据能使刀具切削时间与可磨或可用次数的乘积最长为原则所制定的磨损限度。从磨损过程曲线可以看出，该磨损限度取在急剧磨损阶段的起始点。

（2）工艺磨钝标准

工艺磨钝标准是在保证工件加工精度和表面粗糙度的条件下所制定的磨损限度。当工件已加工表面的表面粗糙度开始不符合技术要求时，刀具后刀面的磨损尺寸就是工艺的磨损限度。

表7-3 高速钢刀具、硬质合金刀具的磨钝标准

车刀类型	零件材料	加工性质	磨钝标准*VB*/mm	
			高速工具钢刀具	硬质合金刀具
外圆车刀、端面车刀、镗孔刀	碳钢、合金钢	粗车	1.5 ~ 2.0	1.0 ~ 1.4
		精车	1.0	0.4 ~ 0.6
	灰铸铁、可锻铸铁	粗车	2.0 ~ 3.0	0.8 ~ 1.0
		半精车	1.5 ~ 2.0	0.6 ~ 0.8
	耐热钢、不锈钢	粗、精车	1.0	1.0
	淬火钢	精车	—	0.8 ~ 1.0

7.4.5.5 刀具耐用度

（1）刀具耐用度

刀具耐用度是指一把新刃磨的刀具，从开始切削至磨损量达到磨钝标准为止所使用的切削时间，用*T*表示。还可用达到磨钝标准前所加工出的工件数量或切削路程长度表示。

刀具耐用度指的是净切削时间，不包括对刀、测量、快进、回程等非切削时间，用刀具耐用度比用刀具磨钝标准来控制换刀要方便得多，因为生产中采用不时停机来测量刀具磨损量是不现实的，所以生产中广泛采用刀具耐用度。常用车刀的耐用度如表7-4所示。

表7-4　车刀耐用度

刀具材料	硬质合金	高速工具钢	
	普通车刀	普通车刀	成型车刀
耐用度*T*/min	60	60	120

（2）刀具寿命

刀具寿命是指一把新刀具从投入使用，经多次重磨直到报废为止的总切削时间。显然刀具寿命等于刀具耐用度乘以重磨次数。

（3）刀具耐用度的选择原则

切削速度v_c越高，则切削温度越高，单位时间内摩擦表面滑动速度增加，刀具磨损加快，所以刀具耐用度就越短。若刀具耐用度选得过高，则切削速度必须降低，虽然可以减少换刀及磨刀次数，减少刀具的消耗及其费用，但生产效率的降低，也会使生产成本增加；若刀具耐用度选得过低，虽然可以用提高切削速度来使生产率提高，但由于刀具磨损过快而使换刀、刃磨的时间和费用显著增加，经济效益同样也不好。

在实际生产中，合理的刀具耐用度应根据优化目标来确定，一般分如下两种。

1）最高生产率刀具耐用度　是指单件工时最少或单位时间内加工工件最多的刀具耐用度，用T_p表示。

2）最低成本刀具耐用度　是指单件或工序的成本最低时的耐用度，用T_c表示。若换刀时间较长，应确定较高的刀具耐用度，以确保高的生产效率；换刀时间长时，磨刀费用所占比重大时，T_c应取较大值。一般情况下采用T_c作为刀具耐用度的制定标准，但在生产任务紧急或生产线上出现不平衡环节时，也可以采用最高生产率耐用度。

7.5 工件材料的切削加工性

工件材料的切削加工性是指在一定条件下，对某一种材料进行切削加工的难易程度。

7.5.1　衡量金属材料切削加工性的指标

衡量切削加工性的指标可用刀具耐用度、保证刀具耐用度允许的切削速度、切削力、已加工表面的表面质量、断屑难易程度等来表示。在实际生产中，常常只能用某一项指标来反映切削加工性的某一侧面。

（1）切削速度指标v_T

切削速度指标v_T的含义是指当刀具耐用度为*T*时，切削某种材料所允许的切削速度。v_T越高，表示材料的切削加工性越好。通常取T=60min，则v_T可写作v_{60}；对于一些难加工材料，可取T=30min或15min，则v_T可写作v_{30}或v_{15}。

（2）相对加工性指标K_r

相对加工性指标K_r是指以强度σ_b=0.637GPa的45钢的v_{60}作为基准，写作（v_{60}）$_j$，其他被切削的工件材料的v_{60}与之相比的数值。

常用材料的相对加工性K_r分为8级，如表7–5所示。当$K_r>1$时，该材料比45钢容易切削，切削加工性好；当$K_r<1$时，该材料比45钢难切削，切削加工性差。

表7–5 材料相对切削加工性等级

加工性等级	工件材料分类		相对加工性K_r	代表性材料
1	很易切削材料	一般有色金属	>3.0	5–5–5铜铅合金、铝铜合金、铝镁合金
2	容易切削材料	易切削钢	2.5 ~ 3.0	退火15Cr、自动机钢
3		较易切削钢	1.6 ~ 2.5	正火30钢
4	普通材料	一般钢及铸铁	1.0 ~ 1.6	45钢、灰铸铁、结构钢
5		稍难切削材料	0.65 ~ 1.0	2Cr13调质、85钢
6	难加工材料	较难切削材料	0.5 ~ 0.65	45Cr调质、65Mn调质
7		难切削材料	0.15 ~ 0.5	50CrV调质、1Cr18Ni9Ti、某些钛合金
8		很难切削材料	<0.15	某些钛合金、铸造镍基高温合金

7.5.2 影响金属材料切削加工性的因素

（1）材料的硬度和强度

工件材料硬度和高温硬度越高，加工性越差；工件材料强度提高，加工性一般下降。

（2）材料的塑性和韧性

工件材料塑性和韧性越高，加工性越差。

（3）材料的导热性

工件材料的导热系数越低，切削加工性越差。

（4）材料金相组织的影响

金属材料经过淬火等热处理后，其金相组织发生变化，可能得到马氏体、奥氏体和片状珠光体等，这些组织硬度高、强度大，在切削加工时，易使刀具磨损，故切削加工性差。

（5）材料的化学成分

如材料含碳、锰、硅、铬、钼的分量多，则会使材料的硬度提高，切削加工性变差。

7.5.3 改善金属材料切削加工性的措施

（1）对材料进行适当的热处理

将硬度较高的高碳钢、工具钢等材料进行退火处理，以降低硬度，改善切削加工性；将塑性较高的低碳钢材料进行正火或冷拔工艺，以降低塑性，提高硬度，改善切削加工性；中碳钢的组织常常不均匀，有时表面有硬皮，通过正火可使其组织均匀，硬度适中，从而改善切削加工性。

（2）调整金属材料的化学成分

例如在钢中加入适量的硫、铝等元素，使之变成力学性能不降低的易切钢，可以减少切削力，提高刀具耐用度，断屑容易，并可获得较好的表面加工质量。

（3）采用新的切削加工技术

随着切削加工技术的发展，一些新的切削加工方法也相继问世，如加热切削、低温切削、振动切削、在真空中切削、绝缘切削等，都可以有效地解决难加工材料的切削问题。

7.6 金属切削条件的选择

金属切削加工过程中的效率、质量和经济性等问题，除了与机床设备的工作能力、操作者技术水平、工件的形状、生产批量、刀具材料及工件材料的切削加工性有关，还受到切削条件的影响和制约。这些切削条件包括刀具几何参数和刀具的寿命、切削用量及切削过程的冷却润滑等。

7.6.1 刀具几何参数的合理选择

合理选择刀具的几何参数，可充分发挥刀具的切削性能、提高刀具寿命、保证加工质量、提高生产效率和降低生产成本。

刀具几何参数包括：切削刃形状，前、后刀面形状及刃区参数和刀具角度等内容。

7.6.1.1 前角及前面的选择

（1）前角的选择

1）前角γ_0的功用　前角γ_0的大小影响切削刃的锋利程度。增大前角能使切削轻快，从而减少刀具磨损，还能抑制积屑瘤和鳞刺的产生，提高加工质量。但前角过大，会使刀具楔角变小，削弱刀头强度和散热能力，造成刀具磨损加剧，甚至崩刃等现象。

2）前角选择的原则　在保证加工质量和刀具强度的前提下，尽量选用大的前角。

①根据零件材料选取　加工塑性材料时，一般都采用正前角；加工脆性材料时，前角应选小些；零件材料强度和硬度较高时，前角应选小些。

②根据刀具材料选取　选择强度高和韧性好的刀具材料，可选较大的前角；选择强度和韧性差的刀具材料，应选较小的前角。

③根据加工条件选取　粗加工时，应选取较小的前角；精加工时，应选取较大的前角；有冲击的断续切削比连续切削应取较小的前角；当工艺系统刚度较差或机床功率不足时，应取较大前角。表7-6所示为硬质合金车刀前角的合理值。

（2）前面形式

如图7-17所示为刀具前面的几种形式。

表7-6　硬质合金车刀合理前角的参考值

零件材料	合理前角/（°）		零件材料	合理前角/（°）	
	粗车	精车		粗车	精车
低碳钢	20 ~ 25	25 ~ 30	灰铸铁	10 ~ 15	5 ~ 10
中碳钢	10 ~ 15	15 ~ 20	铜及铜合金	10 ~ 15	5 ~ 10
合金钢	10 ~ 15	15 ~ 20	铝及铝合金	30 ~ 35	35 ~ 40
淬火钢	−15 ~ −5		钛合金 $\sigma_b \leqslant 1.77$GPa	5 ~ 10	
不锈钢	15 ~ 20	20 ~ 25			

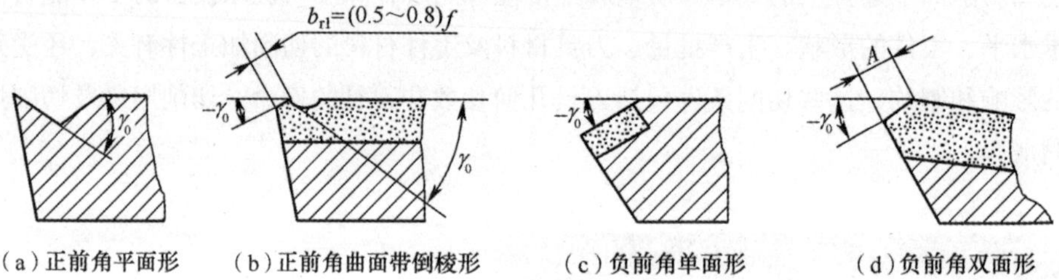

（a）正前角平面形　（b）正前角曲面带倒棱形　（c）负前角单面形　（d）负前角双面形

图7-17　刀具前面形式

1）正前角平面形［图7-17（a）］　其特点是结构简单、制造方便、能获得较锋利的刃口，但强度低、传热能力差。一般用于精加工刀具、成型刀具和加工脆性材料的刀具。

2）正前角曲面带倒棱形［图7-17（b）］　这种形式是在正前角平面带倒棱形的基础上，在前刀面上又磨出一个曲面并在刃口处做出负倒棱，可以选取较大的前角。一般用于粗加工或精加工塑性材料的刀具上。

3）负前角单面形［图7-17（c）］　当磨损主要发生在后刀面上时，常制成负前角单面形，但是负前角会增大切削力和动力消耗。

4）负前角双面形［图7-17（d）］　当磨损同时发生在前、后刀面上时，制成负前角双面形，可使刀片的重磨次数增多。

7.6.1.2　后角的选择

（1）后角的功用

后角α_0的主要作用是减小后刀面与过渡表面和已加工表面之间的摩擦，配合前角调整切削刃的锋利程度和强度。增大α_0能减小后刀面与过渡表面间的摩擦，使切削刃锋利，还可以减小切削刃的钝圆半径，从而减小已加工表面冷硬程度，提高表面质量和刀具寿命。但后角过大，将削弱切削刃的强度和散热能力，容易崩刃，反而会降低刀具寿命。

（2）后角的选择原则

在粗加工时以确保刀具强度为主；在精加工时以保证加工表面质量为主。

1）根据加工条件选取　粗加工时，应选取较小的后角，一般取4°～6°；精加工时，应选取较大的后角，一般取8°～12°；当工艺系统刚度较差时，应选取较小的后角。

2）根据零件材料选取　加工脆性材料或强度和硬度较高的材料时，应选取较小的后角；加工塑性材料或易产生加工硬化时，应选取较大的后角。

3）综合考虑前角选取　当前角选取较大时，后角应在可选择的范围内取较小值；当采用负前角刀具加工高硬度、高强度材料时，后角应在可选择的范围内取较大值。

7.6.1.3　主偏角的选择

（1）主偏角的功用

主偏角κ_r影响各切削分力的比值。当主偏角κ_r增大时，在背吃刀量a_p、进给量f不变的情况下，会使背向力F_p减小，从而避免顶弯工件和工艺系统的振动，提高了工件加工质量和刀具寿命；主偏角κ_r影响切削层的形状，在背吃刀量a_p、进给量f相同的条件下进行切削时，当主偏角κ_r减小时，使切屑变薄，增加散热面积，改善了散热条件。同时作用在主切削刃单位长度上的负荷减轻，刀尖角增大，提高了刀尖强度，也有利于提高刀具寿命；此外，主偏角还影响断屑效果和排屑方向，以及残留面积高度等。

（2）主偏角的选择原则

1）根据工艺系统刚性选取　工艺系统刚性较好时，应选取较小的主偏角，一般取10°～30°；当工艺系统刚度不足时，应选取较大的主偏角，一般取75°，甚至取$\kappa_r \geqslant 90°$。

2）根据零件材料选取　当切削强度和硬度较高的材料时，应选取较小的主偏角。

3）根据加工条件选取　粗加工时，应选取较大的主偏角，如强力切削时，常取$\kappa_r=75°$；单件小批生产或加工带台阶和倒角的零件时，常选取通用性较好的车刀（如45°、90°的偏刀），以减少换刀次数，提高生产率。

7.6.1.4　副偏角的选择

（1）副偏角的功用

副偏角κ'_r主要用来减小副切削刃及副后刀面与已加工表面之间的摩擦。减小副偏角，可降低表面粗糙度值，同时能增大刀尖角，提高刀尖强度和散热能力，延长刀具寿命。但副偏角过小时，会因增大摩擦和背向力而引起振动，降低零件的加工质量。

（2）副偏角的选择原则

1）根据零件材料选取　当切削强度和硬度较高的材料或断续切削时，应选取较小的副偏角，一般取4°～6°；当切削塑性和韧性较大的材料时，应选取较大的副偏角，一般取15°～30°。

2）根据加工条件选取　粗加工时，应选取较大的副偏角；精加工时，应选取较小的副偏角，一般取5°，甚至可取副偏角为0°的修光刀。

3）根据工艺系统刚性选取　工艺系统刚性较好时，应选取较小的副偏角；当工艺系统刚度不足时，为了避免振动，应选取较大的副偏角。

7.6.1.5　刃倾角的选择

（1）刃倾角的功用

1）影响切屑的流向　当刃倾角λ_s=0°时，切屑垂直于切削刃流出；当刃倾角λ_s为负值时，切屑向已加工表面流出，工件已加工表面易被切屑拉毛，但刀尖强度较高；当刃倾角λ_s为正值时，切屑向待加工表面流出，已加工表面不易被拉毛，但刀尖强度较差，如图7-18所示。

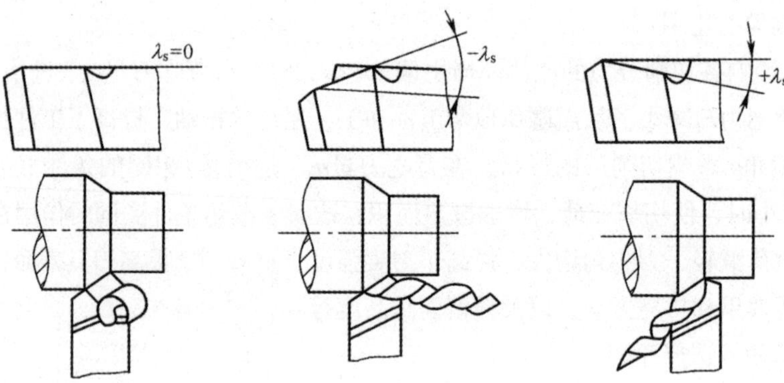

（a）λ_s=0　（b）$-\lambda_s$　（c）$+\lambda_s$

图7-18　刃倾角对切屑流向的影响

2）影响刀尖强度和抗冲击能力　在切削有断续表面的零件时，若刃倾角λ_s为负值，刀尖为切削刃上最低点，切削刃切入工件时首先与工件接触的点是切削刃，而不是刀尖，这样在切削过程中产生的冲击负荷由切削刃承受，保护刀尖免受冲击，并增强了刀尖强度，如图7-19（a）所示；若刃倾角λ_s为正值，刀尖首先接触工件而受到冲击，可能产生崩刃或打刀现象，如图7-19（b）所示。因此，许多大前角刀具常选用负的刃倾角，但背向力有所增大。

3）影响切入切出时的平稳性　在断续切削时，当刃倾角λ_s=0°时，切削刃几乎同时切入和切出工件，切削力突变，冲击较大，会引起振动；当刃倾角λ_s不为零时，切削刃逐渐切入工件和逐渐切出工件，冲击较小，切削较平稳，参见图7-19。

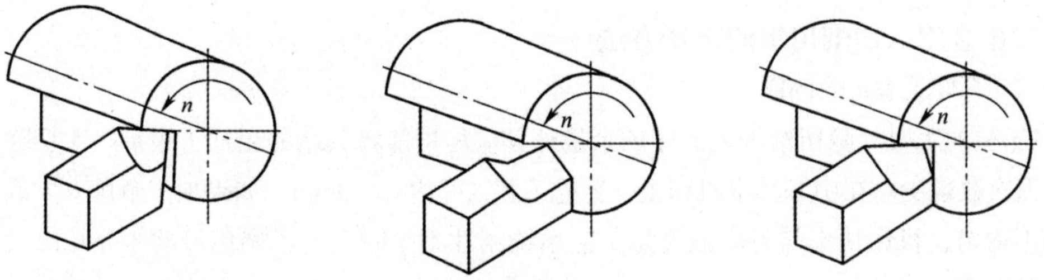

(a) $-\lambda_s$　(b) $+\lambda_s$　(c) $\lambda_s=0°$

图7-19　刃倾角对切削刃接触零件的影响

（2）刃倾角的选择原则

1）粗加工时，应取负刃倾角，一般取0° ~ -5°。

2）精加工时，应取正刃倾角，一般取0° ~ 5°。

3）断续切削时，应取负刃倾角，一般取-10° ~ -15°。

4）在精镗孔、精刨平面时，常常采用很大的刃倾角，一般取30° ~ 75°。

7.6.2　切削用量的合理选择

切削用量的合理选择是指在保证加工质量的前提下，能充分发挥机床、刀具的切削性能，获得高的生产效率和低的加工成本的一种切削用量。

7.6.2.1　切削用量选择的基本原则

应根据不同的加工条件和加工要求综合考虑，合理选择切削用量。

1）生产效率　当背吃刀量a_p、进给量f、切削速度v_c增大时，都能使切削时间减小。但一般情况下应优先增大背吃刀量a_p，以求一次进刀切除全部加工余量，提高生产效率。

2）机床功率　在粗加工时，应尽量增大进给量f，合理使用机床功率。

3）刀具耐用度　对刀具耐用度影响最大的是切削速度v_c，其次是进给量f，影响最小的是背吃刀量a_p，所以优先增大背吃刀量a_p，不但能达到高的生产效率，相对于切削速度v_c与进给量f来说，还能更好地发挥刀具切削性能、降低加工成本。

4）表面粗糙度　在半精加工、精加工时，保证加工质量是确定切削用量应考虑的主要原则。如果提高背吃刀量a_p和进给量f，切削力会变大，容易引起变形和振动；增大进给量f时，还会使已加工表面粗糙度值变大；但背吃刀量a_p、进给量f也不能选得过小，否则会不利于加工表面质量的提高；而提高切削速度v_c，不会增大切削力，并且增大到一定程度后，还会抑制积屑瘤、加工硬化等现象的产生，有利于加工表面质量的提高。

综上所述，粗加工时切削用量选择的原则是：首先选择一个尽量大的背吃刀量a_p，其次选择一个较大的进给量f，最后根据已确定的背吃刀量a_p和进给量f，并在刀具耐用度和机床功率允许条件下，选择一个合理的切削速度v_c；精加工时切削用量选择的原则是：采用较小的背吃刀量a_p和进给量f，在保证加工质量和刀具耐用度的前提下，尽可能采用大的v_c。

7.6.2.2 切削用量的选择方法

（1）背吃刀量a_p的选择

1）粗加工时　除留给下道工序的余量外，应尽可能将其余的粗加工余量一次切除，以使走刀次数最少。在中等功率机床上，背吃刀量a_p可达8～10mm。如果加工余量太大或加工余量不均匀、机床功率与刀具强度等工艺系统刚性不足时，为了避免振动才分几次走刀分切。通常使：

第一次走刀的背吃刀量a_{p1}为　$a_{p1}=(2/3 \sim 3/4)Z$

第二次走刀的背吃刀量a_{p2}为　$a_{p2}=(1/4 \sim 1/3)Z$

2）精加工时　背吃刀量的选择，原则上一次进给切除全部余量。半精加工时，通常取a_p=0.5～2mm，精加工时，通常取a_p=0.1～0.4mm。但当使用硬质合金刀具时，考虑到刀尖圆弧半径与刃口圆弧半径的挤压和摩擦作用，背吃刀量不宜过小，一般大于0.5mm。

（2）进给量f的选择

1）粗加工时　当背吃刀量a_p确定以后，在不损坏刀具的刀片和刀杆，不超出机床进给机构强度，不顶弯工件和不产生振动等条件下，应选取一个最大的进给量f，见表7–7。

2）精加工时　进给量f的大小主要受表面粗糙度的限制。在预定切削速度v_c、刀尖圆弧半径的情况下，按照图样要求的表面粗糙度值的大小，选择进给量f，然后对照机床说明书上的进给量，选取相等的或低挡相近的进给量，见表7–8。

表7–7　硬质合金车刀粗车外圆及端面的进给量

零件材料	车刀刀杆尺寸/mm	零件直径/mm	背吃刀量/mm				
			≤3	>3～5	>5～8	>8～12	>12
			进给量f/（mm/r）				
碳素结构钢、合金结构钢及耐热钢	16×25	20	0.3～0.4	—	—	—	—
		40	0.4～0.5	0.3～0.4	—	—	—
		60	0.5～0.7	0.4～0.6	0.3～0.5	—	—
		100	0.6～0.9	0.5～0.7	0.5～0.6	0.4～0.5	—
		400	0.8～1.2	0.7～1.0	0.6～0.8	0.5～0.6	—
	20×30 25×25	20	0.3～0.4	—	—	—	—
		40	0.4～0.5	0.3～0.4	—	—	—
		60	0.6～0.7	0.5～0.7	0.4～0.6	—	—
		100	0.8～1.0	0.7～0.9	0.5～0.7	0.4～0.7	—
		400	1.2～1.4	1.0～1.2	0.8～1.0	0.6～0.9	0.4～0.6
铸铁及铜合金	16×25	40	0.4～0.5	—	—	—	—
		60	0.6～0.8	0.5～0.8	0.4～0.6	—	—
		100	0.8～1.2	0.7～1.0	0.6～0.8	0.5～0.7	—
		400	1.0～1.4	1.0～1.2	0.8～1.0	0.6～0.8	—

续表

零件材料	车刀刀杆尺寸/mm	零件直径/mm	背吃刀量/mm				
			≤3	>3～5	>5～8	>8～12	>12
			进给量f/（mm/r）				
铸铁及铜合金	20×30 25×25	40	0.4～0.5	—	—	—	—
		60	0.6～0.9	0.5～0.8	0.4～0.7	—	—
		100	0.9～1.3	0.8～1.2	0.7～1.0	0.5～0.8	—
		400	1.2～1.8	1.2～1.6	1.0～1.3	0.9～1.1	0.7～0.9

注：1. 加工断续表面及有冲击的零件时，表内进给量应乘系数K=0.75～0.85；

2. 在无外皮加工时，表内进给量应乘系数K=1.1；

3. 加工耐热钢及其合金时，进给量不大于1mm/r；

4. 加工淬硬钢，进给量应减小。当钢的硬度为44～56HRC时，乘系数0.8；当钢的硬度为57～62HRC时，乘系数0.5。

表7-8　按表面粗糙度值选择进给量的参考值

零件材料	表面粗糙度 Ra/μm	切削速度范围 v_c/（m/min）	刀尖圆弧半径r_ε/mm		
			0.5	1.0	2.0
			进给量f/（mm/r）		
铸铁、铝合金、青铜	10～5	不限	0.25～0.40	0.40～0.50	0.50～0.60
	5～2.5		0.15～0.25	0.25～0.40	0.40～0.60
	2.5～1.25		0.10～0.15	0.15～0.20	0.20～0.35
碳素钢及合金钢	10～5	<50	0.30～0.50	0.45～0.60	0.55～0.70
		>50	0.40～0.55	0.55～0.65	0.65～0.70
	5～2.5	<50	0.18～0.25	0.25～0.30	0.30～0.40
		>50	0.25～0.30	0.30～0.35	0.35～0.50
	2.5～1.25	<50	0.10	0.11～0.15	0.15～0.22
		50～100	0.11～0.16	0.16～0.25	0.25～0.35
		>100	0.16～0.20	0.20～0.25	0.25～0.35

（3）切削速度v_c的选择

粗加工时，切削速度v_c受刀具耐用度和机床功率的限制；精加工时，主要考虑加工精度和表面质量，要避开易产生积屑瘤和鳞刺的中低速，一般采用高速。

在背吃刀量a_p和进给量f确定以后，根据规定达到的合理刀具耐用度值，可以由有关公式计算或查有关手册来确定切削速度v_c。

（4）机床功率校验

切削加工时，切削用量还受到机床功率的限制。因此，选定了切削用量a_p、f和v_c后，尚需校验机床功率是否足够。机床有效功率P'_E可按式（7-10）计算。

$$P'_E=P_E\eta_m \quad (7\text{-}10)$$

式中 P_E——机床电动机功率，kW；

η_m——机床传动效率，一般取0.75～0.85。

如果$P_c<P'_E$，则所选切削用量可在指定机床上使用；如果$P_c \ll P'_E$，则机床功率未充分发挥，这时可规定较小的刀具耐用度或采用切削性能更好的刀具材料，以提高切削速度使切削功率增大；如果$P_c>P'_E$，则所选切削用量不能在指定的机床上使用，此时应更换功率较大的机床，或者根据所限制的机床功率降低切削用量，这时机床功率虽然得到充分利用，但刀具材料的切削性能未能充分发挥。

7.6.3 切削液的合理选择

合理地选择与使用切削液，可以改善刀具与工件、切屑之间的摩擦状况，降低切削力和切削温度，减少刀具磨损，从而提高刀具耐用度，改善已加工表面质量和提高加工精度。

（1）切削液的作用

切削液在加工中起冷却、润滑、排屑、清洗和防锈作用。

（2）切削液的种类

1）水溶液　是指以水为主要成分的切削液，冷却性能最好，但其润滑性能差，又易使金属材料生锈，所以在实际使用中常加入一定的添加剂（如亚硝酸钠、硅酸钠、皂类等），使其具有良好的防锈性能和一定的润滑性能，以增加水溶液的润滑作用。

2）乳化液　是指用乳化油加95%～98%的水稀释而成的一种切削液，乳化油由矿物油、乳化剂配制而成，其外观呈乳白色或半透明状，具有良好的冷却性能。但因含水量较大，润滑、防锈性能较差，故应加入一定量的油性、极压和防锈添加剂，以提高其润滑和防锈性能。

3）切削油　其主要成分是矿物油。在实际使用中，由于其不能形成牢固的吸附膜，润滑能力较差，所以在低速切削有色金属及磨削中，加入油性添加剂；在重切削及难加工材料的切削加工中，加入极压添加剂。

（3）切削液的选用

切削液种类很多，性能各异，应根据工件材料、刀具材料、加工方法和技术要求合理选择，才能收到良好的效果。

1）粗加工时切削液的选择　粗加工时，应选用以冷却为主的切削液。高速钢刀具的红硬性差，所以其在切削时必须使用切削液，如可选用3%～5%的乳化液和水溶液；硬质合金刀具的耐热性好，热裂较敏感，一般不用切削液，若要使用切削液，可用低浓度的乳化液或水溶液，并且必须连续、充分地浇注，否则因骤冷骤热，产生的内应力使刀片产生裂纹；陶瓷刀具因热裂很敏感，一般不用切削液。

2）精加工时切削液的选择　精加工时，使用切削液的主要目的是减小工件表面粗糙度和提高加工精度，降低刀具磨损。如高速钢刀具在中、低速切削时，因摩擦较严重，应选用润滑性能好的极压切削油或高浓度的极压乳化液；硬质合金刀具在高速切削时，应选用以冷却为主的低浓度乳化液，改善润滑效果。

3）切削难加工材料时切削液的选择　切削高强度钢、高温合金等难加工材料时，由于这些材料硬质点多，热导率低，切削热不易散出，刀具磨损较快，所以对切削液的要求以冷却、润滑为主，应选用极压切削油或极压乳化液。

4）切削铜和铜合金时切削液的选择　因硫会腐蚀铜，所以切削铜和铜合金时一般不用含硫的切削液。

5）切削铝和铝合金时切削液的选择　切削铝和铝合金时不宜用水溶液和硫化切削油及含氯的切削液。因高温时水会使铝产生针孔；硫化切削油与铝形成强度高于铝本身的化合物，会增大刀具和切屑间的摩擦，不能起到润滑作用。

6）切削镁合金时切削液的选择　因镁和水作用会产生氢气，在切削高温中会燃烧，甚至发生爆炸引起大型事故，所以在切削镁合金时严禁用水溶液和乳化液，一般可用矿物油。

常用切削液的种类和选用如表7–9所示。

表7–9　切削液的种类和选用

序号	名称	组成	主要用途
1	水溶液	硝酸钠、碳酸钠等溶于水的溶液，用100～200倍的水稀释	磨削
2	乳化液	表面活性剂为主，矿物油含量少的乳化油，用40～80倍的水稀释	车削、钻孔
		矿物油为主，表面活性剂含量少的乳化油，用10～20倍的水稀释	车削、攻螺纹
		在乳化液中加入极压添加剂	高速车削、钻削
3	切削油	矿物油单独使用	滚齿、插齿
		矿物油加植物油或动物油形成的混合油	精密螺纹车削
		矿物油或混合油中加入极压添加剂形成的极压油	高速滚、插齿等
4	其他	液态的CO_2	—
		二硫化钼+硬脂酸+石蜡做成蜡笔，涂于刀具表面	

习题

7-1 什么叫金属切削加工？

7-2 什么叫切削运动？

7-3 在切削过程中，工件上形成了哪三个表面？

7-4 什么是切削用量三要素和切削层参数？在外圆车削中两者有什么关系？

7-5 车刀的切削部分一般是由哪三面二刃一尖所组成？试解释其含义。

7-6 什么叫基面和切削平面？基面和切削平面有何关系？

7-7 刀具切削部分的几何角度有哪些？说出其含义。前角、后角、刃倾角的正、负是如何规定的？

7-8 已知一外圆车刀切削部分的几何角度为：γ_o=15°、α_o=α'_o=8°、κ_r=75°、κ'_r=15°、λ_s=−5°，请绘出该刀具切削部分工作图。

7-9 车刀立体图如图7-20所示，按序号写出加工时其各组成部分的名称，并在相应的刀具角度图上标出主偏角、前角、后角、副后角、刃倾角和副偏角。

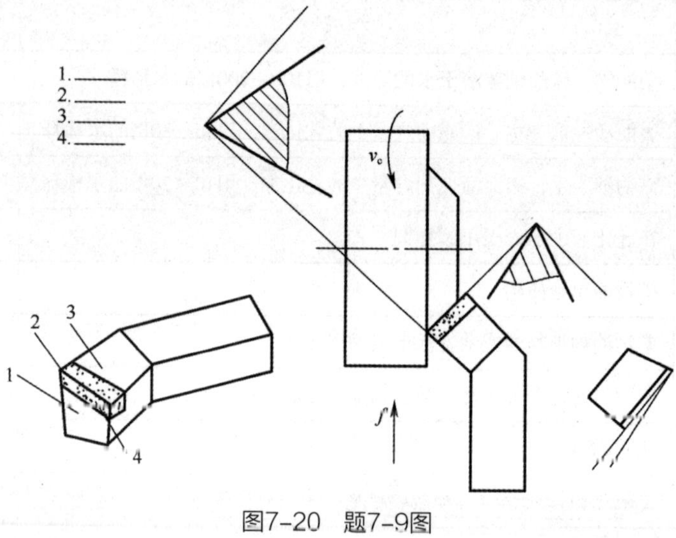

图7-20 题7-9图

7-10 当用主偏角κ_r=45°的车刀车削外圆时，零件加工前直径d_w=80mm，加工后的直径d_m=70mm，零件转速n=400r/min，刀具每分钟沿零件轴向的进给速度v_f=160mm/min，试求背吃刀量a_p、进给量f、切削速度v_c、切削层公称厚度h_D、切削层公称宽度b_D、切削层公称横截面积A_D。

7-11 刀具切削部分材料应具备哪些性能?

7-12 常用的刀具材料分为哪几种类型?

7-13 高速钢刀具材料主要用于制作哪些刀具?

7-14 硬质合金有几种类型?其主要牌号有哪些?各自的用途又如何?

7-15 试比较硬质合金和高速钢性能的主要区别。

7-16 常见的切屑形态有哪几种?它们一般在什么条件下形成?

7-17 常见的卷屑和断屑措施有哪些?试比较它们的优缺点。

7-18 试述背吃刀量a_p、进给量f、切削速度v_c对切削力的影响规律。

7-19 前角γ_o和主偏角κ_r对切削力的影响规律是怎样的?

7-20 什么叫磨钝标准?制定刀具磨钝标准时，应考虑哪些因素?

7-21 什么叫刀具耐用度?它与磨钝标准有什么关系?

7-22 刀具磨损有哪几种可能的形式?各产生在什么切削条件下?

7-23 刀具的磨损分哪几个阶段?试述各阶段磨损的特征及原因。

7-24 试述切削用量三要素对刀具寿命的影响规律。

7-25 什么是工件材料的切削加工性?影响材料切削加工性的主要因素有哪些?

7-26 如何改善工件材料的切削加工性?

7-27 切削液的作用有哪些?切削液分为哪几类?各有何特点?

7-28 在加工中如何合理选择切削液?

7-29 选择切削用量的原则是什么?

7-30 如何选用合理的刀具切削角度?

第 8 章

机械零件表面加工

8.1 金属切削机床的分类及型号编制

金属切削机床是指采用切削的方法，以切除金属毛坯（或半成品）的多余金属，使之成为符合图样要求的形状、尺寸精度和表面质量零件的一种机器设备。通常简称为机床。

8.1.1 机床的分类

机床的分类方法很多，最基本的是按加工方法和所用刀具及其用途进行分类。根据国家制定的机床型号编制方法，目前将机床共分为12大类，见表8-1。在每一类机床中，又按工艺特点、布局形式和结构性能等分为10组，每组又分为10系。

表8-1　机床的类别代号

类别	车床	钻床	镗床	磨床			齿轮加工机床	螺纹加工机床	铣床	刨插床	拉床	特种加工机床	锯床	其他机床
代号	C	Z	T	M	2M	3M	Y	S	X	B	L	D	G	Q
读音	车	钻	镗	磨	二磨	三磨	牙	丝	铣	刨	拉	电	割	其

按工件大小和机床重量可分为仪表机床、中小型机床、大型机床、重型机床和超重型机床；按加工精度可分为普通精度机床、精密机床及高精度机床；按自动化程度可分为手动操作机床、半自动机床和自动机床；按机床的适用范围，又可分为通用机床、专门化机床和专用机床；按机床主要部件的数目可分为单轴、多轴、单刀和多刀机床等。

8.1.2 机床的型号编制

机床的型号是用汉语拼音字母和阿拉伯数字按一定规律组合而成的，用来表示机床的类型、主要技术参数、通用特性和结构特性等。我国的机床型号是按照GB/T 15375—2008《金属切削机床　型号编制方法》的规定编制的。通用机床型号的表示方法如下：

其中，有“( )”的代号或数字无内容时不表示，有内容时则应不带括号；有“○”符号者，为大写的汉语拼音字母；有“△”符号者，为阿拉伯数字。

（1）机床的类别代号

机床的类别代号用该类机床名称的汉语拼音的第一个大写字母表示。当需要时，类以下还可以分若干分类，分类代号用阿拉伯数字表示，置于类代号之前，但第一分类不予表示，如磨床类分为M、2M、3M三个分类。机床的类别代号见表8-1。

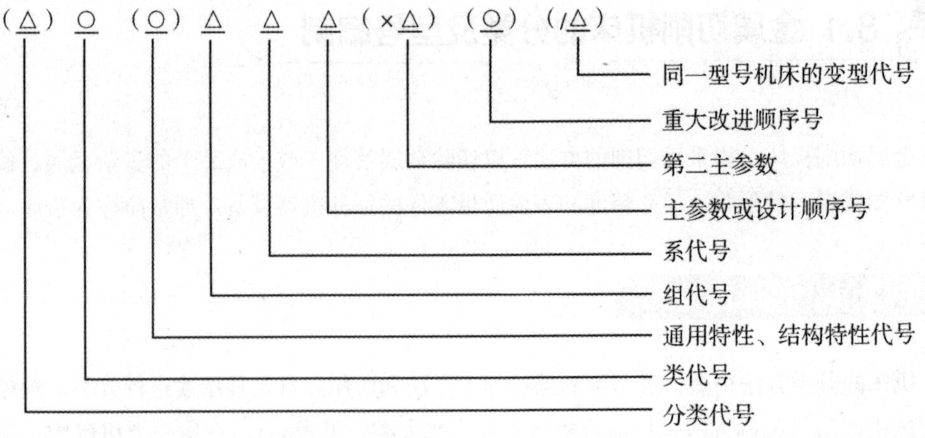

（2）机床的特性代号

1）通用特性代号　当某类机床除有普通型外，还有某种通用特性时，则在类别代号之后加上相应的特性代号予以区别，如CM6132型精密卧式车床型号中的“M”表示“精密”；如某类机床仅有某种通用特性，而无普通型时，则此通用特性代号不予表示，如C1312型单轴六角自动车床，没有普通型，本身就是自动机床。通用特性代号见表8-2。

表8-2　通用特性代号

通用特性	高精度	精密	自动	半自动	数控	加工中心（自动换刀）	仿形	轻型	加重型	简式或经济型	柔性加工单元	数显	高速
代号	G	M	Z	B	K	H	F	Q	C	J	R	X	S
读音	高	密	自	半	控	换	仿	轻	重	简	柔	显	速

2）结构特性代号　为了区别主参数相同而结构不同的机床，在型号中加结构特性代号予以区分，它在型号中没有统一的含义。当型号中有通用特性代号时，结构特性代号应排在通用特性代号之后。如CA6140型卧式车床型号中的“A”，表示CA6140型卧式车床在结构上有别于C6140型卧式车床。

（3）机床的组、系代号

机床的组、系代号分别用一个数字表示。每类机床按其结构性能及使用范围划分为10个组，用数字0～9表示。每组又分为10个系，用数字0～9表示。在同类机床中，主要布局或使用范围基本相同的机床，即为同一组；在同一组机床中，主参数相同，并按一定公比排列，基本结构及布局也相同的机床，即为同一系。各类机床的组、系代号及划分可查阅有关资料。

（4）机床主参数、设计顺序号和第二主参数

机床主参数是表示机床的规格大小，反映机床最大工作能力的一个重要技术参数。通用机床的主参数已由机床的系列型谱规定。主参数用实际值或折算系数（1/10或1/100）表示，位于系代号之后，如表8-3所示。

表8-3　　几种常用机床主参数名称及折算系数

机床名称	主参数	主参数折算系数	机床名称	主参数	主参数折算系数
卧式车床	床身的最大回转直径	1/10	立式升降台铣床	工作台面宽度	1/10
摇臂钻床	最大钻孔直径	1	卧式升降台铣床	工作台面宽度	1/10
外圆磨床	最大磨削直径	1/10	龙门刨床	最大刨削宽度	1/100
卧式坐标镗床	工作台面宽度	1/10	牛头刨床	最大刨削长度	1/10

某些通用机床，当无法用一个主参数表示时，则在型号中用设计顺序号表示，设计顺序号由01开始。如某厂设计试制的第五种仪表磨床为刀具磨床，因无法用主参数表示，所以用设计顺序号“05”表示，即型号为M0605。

第二主参数一般是指主轴数、最大跨距、最大零件长度、最大模数、工作台工作面长度等。第二主参数也用折算系数表示，位于主参数之后，并用“×”分开，读作“乘”。多轴机床的主轴数是必须表示的，应以实际的轴数标于主参数之后，并用“·”分开，读作“点”。

（5）机床的重大改进顺序号

当机床的性能及结构有重大改进，并按新产品重新设计、试制和鉴定时，应分别用字母A、B、C…在原机床型号的最后表示设计改进的次序。

（6）机床的变型代号

某些专门用途的通用机床，需要按不同的加工对象，在基本型号机床的基础上，仅改变机床的部分结构性能，则在原机床型号后加1、2、3…数字，并用“/”分开，读作“之”，以便与原机床型号区分。

8.2 外圆表面加工

外圆表面是轴类、盘套类零件的主要表面或辅助表面，常用的加工方法有车削和磨削。

8.2.1 外圆表面的车削加工

8.2.1.1 外圆表面车削加工的形式和加工精度

车削外圆的主要形式如图8-1所示。一般分为粗车、半精车、精车。

1）粗车　其目的是去掉工件大部分的加工余量，以达到较高的生产率，并为后续加工做好准备。粗车外圆表面也可以作为不重要零件或次要表面的最终加工。一般粗车加工精度可达IT10～IT13，表面粗糙度Ra为6.3～12.5μm。

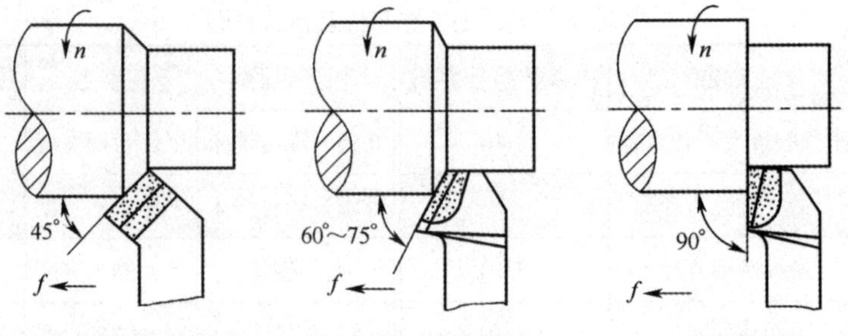

（a）45° 弯头车刀车外圆　（b）75° 车刀车外圆　（c）90° 弯头车刀车外圆

图8-1　车削外圆的形式

2）半精车　其主要目的是为工件的精加工做准备，也可以作为中等精度的外圆表面的最终加工工序。半精车的加工精度可达IT9～IT10，表面粗糙度*Ra*为3.2～6.3μm。

3）精车　可作为表面加工的最终工序或光整加工的预加工。精车的加工精度可达IT7～IT8，表面粗糙度*R*a为0.8～3.2μm。

8.2.1.2　外圆表面车削加工设备及工艺特点

（1）外圆表面车削加工设备

车削加工外圆表面可分别在卧式车床（图8-2）、立式车床、转塔车床、多刀自动和半自动车床、各种专用车床、数控车床和车削加工中心等机床上进行。

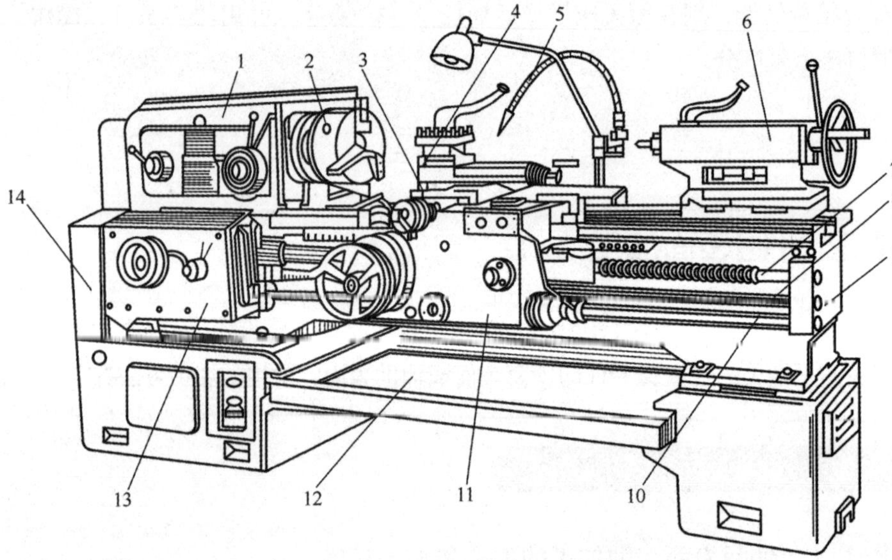

1—主轴箱；2—卡盘；3—滑板；4—刀架；5—冷却液管；6—尾座；7—丝杠；8—光杠；9—床身；10—操纵杆；11—溜板箱；12—盛液箱；13—进给箱；14——挂轮箱。

图8-2　CA6140型卧式车床外形图

（2）车削的工艺特点

车削具有生产效率高、应用广泛和加工的材料范围广等工艺特点。

（3）CA6140型卧式车床

1）机床的工艺范围　CA6140型卧式车床的工艺范围很广，能适用于各种回转表面的加工，如车削内外圆柱面、圆锥面、环槽及成型回转面；车削端面及各种常用螺纹；还可进行钻孔、铰孔、扩孔、滚花、绕弹簧、攻螺纹和套螺纹等加工，如图8-3所示。卧式车床的万能性较大，但结构复杂，自动化程度较低，因此适用于单件小批生产及修理车间。

2）机床的主要组成部件　如图8-2所示是CA6140型卧式车床的外形图，其主要组成部件为主轴箱、进给箱、溜板箱、刀架部件、滑板、尾座、挂轮箱和床身等。

3）机床的运动情况

①主运动　主轴的回转运动。

②进给运动　刀具的纵向、横向移动。

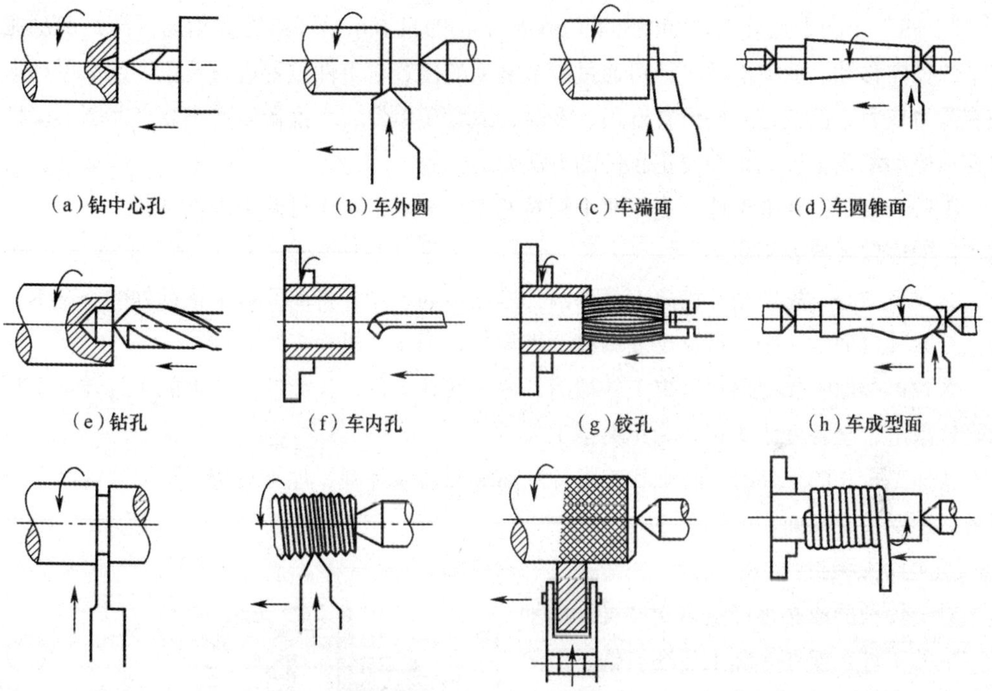

图8-3　CA6140卧式车床的加工方法

8.2.1.3　外圆车削工件的装夹方法

车削时，必须把工件装夹在车床夹具上，经过校正、夹紧，使它在整个加工过程中始终保持正确的位置。由于工件的形状、数量和大小的不同，装夹方法有很多种。

（1）卡盘装夹

卡盘有三爪自定心卡盘和四爪单动卡盘两种。

1）三爪自定心卡盘是安装一般工件的通用夹具。它的构造如图8-4（a）所示，三只卡爪均匀分布在卡盘的圆周上，能同步沿径向移动，实现对工件的夹紧或松开。三爪自定心卡盘能自动定心（定位），装夹工件时一般不需要找正，但在装夹稍长的工件时，因工件的远端处中心不一定与车床主轴轴心线一致，所以要校正。三爪自定心卡盘装夹工件方便、快速，但夹紧力较小，适用于装夹中小型圆柱形、正三边形或正六边形工件。安装工件的步骤如下。

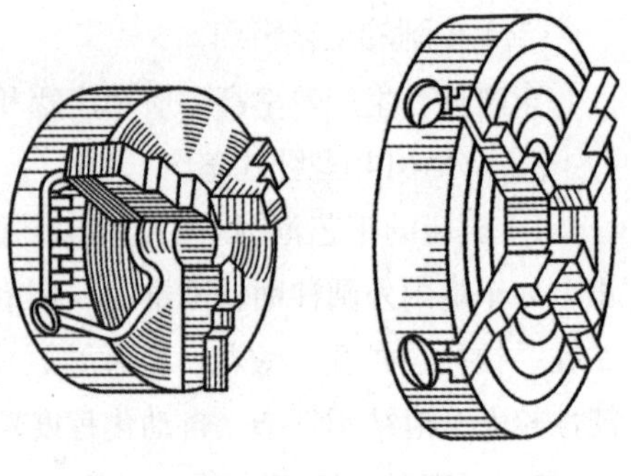

（a）三爪自定心卡盘　（b）四爪单动卡盘

图8-4　卡盘

①把工件放正在卡爪间，轻轻夹紧。工件夹持长度一般不小于10mm。

②开动机床，使主轴低速旋转，检查工件是否偏摆。如偏摆，则应停车，用小锤轻敲校正后，将工件固紧。

2）四爪单动卡盘的构造如图8-4（b）所示，四只卡爪沿圆周方向均匀分布，卡爪能逐个单独径向移动，装夹工件时，可通过调节卡爪的位置对工件位置进行校正。四爪单动卡盘的夹紧力较大，但校正工件位置麻烦、费时，适宜于单件、小批量生产中装夹非圆形工件。在四爪单动卡盘上，用划针校正工件的方法如下：

①松开卡爪，装上工件，先用两个相对的卡爪夹紧，再用另两个卡爪夹紧。夹紧时，应使工件的位置大致差不多。

②找正中心。先使划针稍离工件外圆，慢慢转动卡盘，将离开针尖最远处的一个卡爪松开，拧紧其对面的一个卡爪，反复调整，直至找正为止，最后夹紧工件。

③找正端面。先使划针稍离工件端面，慢慢转动卡盘，在离针尖最近的工件端面上用小锤轻轻敲击，至各处距离相等为止夹紧工件。

④加工较长的工件时，必须找正工件的前端和后端外圆；加工较短工件时，除找正外圆以外，还要找正端面。

（2）顶尖装夹

对于较长的或必须经过多次装夹才能加工完成的工件，或在车加工后还有铣、磨等工序的工件，为了保证重复定位精度的要求，这时可采用两顶尖装夹工件的方法，如图8-5所示。

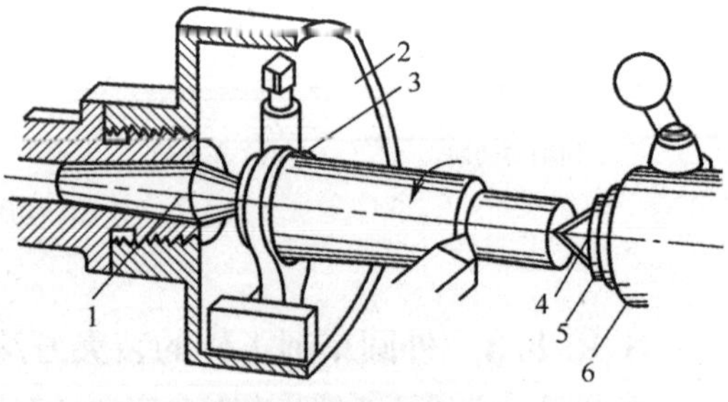

1—前顶尖；2—拨盘；3—鸡心夹头；4—尾顶尖；5—尾座套筒；6—尾座。

图8-5　用顶尖安装工件

前顶尖插入主轴锥孔，尾顶尖插入尾座套筒锥孔，两顶尖支承及定位预制有中心孔的工件。由于顶尖工作部位细小，支承面较小，装夹不够牢靠，不宜采用大的切削用量加工。

在粗加工时，为提高生产效率，常采用大的切削用量，切削力很大，而粗加工时工件的位置精度要求不高，这时常采用主轴端用卡盘，尾座端用顶尖的“一夹一顶”的装夹方法。

（3）中心架、跟刀架辅助支承

当车削$l/d>10$的细长轴时，为了增加工件的刚度，避免工件在加工中弯曲变形，常使用中心架或跟刀架作辅助支承。

如图8-6（a）所示为中心架及其使用示意图。使用时，中心架固定在床身导轨的适当位置，调节三个支承爪支承在工件的已加工表面上。中心架除用于加工外圆，还可以用于较长轴的车削端平面、钻孔或车削内孔。

如图8-6（b）所示为跟刀架及其使用示意图。跟刀架安装在床鞍上，车削时随床鞍和刀架一起纵向移动，两个可调节的支承块支承在工件的已加工表面上。

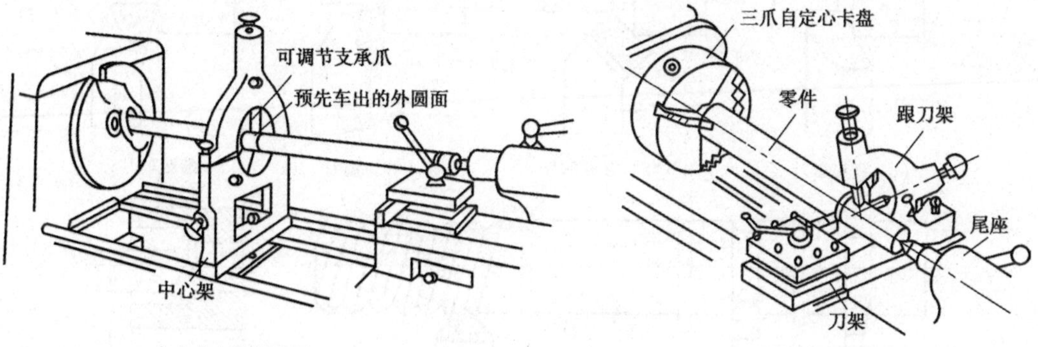

图8-6　中心架、跟刀架的应用

（4）心轴装夹

当盘套类零件的内外圆同轴度和端面对轴线垂直度要求较高，且不能在同一次装夹中加工时，可采用心轴装夹。其方法是：先精加工内孔，再以内孔定位将工件安装在心轴上，然后再把心轴安装在前后顶尖之间，如图8-7所示。采用这种装夹方法时，零件内孔精加工的尺寸精度越高，则加工后外圆与内孔间的位置精度就越高。

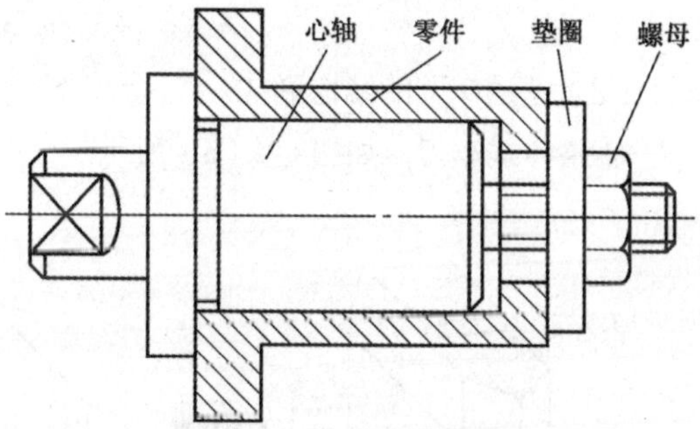

图8-7　零件用心轴装夹

8.2.1.4　车刀的结构形式

车刀样式很多，按车刀的用途可分为普通车刀和成型车刀，现只介绍普通车刀。

（1）普通车刀的种类、形状和用途

①外圆车刀　外圆车刀主要用于车削圆柱形或圆锥形外表面。

主偏角$\kappa_r=45°$的车刀如图8-8（a）、（b）所示，既可以车削外圆，也可以车削端面和倒角，是一种通用性很好的车刀；主偏角κ_r=75°的强力车刀，用于大切深（a_p=30～35mm）和大进给（f=1～1.5mm/r）的车削外圆；主偏角κ_r=90°的车刀如图8-8（c）所示，用来车削外圆、阶台和端面，还可以车削细长轴；主偏角κ_r=93°的车刀，主要用于车削细长轴。

②端面车刀　端面车刀如图8-8（d）所示，专门用于车削工件的端面。

③切断刀和切槽刀　切断刀如图8-8（e）所示，切槽刀如图8-8（f）所示，用来切断工件或在工件上切沟槽。

④螺纹车刀　螺纹车刀如图8-8（g）所示，用来车削螺纹。

⑤内孔车刀　内孔车刀如图8-8（h）所示，用来车削工件的内孔。

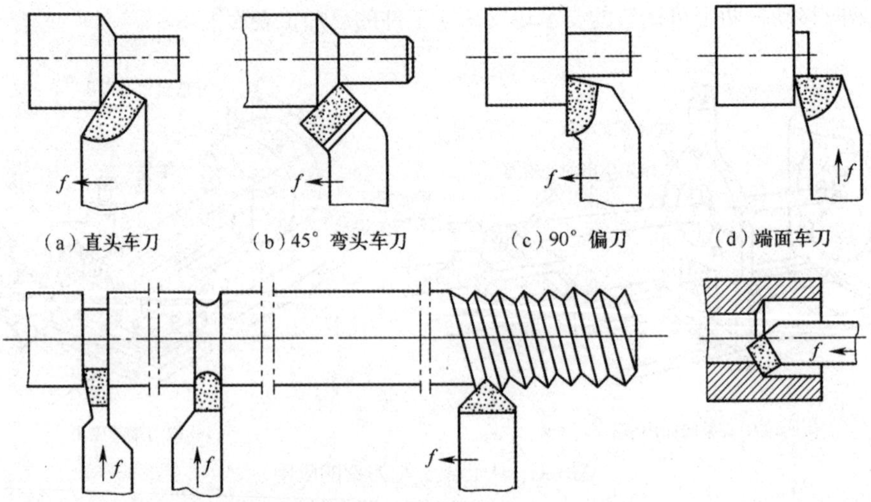

（a）直头车刀　（b）45° 弯头车刀　（c）90° 偏刀　（d）端面车刀

（e）切断刀（f）圆弧槽车刀　（g）螺纹车刀　（h）内孔车刀

图8-8　普通车刀的种类、形状和用途

（2）普通车刀的结构形式

①整体式车刀　如图8-9（a）所示。

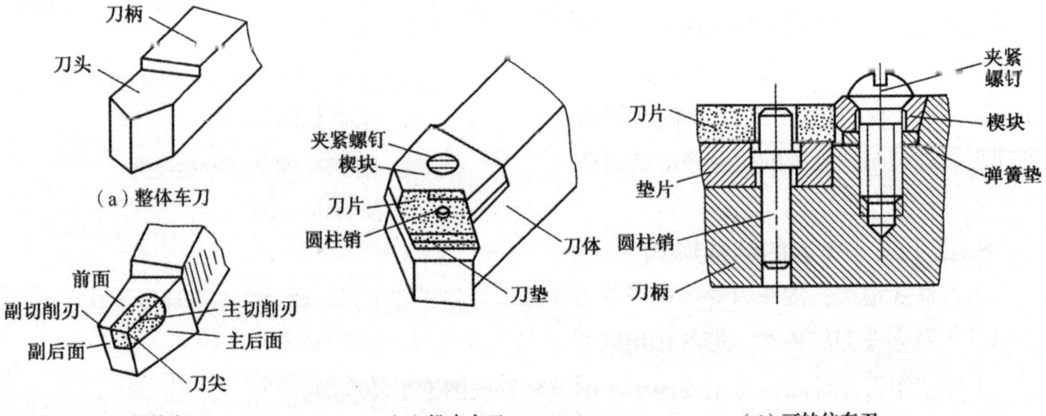

（a）整体车刀　（b）焊接车刀　（c）机夹车刀　（d）可转位车刀

图8-9　车刀的结构形式

②焊接式硬质合金车刀　如图8–9（b）所示。

③机夹式硬质合金车刀　如图8–9（c）所示。

④机夹可转位车刀　如图8–9（d）所示。

8.2.1.5　车刀的装夹

1）车刀的伸出长度不宜太大。伸出刀架的长度一般应不超过刀杆高度的1～2倍。

2）车刀刀尖一般应与车床主轴轴线等高，但在粗车外圆时刀尖应略高于工件轴线，精车细长轴外圆时刀尖应略低于工件轴线。

3）车刀刀杆应与主轴轴线垂直。

4）刀杆下面的垫片要平整，垫片要和刀架对齐，应尽可能用厚的垫片。

8.2.1.6　车削基本方法

（1）车外圆

在车削加工中，车外圆是最常见、最基本的加工方法，可分为粗车和精车。

1）粗车　粗车时先选取较大的背吃刀量，其次取较大的进给量，最后确定切削速度。初学车削时，其切削用量取为a_p=0.5～1.5mm；f=0.1～0.3mm/r；用高速钢车刀时，v_c=0.3～0.8m/s，用硬质合金车刀时，v_c=0.6～1m/s。粗车外圆常采用45°弯头车刀或75°偏刀。

2）精车　精车的切削用量一般取：a_p=0.2～0.5mm，f=0.1～0.3mm/r，v_c<0.1m/s或v_c>1.6m/s。精车外圆常采用90°偏刀或宽刃精车刀。

（2）车端面及阶台

1）车端面　车端面常采用偏刀或45°弯头车刀，如图8–10所示。车刀安装时，刀尖高度一定要与工件回转轴线等高，以免车出的端面中心留有凸台。车端面时，车刀一般是由外往中心切削。但当用偏刀车削且背吃刀量较大时，进给方向的切削力会使车刀扎入工件，形成凹面，这时可采用从中心向外走刀。为了降低端面的表面粗糙度值，精车端面时，应用偏刀由外向中心进刀。

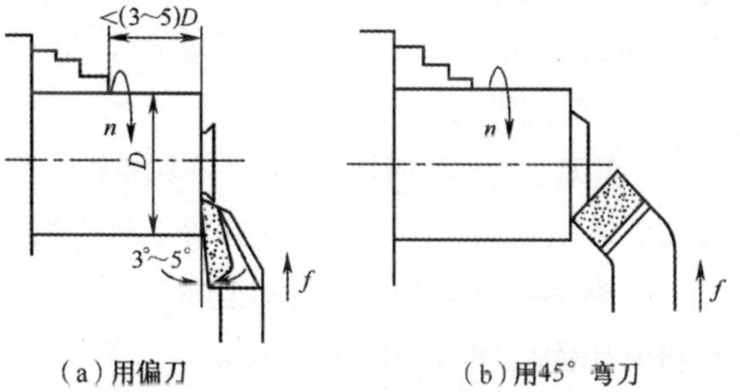

（a）用偏刀　（b）用45°弯刀

图8–10　车削端面的方法

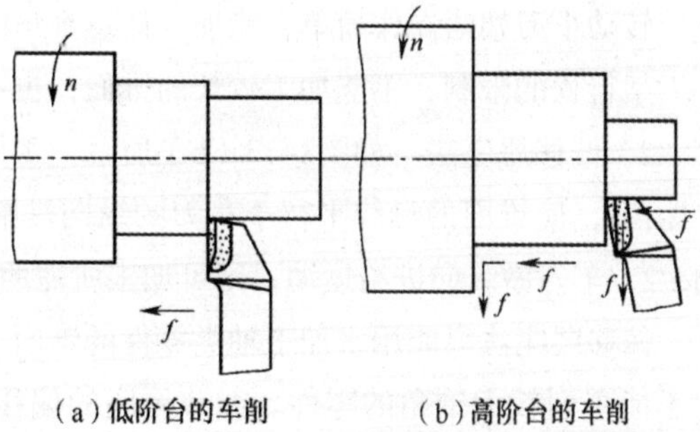

（a）低阶台的车削　（b）高阶台的车削

图8–11　阶台的车削

2）车阶台　阶台的车削实际上是车外圆和车端面的综合，在车削时需要兼顾外圆的尺寸精度和阶台长度的要求。车削低阶台时，可用90°右偏刀一次走刀车出，为了保证车刀的主切削刃垂直于工件轴线，装刀时要用角尺对准，以获得直角阶台，如图8–11（a）所示。车削高阶台时，应分层切削，先用75°的车刀切除阶台的大部分加工余量，然后用90°～95°的偏刀分几次走刀完成，如图8–11（b）所示。车削阶台时，一般先纵向进给车外圆，到阶台处时，再由内向外横向进给车削阶台平面，以保证阶台平面与外圆轴线垂直。可采用刻线痕、溜板箱刻度盘控制、挡铁定位等方法来保证阶台的轴向长度。

（3）车槽和切断

1）车槽　用车削方法加工工件的槽称为车槽。车削5mm以下的窄槽时，可用主切削刃宽度等于槽宽的切槽刀，在横向进给中一次车出。车削宽槽时，可以分几次进给来完成，车第一刀时，先用钢尺量好距离，横向进给车一条槽后，把车刀退出工件，向前移动再横向进给继续车削，最后一次横向进给后再纵向进给精车槽底。

2）切断　切断时使用切断刀，其刀头的长度L应稍大于实心工件的半径或空心工件、管料的壁厚h（图8–12），刀头宽度应适当。切断实心工件时，其刀尖应与工件轴线等高，切断空心工件、管料时，其刀尖应稍低于工件轴线。在切断过程中，应适当减小切削用量，并采用切削液。工件切断时一般用卡盘装夹，切断位置离卡盘要近些，以免引起工件振动。切断时用手均匀缓慢进给，即将切断时应减慢进给速度，以防止刀头折断。

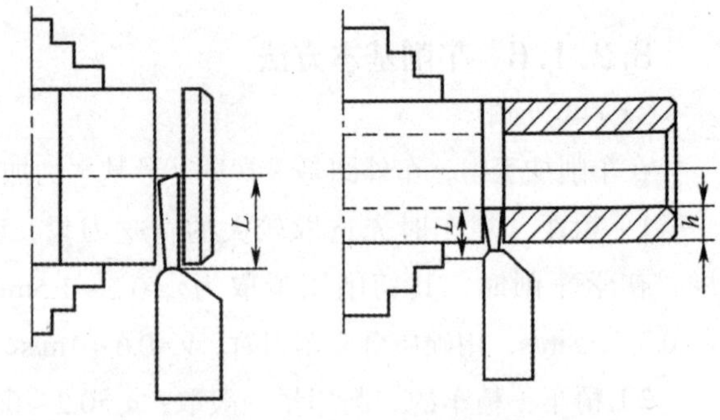

（a）实心零件的切断　（b）空心零件的切断

图8–12　零件的切断

（4）车圆锥面

在车床上主要车削外圆锥面。车圆锥时，车刀的刀尖应与工件轴线等高，其直线移动轨迹必须与工件回转轴线相交，夹角等于圆锥半角$\alpha/2$。常用的车圆锥面的方法有下列两种。

1）转动小刀架法　如图8–13（a）所示。车削锥度较大和较短的内外锥面时，通常采用转动小刀架法。操作时先松开固定小刀架的螺母，将小刀架转动到与机床主轴线成圆锥半角$\alpha/2$的位置并固定，然后均匀转动小刀架手柄，车刀沿锥面的母线移动，即可车出所需的锥面。

转动小刀架法操作简单，能加工任意锥角的内外锥面，能保证一定的加工精度。但因受小刀架行程的限制，不能加工较长的锥面，也不能自动进给，表面粗糙度较大。

2）偏移尾座法　如图8–13（b）所示。工件装夹在前后两顶尖之间，将尾座横向偏移一个距离s，使锥面的母线平行于车刀的纵向进给方向，即工件轴线与主轴轴线相交成圆锥半角$\alpha/2$，车刀做纵向进给运动，则可加工所需的锥面。

偏移尾座法只能用来加工轴类零件的锥面。特点是能车削较长的圆锥面，可自动进给，但不能车削较大锥角的零件。调节尾座的偏移量比较麻烦，对于工件总长不一致的成批零件，加工后的圆锥角一致性较差。

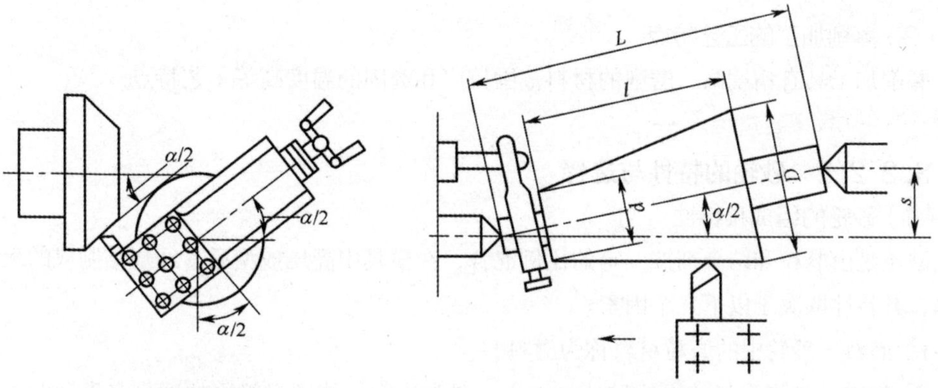

（a）转动小刀架法　（b）偏移尾座法

图8-13　车圆锥的方法

8.2.2　外圆表面的磨削加工

用磨具以较高的线速度对工件表面进行加工的方法称为磨削。磨削加工是一种多刀多刃的高速切削方法，它适用于零件精加工和硬表面的加工。

外圆磨削分为粗磨、精磨、精密磨削、超精磨削和镜面磨削，后三种属于光整加工。

8.2.2.1　磨削加工工艺范围及特点

（1）磨削加工的工艺范围

磨削加工的范围非常广，它可用来加工各种内外圆柱面、内外圆锥面、平面和成型面（如花键、齿轮和螺纹等），是表面精加工的主要方法之一，其典型的加工方法如图8-14所示。

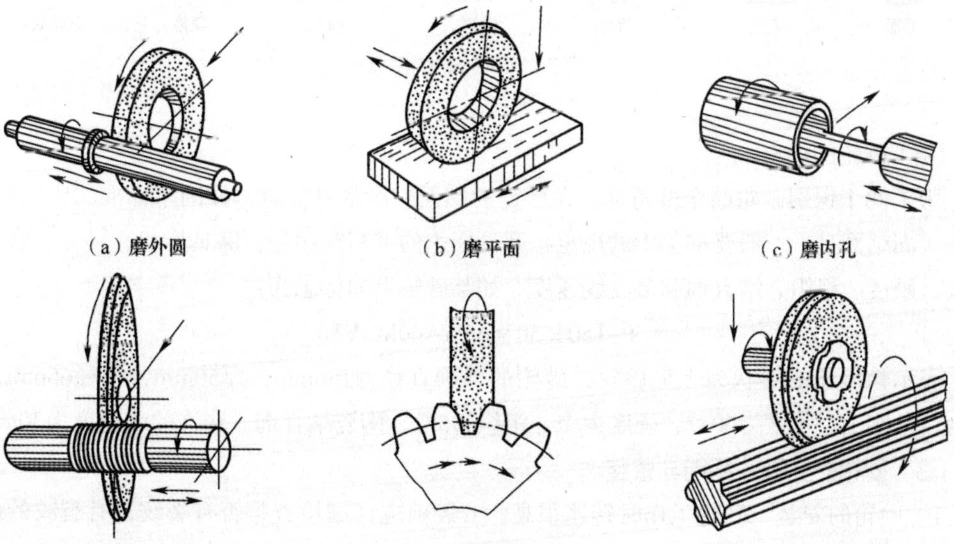

（a）磨外圆　（b）磨平面　（c）磨内孔

（d）磨螺纹　（e）磨齿轮　（f）磨花键槽

图8-14　磨削加工方法

（2）磨削加工的工艺特点

磨削加工具有精度高、磨削的材料范围较广和磨削的温度高等工艺特点。

8.2.2.2 砂轮的特性与选择

（1）砂轮的组成和特性

砂轮是由磨粒和结合剂按一定的比例混合，在模具中高压成型后，经烧结制成的疏松多孔体，其特性取决于以下几个因素。

1）磨料 砂轮中的磨粒材料称为磨料。

2）粒度 是指磨料的平均尺寸的大小。通常以磨粒能通过筛网的网号来表示磨粒的粒度，粒度号数越大，颗粒越细，尺寸越小。当磨粒的直径小于40μm，称为微粉，它的粒度以微粉的尺寸大小来表示。

3）结合剂 是指将磨料黏结成一定形状和强度的砂轮的结合物质。

4）硬度 是指磨料在磨削力的作用下脱落的难易程度。

5）组织 是指砂轮的磨粒、结合剂、气孔三者在体积上的比例关系，它反映出砂轮组织的松紧程度。砂轮的组织号是用磨粒所占砂轮的百分比来表示的。号数越小，磨粒的百分比越大，砂轮组织就越紧。砂轮组织的级别可分为紧密、中等和疏松三大类。

6）砂轮的形状 砂轮通常制成不同的形状和尺寸。常用砂轮的形状如图8-15所示。

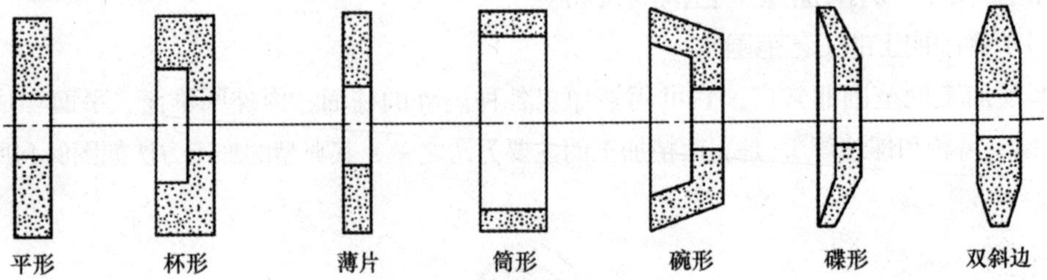

图8-15 砂轮的形状

（2）砂轮的标志

为了便于识别砂轮的全部特性，在砂轮的端面一般都有标志。按国家标准GB/T 2484—2018《固结磨具 一般要求》中的规定，磨具标志的书写顺序是：磨具形状、尺寸、磨料、粒度、硬度、组织、结合剂和最高线速度。如某砂轮上的标志为：

P–150 × 50 × 65WA60M5V30

表示该砂轮的形状为平形砂轮，砂轮的外圆直径为150mm，厚50mm，孔径65mm，磨料为白色刚玉，粒度为60号，硬度为中，组织为5号，陶瓷结合剂，允许的线速度为30m/s。

（3）砂轮的安装、平衡与修整

1）砂轮的安装 砂轮工作时转速很高，安装前应仔细检查是否有裂纹，有裂纹的砂轮不允许使用；再检查砂轮内孔与法兰轴套配合的松紧是否适度。直径较大的砂轮要用法兰盘装夹，在法兰盘端面与砂轮之间应放置弹性材料制成的衬垫。安装时，要擦净各零部件；紧固时要采用对角逐步拧紧，以保证砂轮受力均匀，注意不要用力过猛。最后，将砂轮连同法兰盘一起装入主轴。

2）砂轮的平衡　砂轮的制造误差和安装所产生的安装误差，会使得砂轮的质心与其旋转中心不重合而造成砂轮不平衡。砂轮在安装使用前，如不进行平衡，在高速旋转时会产生很大的惯性力使磨床产生振动，不仅降低磨削质量，严重时还会损坏主轴及轴承，甚至有导致砂轮碎裂的危险。因此，砂轮安装后必须进行平衡。一般采取在平衡架上进行静平衡的方式，如图8-16所示。

3）砂轮的修整　新砂轮在使用前要用金刚石对其表面进行修整，修出一层，使其露出磨粒的刃口；磨钝的砂轮应及时进行修整。修整砂轮一般用金刚石笔"车削"砂轮工作面，修整层厚度为0.1mm左右。如图8-17所示为修整时金刚石的工作位置。

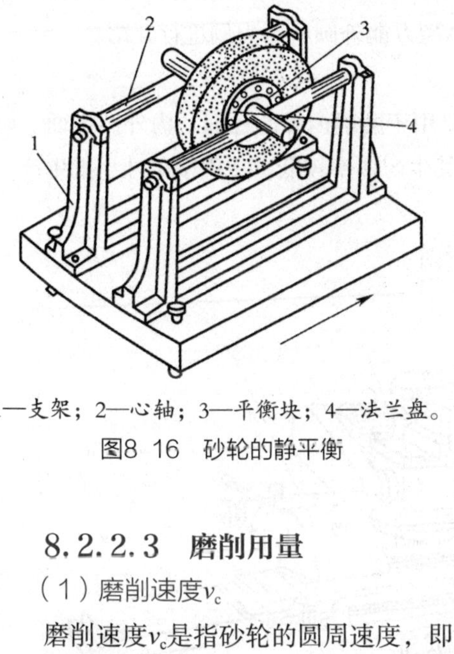

1—支架；2—心轴；3—平衡块；4—法兰盘。

图8 16　砂轮的静平衡

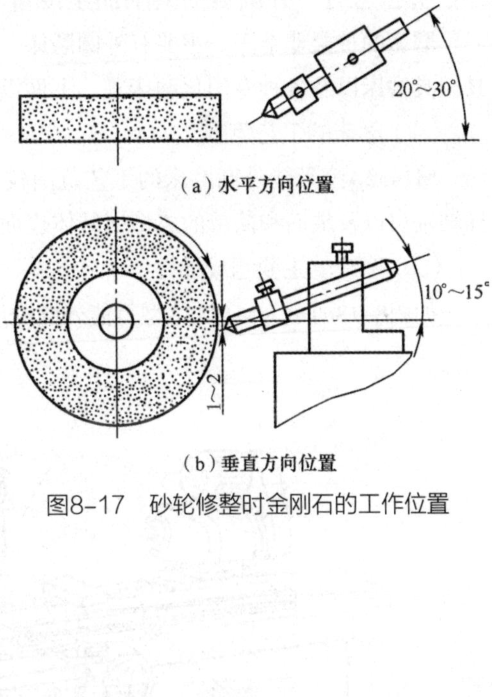

（a）水平方向位置

（b）垂直方向位置

图8-17　砂轮修整时金刚石的工作位置

8.2.2.3　磨削用量

（1）磨削速度v_c

磨削速度v_c是指砂轮的圆周速度，即

$$v_c=\frac{\pi D_o n_o}{1000\times 60}\ (\mathrm{m/s}) \qquad (8\text{-}1)$$

式中　D_o——砂轮的直径，mm；

n_o——砂轮的转速，r/min。

一般磨削时，v_c为30～35m/s，高速磨削时，可达60～100m/s。

（2）工件圆周进给速度v_ω

工件圆周进给速度v_ω是指圆柱面磨削时，工件待加工面的线速度，即

$$v_\omega=\frac{\pi D_\omega n_\omega}{1000}\ (\mathrm{m/min}) \qquad (8\text{-}2)$$

式中 D_ω——工件直径，mm；

n_ω——工件转速，r/min。

粗磨时v_ω=20～85m/min，精磨时v_ω=15～50m/min。

（3）纵向进给量f_a

外圆磨削时，纵向进给量f_a是指工件每回转一周，沿自身轴线方向相对砂轮移动的距离，其大小选择与砂轮宽度B有关，一般为（0.2～0.8）B，单位为mm/r。粗磨取上限，精磨取下限。

（4）横向进给量f_r

横向进给量f_r是指工作台面往返行程一次，砂轮横向移动的距离，也称磨削深度，f_r一般为0.005～0.05mm/dstr。

8.2.2.4 外圆表面磨削加工设备

磨床的种类非常多，主要有外圆磨床、内圆磨床、平面磨床、无心磨床、工具磨床、刀具刃具磨床以及各种专门化磨床等。下面以M1432A型万能外圆磨床为例进行介绍。

（1）磨床的工艺范围

M1432A型万能外圆磨床的工艺范围较广，主要用于磨削内外圆柱面、内外圆锥面、阶梯轴轴肩以及端面和简单的成型回转体表面等，但其生产效率较低，适用于单件小批生产。

（2）磨床的主要组成部件

如图8-18所示为M1432A型万能外圆磨床的外形图。

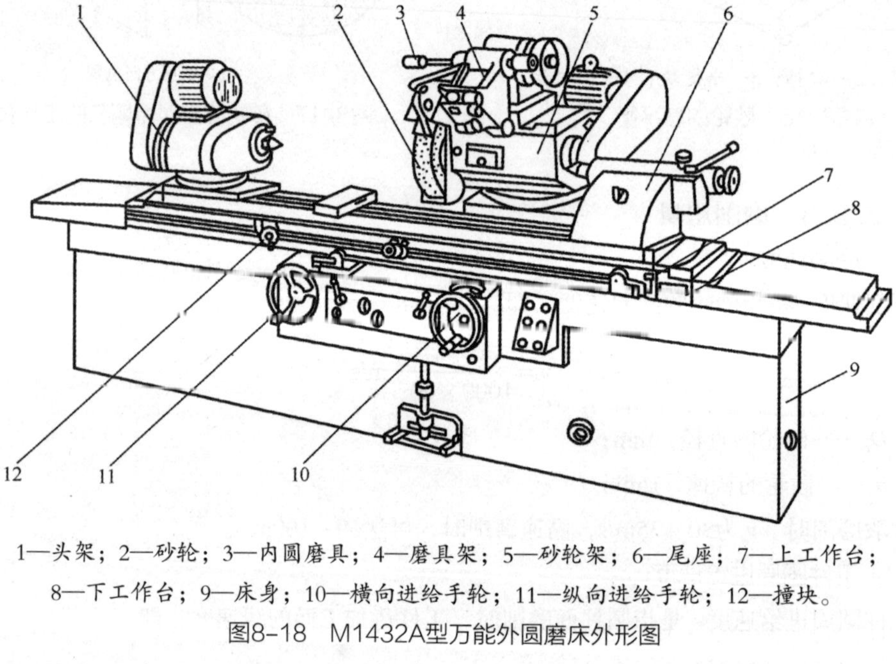

1—头架；2—砂轮；3—内圆磨具；4—磨具架；5—砂轮架；6—尾座；7—上工作台；8—下工作台；9—床身；10—横向进给手轮；11—纵向进给手轮；12—撞块。

图8-18 M1432A型万能外圆磨床外形图

（3）磨床的运动情况

1）主运动 磨外圆时为砂轮的旋转运动；磨内孔时为内圆磨具的砂轮的旋转运动。

2）进给运动 工件的圆周进给运动、工作台的纵向进给运动和砂轮架的横向进给运动。

8.2.2.5 外圆表面的磨削方法

（1）中心磨削法

中心磨削法是指在外圆磨床上以工件的两顶尖孔定位进行外圆磨削的一种加工方法。

1）纵向磨削法 如图8-19（a）所示。磨削时，砂轮做旋转的主运动v_c，工件做旋转的圆周进给运动v_ω，工作台带动工件做纵向进给运动f_a。每单次行程或每往复行程终了时，砂轮做一次横向进给f_r，从而逐渐磨出工件径向的磨削余量。采用纵向磨削法磨削工件时，每次的横向进给量少，磨削力小，散热条件好，当磨削到尺寸时，采用几次无横向进给的光磨行程，直到磨削火花消失为止，因而加工质量高，是一种应用较广的磨削方法，但生产率较低。

2）横向磨削法 如图8-19（b）所示，是一种用宽砂轮进行横向切入磨削的方法。磨削时，砂轮做旋转的主运动v_c，工件做旋转的圆周进给运动v_ω，因砂轮宽度比工件的磨削宽度大，所以工件不需要做纵向进给运动。砂轮在做主运动的同时，以缓慢的速度连续或断续地做横向进给运动，直至磨到工件尺寸要求为止。采用横向磨削法磨削工件时，因在一次行程中就可完成磨削加工过程，所以生产效率高。但工件与砂轮接触面积大，磨削力大，磨削温度高，因而加工精度低，表面质量较差，一般用于大批量生产中。

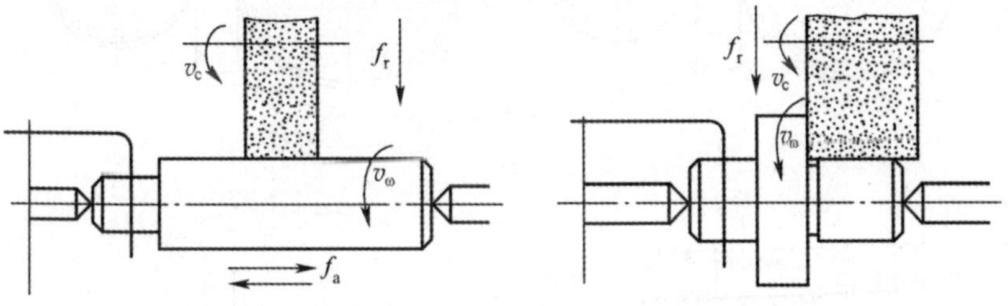

（a）纵向磨削法 （b）横向磨削法

图8-19 外圆磨削方法

3）综合磨削法 综合磨削法就是先用横向磨削分段粗磨被加工表面的全长，相邻各段搭接5～15mm，最后用纵向磨削进行精磨。此法兼有横向磨削法生产效率高和纵向磨削法加工质量好的优点，适合在成批生产中磨削刚度好的长轴外圆表面。

在M1432A型万能外圆磨床上，还可以进行内外圆锥面的磨削加工。如图8-20（a）所示为扳转工作台磨削锥度不大的外圆锥面；如图8-20（b）所示为扳转砂轮架磨削锥度较大的外圆锥面；如图8-20（c）所示为扳转头架磨削内圆锥面。

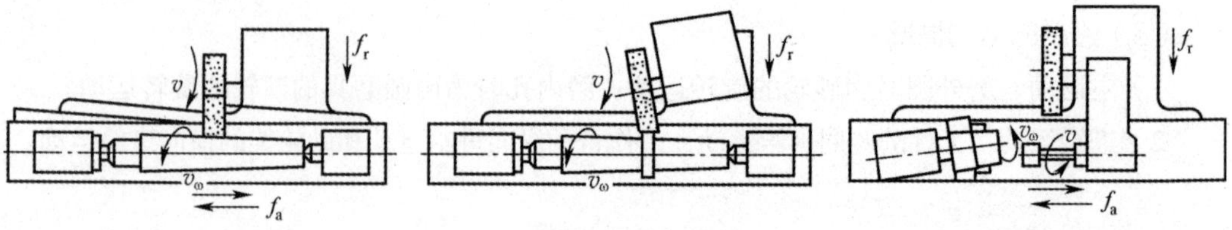

（a）转动工作台磨外圆锥面　（b）转动砂轮架磨外圆锥面　（c）转动头架磨内圆锥面

图8-20　圆锥磨削方法

（2）无心磨削法

1）工作原理　无心磨削是工件不定心的磨削，下面以无心外圆磨削为例进行介绍。

无心外圆磨削的工作原理如图8-21所示，工件置于砂轮和导轮之间的托板上，以待加工表面为定位基准。当砂轮高速旋转时，通过切向磨削力带动工件旋转，但导轮则依靠摩擦力对工件进行“制动”，限制工件的圆周速度，使之基本上等于导轮的圆周线速度，从而在砂轮和工件间形成很大的速度差，产生磨削作用。改变导轮的转速便可调节工件的圆周进给速度。无心磨削时，工件的中心必须高于导轮和砂轮的中心连线，使工件与砂轮、导轮间的接触点不在工件同一直径线上，从而使工件在多次转动中逐渐被磨圆。

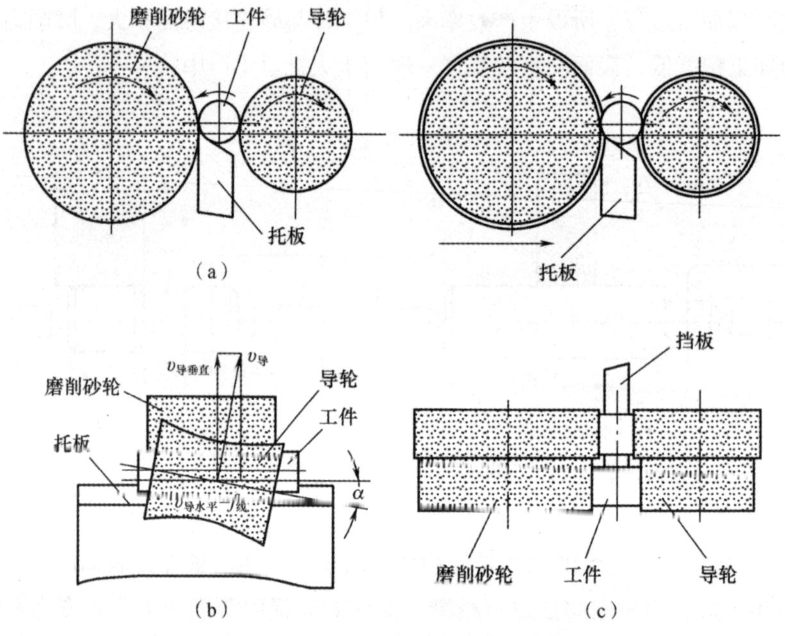

图8-21　无心外圆磨削加工示意图

2）磨削方法　无心外圆磨削有两种方式：纵磨法［图8-21（a）、（b）］是将工件从机床的前面放到托板上推入磨削区。由于导轮在垂直平面内倾斜α角，导轮与工件接触处的线速度$v_{导}$可分解为水平和垂直两个方向的分速度$v_{导水平}$和$v_{导垂直}$，$v_{导垂直}$控制工件的圆周进给运动；$v_{导水平}$使工件作纵向进给。所以，工件进入磨削区后，便既做旋转运动，又做轴向移动，穿过磨削区，从机床另一端出去即磨削完毕。这种方法适用于不带台阶的圆柱形工件的磨削；横磨法［图8-21（c）］是将工件放在托板和导轮上，然后由工件（连同导轮）或砂轮做横向进给来磨削工件表面，这时导轮的轴线仅倾斜很小的角度，对工件有微小的轴向力作用，使它顶住定位挡板，得到可靠的轴向定位。此法适用于磨削阶梯或成型回转表面的工件。

3）工艺特点

①在无心外圆磨削过程中，工件不需打中心孔，且装夹工件省时省力，可连续磨削。

②导轮和托板沿全长支承工件，支承刚性好，刚度差的工件也可采用较大的切削用量进行磨削，所以生产效率高。

③由于被磨工件以加工面自身定位，所以工件的加工精度较高，如配备适当的装卸料机构，易实现自动化。

④无心磨削调整费时，只适于成批及大量生产；又因工件的支承及传动特点，只能用来加工尺寸较小、形状比较简单的工件。

8.3 内圆表面加工

内圆表面（即内孔）是轴类、盘套类、支架和箱体类零件的主要表面（如轴承孔、定位孔等），也可能是这些零件的辅助表面（如油孔、紧固孔等）。与外圆相比，孔的加工条件较差，如所用的刀具尺寸（直径、长度）受到被加工孔本身尺寸的限制，孔内排屑、散热、冷却、润滑等条件都较差，故在一般情况下，加工孔比加工同样尺寸、精度的外圆面较为困难。

孔加工可以在车床、钻床、镗床、拉床和磨床上进行。常见的加工方法有钻孔、扩孔、铰孔、镗孔、拉孔和磨孔等。

8.3.1　钻削加工

用钻头在实体材料上加工孔的方法称为钻孔；用扩孔钻对已有孔进行扩大再加工的方法称为扩孔。它们统称为钻削加工。

8.3.1.1　钻削加工工艺范围及工艺特点

（1）钻削加工的工艺范围

钻削加工可完成钻孔、扩孔、铰孔、攻螺纹、锪孔等工作，其工艺范围如图8-22所示。

（2）钻削加工的工艺特点

1）钻削加工操作简便，适应性强，应用较广。

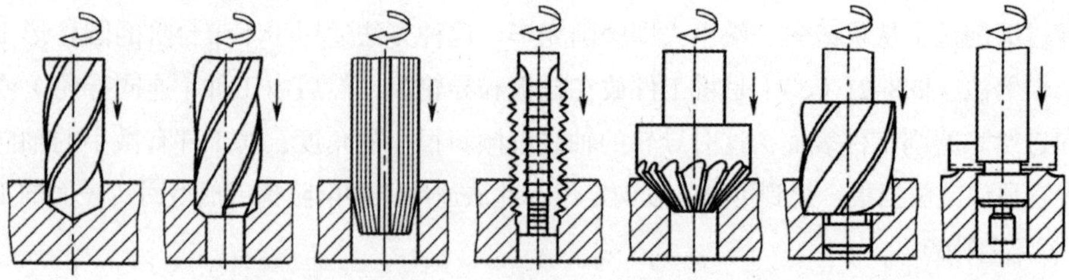

（a）钻孔 （b）扩孔 （c）铰孔 （d）攻螺纹 （e）锪沉头孔Ⅰ（f）锪沉头孔Ⅱ （g）锪端面

图8-22 钻削加工工艺范围

2）钻头的两条切削刃对称地分布在轴线两侧，钻削时，所受径向抗力相互平衡，因此钻头不像单刃刀具那样容易弯曲，其切削深度达到孔径的一半，金属切除率较高。

3）钻削过程是半封闭的，切屑容易堵塞，因此排屑和散热困难。已加工的孔壁由于切屑的挤压摩擦常被擦伤，所以钻出的孔表面较粗糙，尺寸精度也较低。

4）钻削时，冷却条件差，切削温度高，因此限制了切削速度的提高，生产率较低。

5）钻削为粗加工，其所能达到的尺寸精度一般为IT13～IT11，表面粗糙度*Ra*值为12.5～50μm。一般用来加工要求不高的孔（如螺栓通过孔等）或高精度孔的预加工。

8.3.1.2 钻削加工设备

钻床是指用钻头在工件上加工孔的机床。加工时，工件固定不动，刀具做旋转主运动，同时沿轴向移动完成进给运动。钻床可完成钻孔、扩孔、铰孔、攻螺纹、锪孔等工作。

钻床的主要类型有台式钻床、立式钻床、摇臂钻床以及专门化钻床等。

（1）台式钻床

台式钻床是指放置在台桌上使用的小型钻床，用于钻削中小型工件上的小孔，由底座、立柱、主轴架及主轴等部分组成。台式钻床结构简单，用于单件、小批量生产。

（2）立式钻床

立式钻床是应用较广的一种钻床，用于钻削直径较大的孔。如图8-23所示为常用的立式钻床，由主轴、主轴箱、进给箱、立柱、工作台和底座等部分组成。主轴可以自动做轴向进给运动，利用手柄也可实现手动轴向进给。进给箱和工作台可沿立柱导轨上下移动，以适应加工不同高度的工件。当第一个孔加工完成后再加工第二个孔时，需要重新移动工件，使刀具与被加工孔的中心对准。这对于大而笨重的工件，控制很不方便。因此，立式钻床适用于加工单件、小批量生产中的中小型工件。

（3）摇臂钻床

摇臂钻床是摇臂可绕立柱回转和升降，主轴箱在摇臂上可做水平移动的钻床。如图8-24所示为摇臂钻床的外形图，它主要由主轴、立柱、摇臂、工作台、底座等部分组成。在摇臂钻床上钻孔时，工件装夹在底座或工作台上，主轴箱能沿摇臂上的导轨移动，而摇臂又能绕立柱回转和沿立轴上下移动，因此可以很方便地调整主轴的位置，使其移动到工件所需的加工位置。摇臂钻床适用于加工大型工件及多孔工件的钻孔、扩孔、铰孔、锪平面和攻螺纹等。

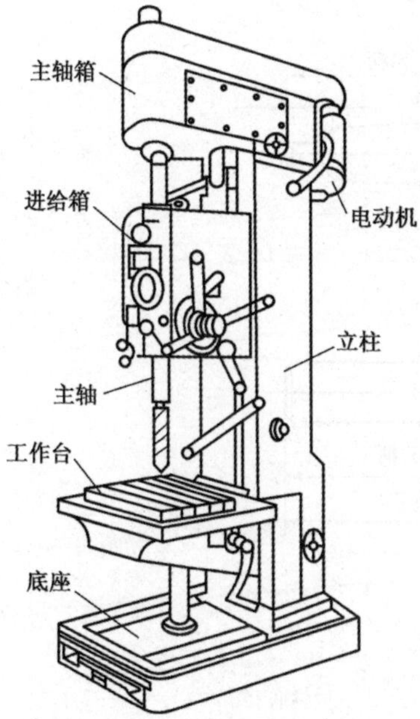

图8-23　立式钻床

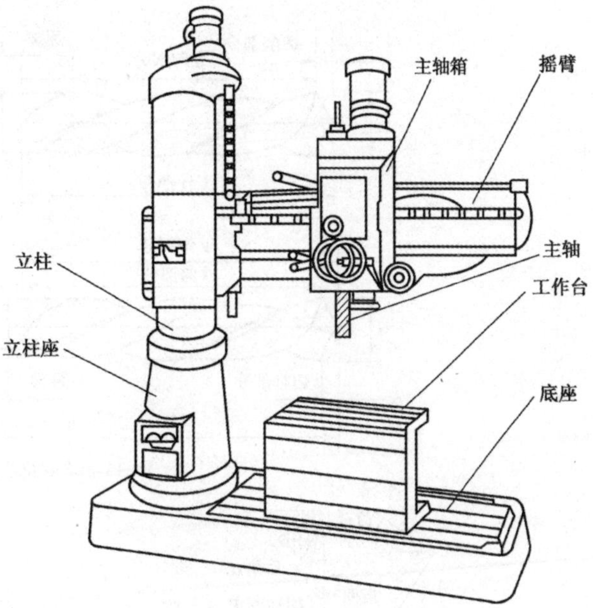

图8-24　摇臂钻床

8.3.1.3　钻削加工常用刀具

钻削加工刀具的种类很多，一般可分为两大类：一类是在实体材料上加工出孔的刀具，如中心钻、麻花钻、深孔钻等；另一类是对工件上已有孔进行再加工用的刀具，如扩孔钻、锪钻、铰刀等，其中麻花钻是钻削加工常用的刀具之一。

（1）中心钻

如图8-25所示，中心钻主要用于加工轴类工件的中心孔，根据其结构特点分为无护锥中心钻和带护锥中心钻两种。钻孔前，先打中心孔，有利于钻头的导向，防止孔的偏斜。

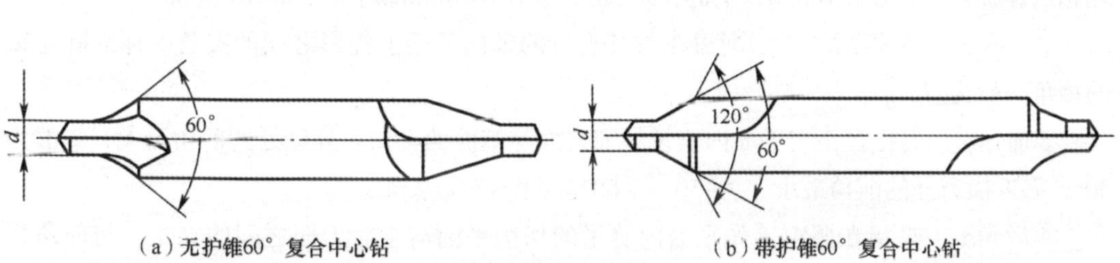

图8-25　中心钻的类型

（2）麻花钻

麻花钻是孔加工刀具中应用最广的刀具，特别适合于直径小于30mm的孔的粗加工。

1）麻花钻的组成　标准麻花钻由柄部、颈部和工作部分组成，如图8-26（a）所示。颈部常用来打印钻头的标记，如直径尺寸等。柄部用于夹持钻头、定心和传递转矩。为了夹持、紧固和安装方便，柄部有直柄和锥柄两种形式。直径小于13mm的钻头一般做成直柄，通过钻床主轴上的钻夹头将其夹紧。直径大于13mm的钻头一般做成锥柄，直接插入钻床主轴锥孔中。

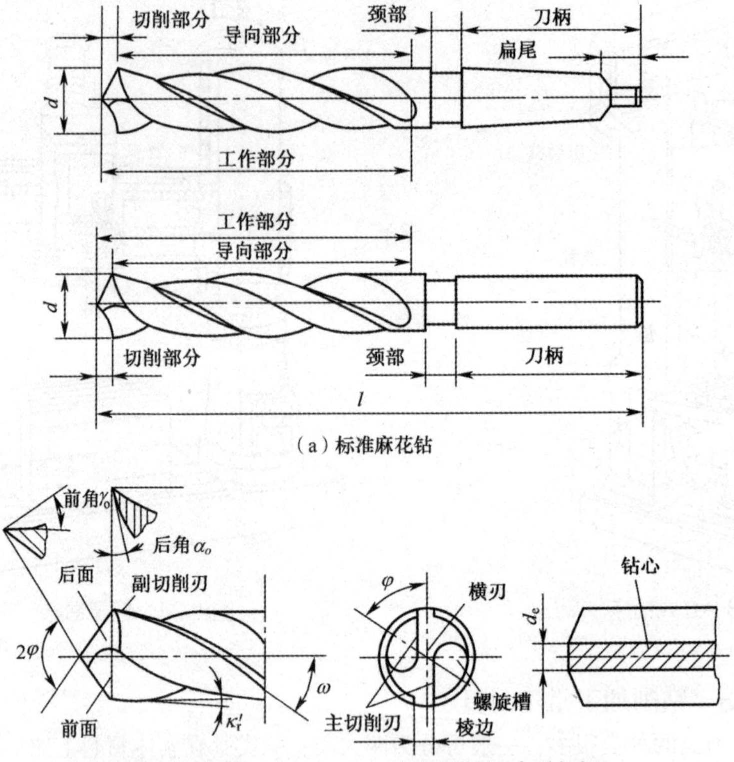

（a）标准麻花钻

（b）麻花钻的主要角度Ⅰ　（c）麻花钻的主要角度Ⅱ

图8-26　麻花钻

2）麻花钻的主要角度［图8-26（b）和（c）］

①螺旋角ω　是指主切削刃上最外缘处螺旋线的切线与钻头轴心线之间的夹角。标准麻花钻的螺旋角，直径在10mm以上的，ω=30°；直径在10mm以下的，ω=18°～30°。

②顶角2φ　是指两条主切削刃在与其平行的轴向平面上投影之间的夹角。标准麻花钻的顶角一般为118°。

③前角γ_o　是指在正交平面内测量的前刀面与基面的夹角。外缘处的前角最大，一般为30°；靠近横刃处的前角最小，为-50°～-60°。

④后角α_o　是指在假定工作平面内测量的切削平面与主后刀面之间的夹角。与前角相反，后角在外缘处最小，为8°～14°，靠近钻心处最大，为20°～25°。

⑤横刃斜角φ　是指横刃与主切削刃在钻头端平面内投影之间的夹角。标准麻花钻的横刃斜角φ为50°～55°。

3）麻花钻刃磨的基本要求

①根据工件材料刃磨出正确的顶角，钻削一般中等硬度的钢和铸铁时，2φ=116°～118°。

②两条主切削刃的长度应相等，与轴线的夹角也应相等，且成直线。

③磨出恰当的后角，以确定正确的横刃斜角φ，一般φ=50°～55°。

④刃磨时注意冷却，尤其刃磨小直径钻头时，应防止切削部分过热而引起退火。

（3）铰刀

铰刀是孔的精加工刀具，也可用于精细孔的半精加工。铰刀的种类很多，如图8-27所示为几种常见的铰刀。

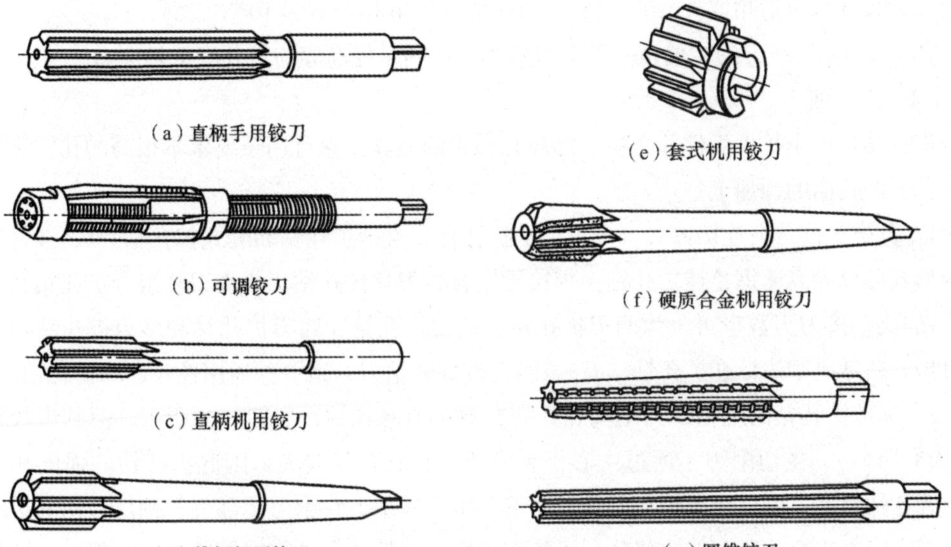
（a）直柄手用铰刀
（b）可调铰刀
（c）直柄机用铰刀
（d）锥柄机用铰刀
（e）套式机用铰刀
（f）硬质合金机用铰刀
（g）圆锥铰刀

图8-27　铰刀的种类

1）铰刀的分类　根据使用方式可分为手用铰刀及机用铰刀两种。手用铰刀又分为整体式和可调式两种，机用铰刀又可分为带柄的和套式的；根据加工类型可分为圆形铰刀和锥度铰刀；根据制造材料可分为高速钢铰刀和硬质合金铰刀。高速钢铰刀一般为整体式，硬质合金铰刀一般为焊接式。除此之外，还有装配式铰刀和可调式铰刀等。此类铰刀可以用同一把刀具加工不同直径或不同公差要求的孔。

2）铰刀的结构　如图8-28所示，铰刀由工作部分、颈部和柄部组成。工作部分包括切削和修光部分，切削部分呈锥形，担负主要的切削工作；修光部分用于校准孔径，修光孔壁和导向。铰刀的柄部为夹持和传递扭矩的部分，手用铰刀一般为直柄，机用铰刀多为锥柄。

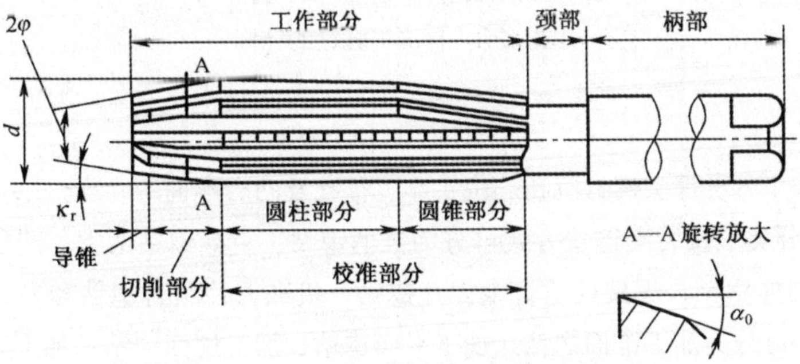

图8-28　铰刀的结构

①前角γ_p　铰刀的前角规定在背平面（即铰刀的端剖面）中测量。为了便于制造，前角一般取0°。粗铰塑性材料时，为了减少变形及抑制积屑瘤的产生，可取γ_p=5°～10°。硬质合金铰刀为防止崩刃，取γ_p=0°～5°。

②后角α_p（α_0）　校准刃后角α_p在背平面内测量，切削刃后角α_0在正交平面内测量。硬质合金铰刀校准部分后角取α_p=10°～15°，切削部分后角取α_0=6°～10°。

③主偏角κ_r　铰刀的主偏角一般取得较小，以利于提高导向性并降低轴向力。

（4）扩孔钻

扩孔钻是用于扩大工件的孔径、提高孔质量的刀具。它可用于要求不很高的孔的终加工或铰孔、磨孔前的预加工。

1）分类　按装夹连接方式可分为锥柄扩孔钻、直柄扩孔钻和套式扩孔钻3类；按材质及结构形式可分为高速钢整体扩孔钻、焊接硬质合金刀片扩孔钻、机夹刀片组合扩孔钻和复合扩孔钻4类；按刀刃数量可分为两刃扩孔钻、三刃扩孔钻、四刃扩孔钻和多刃扩孔钻四类。三刃扩孔钻是典型的标准扩孔钻，有3条刚性较好的钻刃，是一种通用性较广的扩孔钻。

2）标准扩孔钻的结构　其结构和几何参数类似麻花钻，如图8-29所示，但其齿数较多（常为3～4个）。主切削刃不通过中心，无横刃，钻心直径较大，因此扩孔钻的强度和刚性均比麻花钻要好，可以获得较高的加工质量和生产效率。它由刀体部分、颈部和柄部组成。颈部是连接工作部分和柄部的部分，通常将直径、材料牌号及商标标注在这个部位。柄部是钻头的装夹部分，起传递轴向力与扭矩的作用。

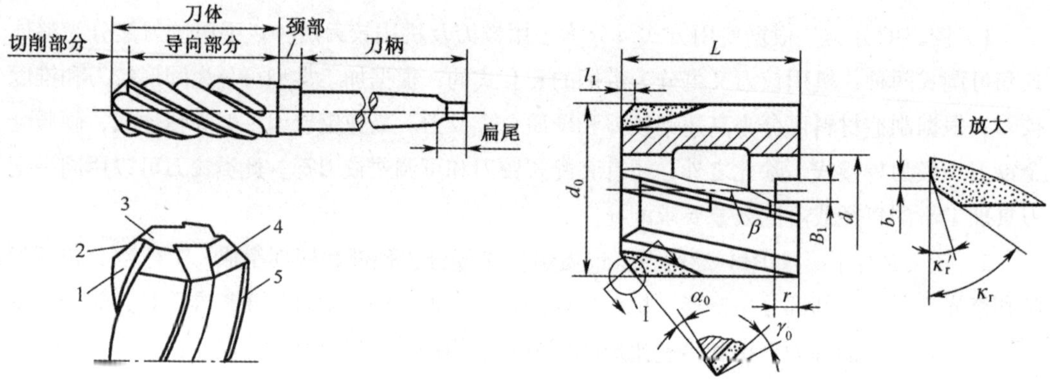

1—前刀面；2—主切削刃；3—钻芯；4—后刀面；5—刃带。

图8-29　标准扩孔钻的结构

（5）锪钻

锪钻用于加工各种埋头螺钉沉孔、沉头座、锥孔及凸台端面等。

1）锪钻的分类　按装夹连接方式可分为锥柄锪钻、直柄锪钻两类；按材质和结构形式可分为高速钢整体锪钻、焊接硬质合金刀片锪钻、机夹刀片组合锪钻和复合专用锪钻4类；按加工型面类型可分为加工锥面锪钻、加工平面锪钻、加工柱面锪钻、加工其他型面锪钻和加工中心孔锪钻共5类；按导向形式可分为带导向柱锪钻和不带导向柱锪钻两类。

2）标准锪钻的结构　如图8–30所示，它由刀体部分、颈部和柄部组成。颈部是连接工作部分和柄部的部分，通常将直径、材料牌号及商标标注在这个部位。柄部是指钻头的装夹部分，起传递轴向力与扭矩的作用。

8.3.1.4　钻削用量

钻削用量如图8–31所示。

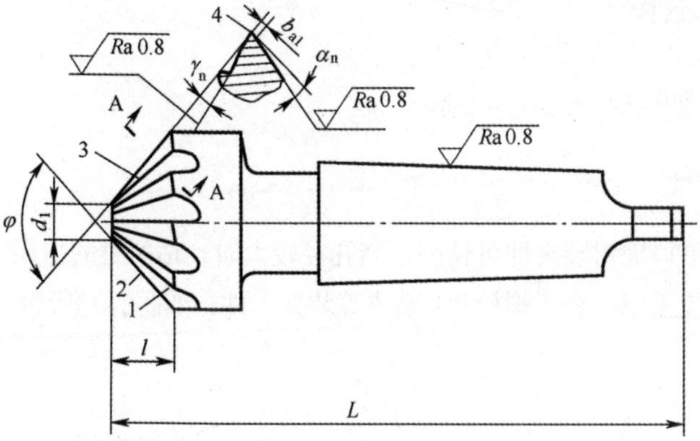

1—前刀面；2—主切削刃；3—后刀面；4—前角。

图8–30　标准锪钻的结构

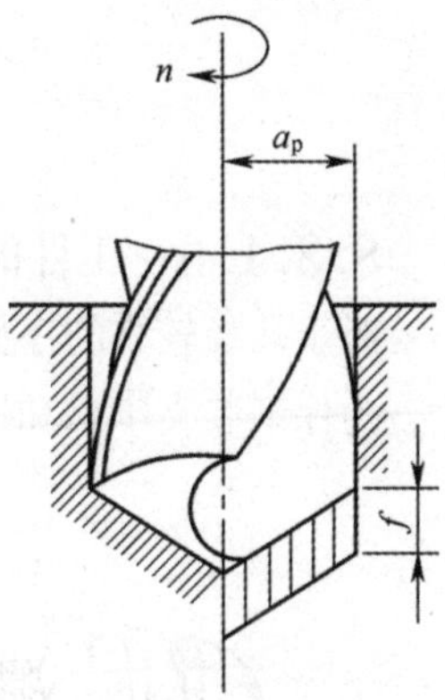

图8–31　钻削用量

（1）切削速度v_c

切削速度v_c是指麻花钻切削刃外缘处的线速度，以d表示钻头直径（mm），n表示钻头转速（r/min），则v_c（m/min）为：

$$v_c=\frac{\pi dn}{1000} \tag{8–3}$$

（2）背吃刀量a_p

钻孔时，背吃刀量a_p（mm）为麻花钻直径的一半，即

$$a_p=\frac{1}{2}d \tag{8–4}$$

（3）进给量f

进给量f是指钻头每转一转沿自身轴线方向的移动距离，单位为mm/r。因为钻头有两条切削刃（两个刀齿），其每齿进给量f_z（mm/r）为进给量的一半，即

$$f_z=\frac{1}{2}f \tag{8–5}$$

8.3.1.5　钻头的装夹

对于直柄钻头，需用带锥柄的钻夹头夹紧，如图8–32（a）所示，再将钻夹头插入主轴锥孔中。如果钻夹头的锥柄不够大，可套上钻套后再插入主轴锥孔中，如图8–32（b）所示。对于锥柄钻头若其锥柄规格与主轴锥孔规格相同，可将其直接插入主轴锥孔中，不相符时可加用钻套。

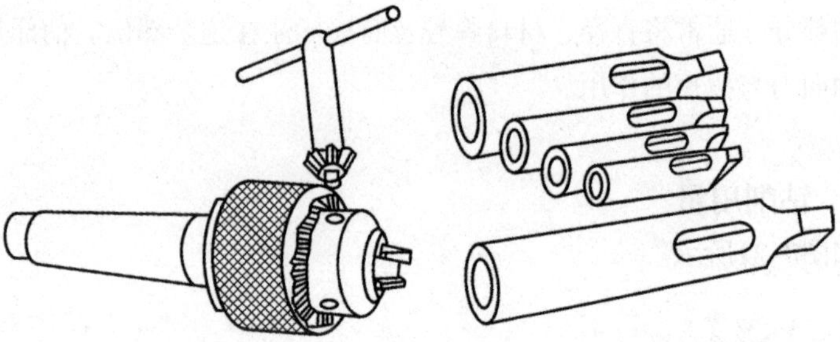

（a）钻夹头 （b）钻套

图8-32 钻夹头和钻套

8.3.1.6 工件的装夹

对于孔径较小的小型工件，用平口虎钳装夹即可钻削；当孔径较大时，钻削时的扭矩也大，为保证装夹牢靠和操作安全，应采用压板、螺栓和V形块等装夹工件，如图8-33所示。

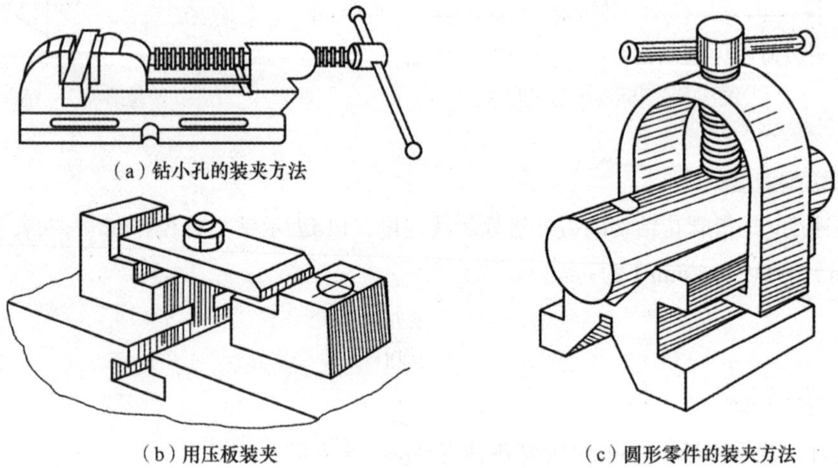

（a）钻小孔的装夹方法

（b）用压板装夹 （c）圆形零件的装夹方法

图8-33 零件的装夹方法

8.3.1.7 钻削加工方法

（1）钻孔

在对单件或小批量工件进行钻孔之前，应在工件上通过画线确定所要钻孔的中心点，然后在孔中心点处用样冲打出冲点（即样冲眼），找正孔中心与钻头的相对位置后钻削，如图8-34（a）所示；如果生产批量较大或孔的位置精度要求较高时，通常采用钻床夹具，即钻模装夹工件，利用夹具上的导向套引导钻头在正确位置上钻孔，以提高效率，如图8-35所示；对于较深的孔，钻孔时要经常退出钻头，排除切屑并进行冷却润滑，防止切屑堵塞、钻头过热、磨损加快或钻头折断；精度高、表面粗糙度小的中小直径孔，在钻孔之后，常常需要采用扩孔和铰孔来进行半精加工和精加工。

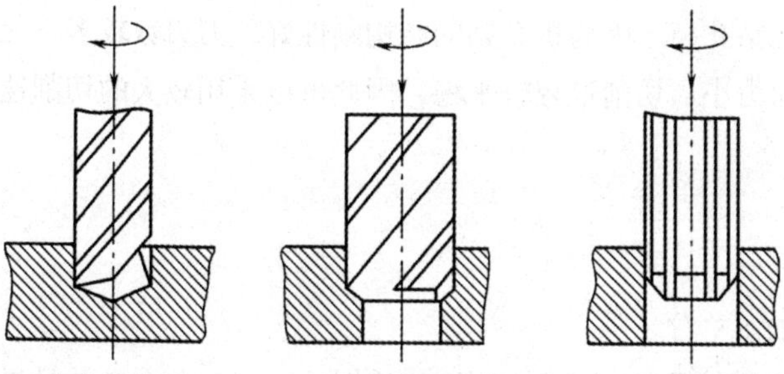

（a）钻孔　（b）扩孔　（c）铰孔

图8-34　孔加工工序

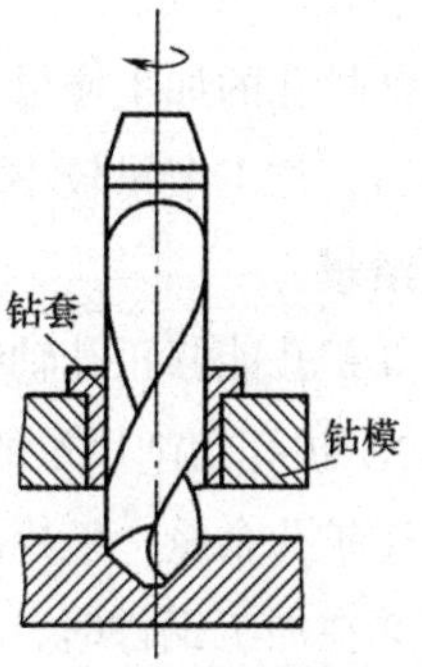

图8-35　利用钻模钻孔

1）钻孔特点

①麻花钻各刃的切削条件很不一致。与车削相比，钻孔的切削变形更为剧烈、复杂。

②麻花钻的两个切削齿很难磨得绝对对称，钻头刚度也很差，所以钻孔时易出现孔径扩大、孔轴线歪斜以及振动等现象。因此，钻孔不易获得尺寸精度高、表面质量好的孔。

③钻孔时切削区域被包容在孔中，切削热不易向外传散，切削液难以进入切削区，冷却润滑效果差，钻头磨损快。这些情况限制了切削速度与进给量，因而影响了生产率。

2）钻削用量的选择

①钻头直径d_0　应由工艺尺寸确定。尽可能一次钻出所要求的孔径，当机床刚度不够时，才采用先钻孔再扩孔的工艺。需进行扩孔时，钻头直径取孔径的（0.5 ~ 0.7）倍。

②进给量f　小直径钻头进给量主要受钻头的刚性或强度限制，大直径钻头受机床进给机构强度及工艺系统刚性限制。

普通麻花钻进给量可按以下经验公式计算：

$$f=(0.01\sim0.02)\,d_0 \tag{8-6}$$

加工条件不同时，其进给量可查阅有关切削用量手册。

③钻削速度v_c　当钻头直径增大时，尽管增大了切削力，但钻头体积也显著增加，因而使散热条件明显改善。因此，钻头直径较大时，可选取较高的切削速度。

一般情况下，钻削速度可参考表8-4选取。

表8-4　普通高速钢钻头钻削速度参考值　单位：m/min

工件材料	低碳钢	中、高碳钢	合金钢	铸铁	铝合金	铜合金
钻削速度	25 ~ 30	20 ~ 25	15 ~ 20	20 ~ 25	40 ~ 70	20 ~ 40

（2）扩孔

扩孔是指用扩孔钻对已钻出、铸出、锻出或冲出的孔进行扩大的加工方法，如图8-34（b）所示。扩孔常常作为铰孔等精加工前的准备工序，也可作为要求不高的孔的最终加工。

1）扩孔特点

①扩孔的加工精度可达IT10 ~ IT12，表面粗糙度Ra值为6.3 ~ 3.2μm。

②扩孔的加工质量和生产效率比钻孔高。因为扩孔钻的结构刚性好，刀刃数较多，无端部横刃，加工余量较小，切削时轴向力小，切削过程较平稳，因此可以采用较大的切削速度和进给量。

③扩孔能修正孔轴线的歪斜。

2）扩孔切削用量的选择

①扩孔余量一般控制在孔径*D*的1/8左右。

②在加工钢件时，如果采用高速钢扩孔钻，切削速度应控制在10m/min左右，并且进行充分的冷却润滑。

③如果采用硬质合金扩孔钻，切削速度可以大幅提高，但为了保证扩孔的稳定和扩孔精度，常用低速v_c<20m/min进行。

（3）铰孔

铰孔是应用较普遍的孔的精加工方法之一，常用做孔的加工最后工序，如图8-34（c）所示，其加工精度一般达IT6～IT8，表面粗糙度*R*a值为0.4～1.6μm。钻-扩-铰是生产中典型的孔加工方法，但对于位置精度要求严格的箱体上的孔系则应采用镗削加工。

1）铰削特点

铰削具有精度高、效率高和适应性差等工艺特点。

2）铰孔应注意事项

①预制孔的精度，对孔的质量影响很大。预制孔的精度低，铰出孔的质量就差。如预制孔轴线歪斜，铰孔时就难以修正。故精度要求高的孔，精铰前应先扩孔和镗孔，或粗铰，尽量减小预制孔的误差。

②为提高铰孔精度，机铰时常使铰刀与机床主轴孔浮动连接，从而避免铰刀与工件孔的轴线不重合引起的加工误差，但这样并不能消除已有孔中心线的歪斜，而只能提高孔本身的尺寸精度和减小表面粗糙度值。

③铰削余量要适中。粗铰余量一般为0.15～0.35mm，精铰余量一般为0.05～0.15mm。

④选择合适的切削用量并合理浇注切削液。与钻削相比，铰削的特点是“低速大进给”。一般用高速钢刀具铰削钢材时，v_c=1.5～5m/min，*f*=0.3～2mm/r；铰削铸铁件时，v_c=8～10m/min，*f*=0.5～3mm/r。孔径尺寸大或质量要求高时进给量取小值。

为提高铰孔质量，需施加润滑效果好的切削液，不宜干切。铰削钢件时以浓度较高的乳化液或硫化油为好；铰削铸铁件时，则以煤油为好。

⑤铰刀磨损主要发生在切削部分与校准部分交接处的后刀面上。实践证明，经常用油石研磨该交接处，可提高铰刀耐用度。

⑥根据加工对象正确选择铰刀的类型。铰一般孔时，采用直齿铰刀即可；铰不连续孔时，则应采用螺旋铰刀；铰通孔时应选用左旋铰刀，切屑向前排出；铰不通孔时，只能选用右旋铰刀，以使切屑向后排出。另外，机用铰刀不可倒转，以免崩刃。

（4）锪孔

锪孔是指用锪钻加工各种埋头螺钉、沉头座、锥孔及凸台端面等。常用的几种加工方法如图8-36所示。如图8-36（a）所示为锪圆柱形沉头孔，图8-36（b）（c）所示为锪圆锥形沉头孔（锥角有60°、90°、120°三种），图8-36（d）所示为锪孔端面的凸台平面。锪钻上制有定位导柱d_1，用来保证被锪孔或端面与原来孔的同轴度或垂直度要求。

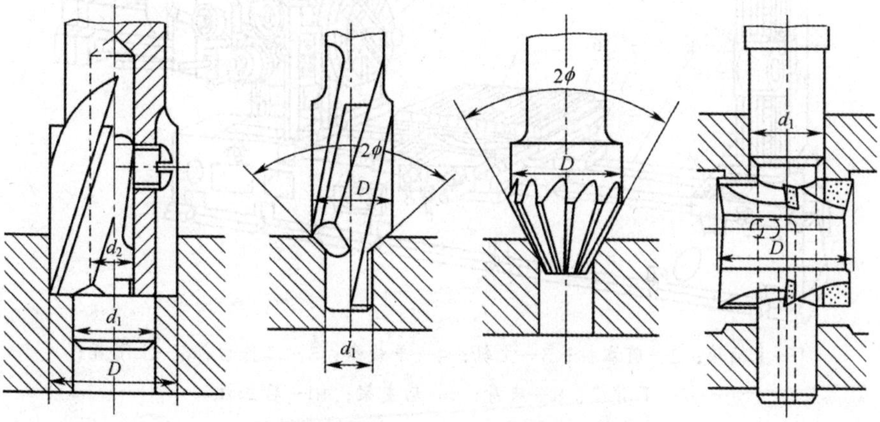

（a）锪圆柱形沉头孔　（b）锪圆锥形沉头孔 I　（c）锪圆锥形沉头孔 II　（d）锪孔端面

图8-36　锪钻及其应用

8.3.2　镗削加工

镗削是用镗刀对已经钻出、铸出或锻出的孔作进一步加工的方法。镗孔可以在多种机床上进行，回转体零件上的孔多用车床加工，而箱体零件上的孔或孔系，则常在镗床上加工。

8.3.2.1　镗削的工艺特点

1）镗削是孔加工的主要方法之一。镗削加工的主运动是刀具的旋转，与以工件旋转为主运动的孔加工方式相比，它避免了以大型工件（如箱体、机架等）做旋转运动的缺点，如工件外形尺寸大，不易实现高速切削；工件结构复杂，外形不规则，旋转时平衡较困难等。

2）镗床多个部件能做进给运动，因此，工艺范围非常广，能加工形状多样、大小不一的各种零件的多种表面，能较方便地实现孔系的加工。

3）镗孔的经济精度可达IT10～IT7，表面粗糙度Ra值为6.3～0.8μm。

8.3.2.2　镗削的加工设备

镗床是一种主要用镗刀在工件上加工孔的机床，镗床的主要类型有卧式铣镗床、坐标镗床和金刚镗床等。下面以TP619型卧式铣镗床为例，介绍其组成、运动及工艺范围。

（1）镗床的主要组成部件

如图8-37所示是TP619型卧式铣镗床的外形图。

（2）机床的运动情况

1）主运动　是镗轴或平旋盘的旋转运动。

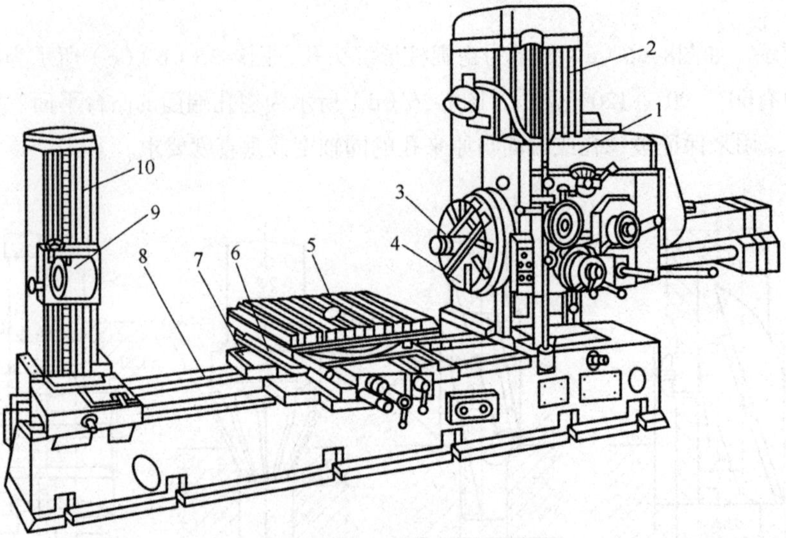

1—主轴箱；2—前立柱；3—主轴；4—平旋盘；5—工作台；6—上滑座；
7—下滑座；8—床身；9—后支架；10—后立柱。

图8-37 TP619型卧式铣镗床外形图

2）进给运动 是镗轴的轴向移动，刀架溜板沿平旋盘尾槽的径向移动，主轴箱的上下移动，上下滑座的横向与纵向移动等。

8.3.2.3 镗削加工刀具

镗刀是应用广泛的孔加工刀具，在许多机床上都可以用镗刀镗孔（如车床、铣床、镗床及组合机床等）。它特别适用于分布在不同表面上、孔距和位置精度要求较高的孔系的加工。

镗刀按切削刃数量分，有单刃镗刀（图8-38）、双刃镗刀（图8-39）和多刃镗刀；按被加工表面性质分，有通孔镗刀、不通孔镗刀、阶梯镗刀和端面镗刀；按结构形式分，有机夹式[图8-38（c）]、整体焊接式[图8-38（b）]、可转位式镗刀[图8-38（a）]和浮动镗刀（图8-40）。

8.3.2.4 工件的装夹

在镗床上主要用来加工箱体类零件上的孔或孔系。如果被加工孔的轴线与其底面平行时，应在镗削前的工序中把该平面加工好，镗削时用作定位基准，直接将工件用压板、螺栓固定在工作台上；如果孔与底平面垂直，则可在工作台上用弯板（角铁）装夹工件。

在成批生产中，对孔系的镗削常将工件装夹在镗床夹具内加工，以保证孔系的位置精度及提高生产效率，此时镗杆与主轴常采用浮动连接。

8.3.2.5 镗削方法

卧式铣镗床通常用于加工尺寸较大、精度要求较高的孔，特别是分布在不同表面上、孔距和位置精度要求较高的孔。卧式铣镗床除镗孔外，还可以进行铣削、钻孔、扩孔、铰孔、锪平面等工作。因此，镗床的工艺范围较广，如图8-41所示为卧式铣镗床的主要典型加工方法。

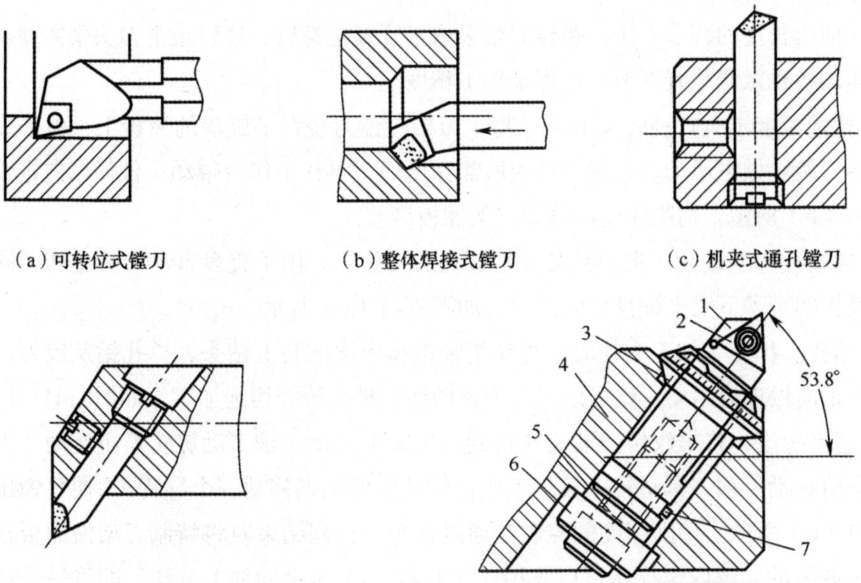

（a）可转位式镗刀　（b）整体焊接式镗刀　（c）机夹式通孔镗刀

（d）机夹式盲孔镗刀　（e）微调镗刀

1—镗刀头；2—刀片；3—调整螺母；4—镗刀杆；5—拉紧螺钉；6—垫圈；7—导向键。

图8-38　单刃镗刀

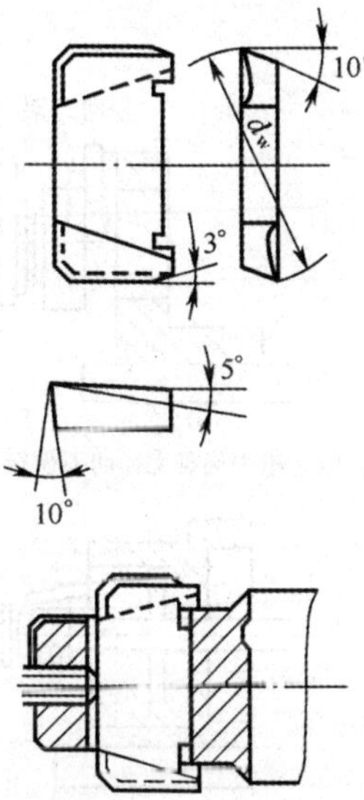

图8-39　双刃镗刀

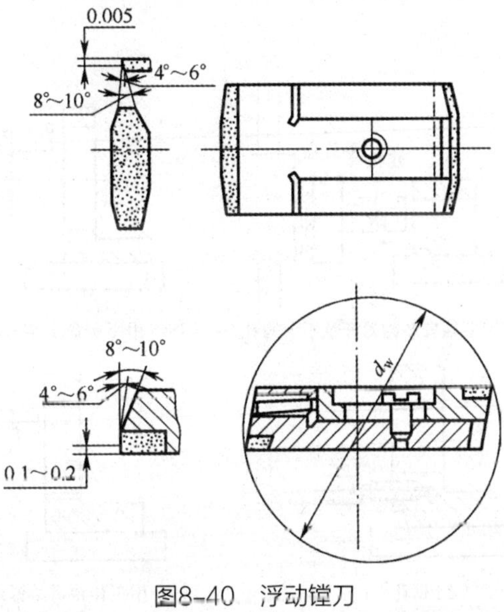

图8-40　浮动镗刀

根据箱体上孔的分布情况，可将镗削分为单一表面加工和孔系加工两种类型。

（1）单一表面的加工

1）镗削直径不大的孔　刀头用镗刀杆夹持，镗刀杆锥柄插入主轴锥孔中并随之做旋转主运动，工作台（工件）固定不动，让镗轴兼做轴向进给运动，如图8-41（a）所示。每完成一次进给，让主轴退回起点位置，通过调节刀头从镗刀杆的伸出长度来调节切削深度，直至加工完毕。

刀头伸出长度的调节方法：粗镗时常采取松开紧定螺钉，轻轻敲击刀头来实现调节；精镗时常采用各种微调装置调节，以保证加工精度。

2）镗削深度不大直径较大的孔　将主刀架与镗刀装在平旋盘的溜板上，由平旋盘带动刀架和镗刀旋转做主运动，在镗刀切入所需深度后，再让工作台带动工件做纵向进给运动，如图8–41（b）所示。切削深度用移动刀架溜板调节。

3）镗削孔边的端面　把刀具装在平旋盘的刀架上，由平旋盘带动刀具旋转，同时刀架在刀架溜板的带动下沿平旋盘径向进给，如图8–41（c）所示。

4）钻孔、扩孔　加工小孔时，可在主轴锥孔中逐次装上钻头、扩孔钻及铰刀，让主轴旋转并在轴向做进给运动，就可以完成小孔的钻、扩、铰等切削加工，如图8–41（d）所示。

5）镗削螺纹　将螺纹镗刀装夹在特制的刀架上，由主轴带动旋转做主运动，工作台沿床身做进给运动（须刀具每转一转、工作台带动零件准确移动一个导程），便可镗出螺纹，如图8–41（e）所示。切削深度的控制是通过在每一行程结束时将特制刀架沿溜板移动所需的距离来调节的。镗内螺纹还可以采用如图8–41（f）所示的加工方法，即将另一特制刀具装在镗杆上，镗杆既旋转，又按要求做轴向进给运动。

6）用镗床铣削　在镗床主轴锥孔中装上立铣刀或端铣刀，就可以对箱体零件侧面上的平面和沟槽进行铣削加工。

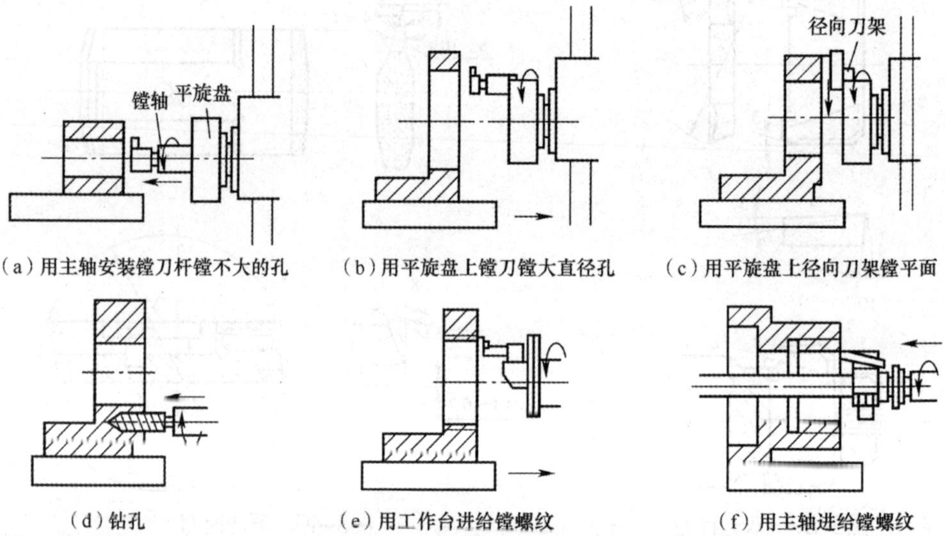

（a）用主轴安装镗刀杆镗不大的孔　（b）用平旋盘上镗刀镗大直径孔　（c）用平旋盘上径向刀架镗平面

（d）钻孔　（e）用工作台进给镗螺纹　（f）用主轴进给镗螺纹

图8–41　卧式铣镗床的加工方法

（2）孔系的加工

孔系是指两个或两个以上在空间具有一定相对位置的孔。常见的孔系有同轴孔系、平行孔系和垂直孔系，其加工方法如下：

1）镗削同轴孔系　使用长镗刀杆，将其一端插入主轴锥孔中，另一端穿越工件的预制孔由后立柱支承，主轴带动镗刀旋转做主运动，工作台带动工件做纵向进给运动，即可镗出两同轴孔，如图8-42所示。若同轴孔系诸孔直径不相等，可在镗刀杆轴向的相应位置上安装几把镗刀，将同轴孔先后或同时镗出。

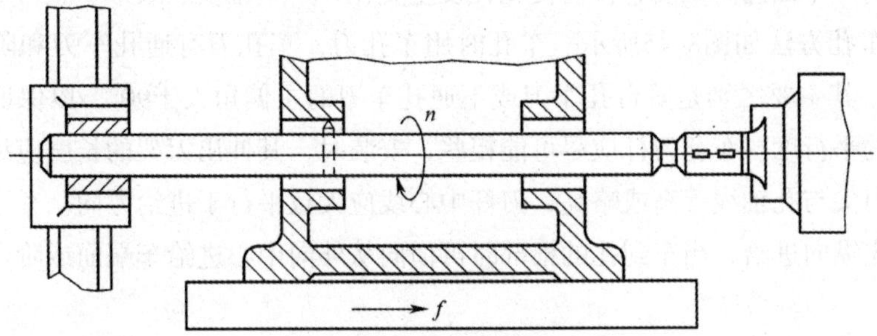

图8-42　镗削同轴孔系

2）镗削平行孔系　若两平行孔的轴线在同一水平面内，可在镗削完一个孔后，将工作台在横向移动一个孔距，便可对另一个孔进行镗削。若两平行孔的轴线在同一垂直平面内，则可在镗削完一个孔后，将主轴箱垂直移动一个孔距，便可对另一个孔进行镗削，如图8-43所示。若两平行孔的轴线既不在同一水平面内，又不在同一垂直平面内，则可在镗削完一个孔后，用先横向移动工作台，再垂直移动主轴箱的方法，以此来确定工件与刀具的相对位置。

3）镗削垂直孔系　若两孔的轴线在同一水平面内垂直相交，可在镗削完一个孔后，将工作台连同工件调转90°，便可对另一个孔进行镗削，如图8-44所示。若两孔的轴线在空间交错垂直，则在工作台调转90°后，再将主轴箱升高或降低一定距离，便可对另一个孔进行镗削。

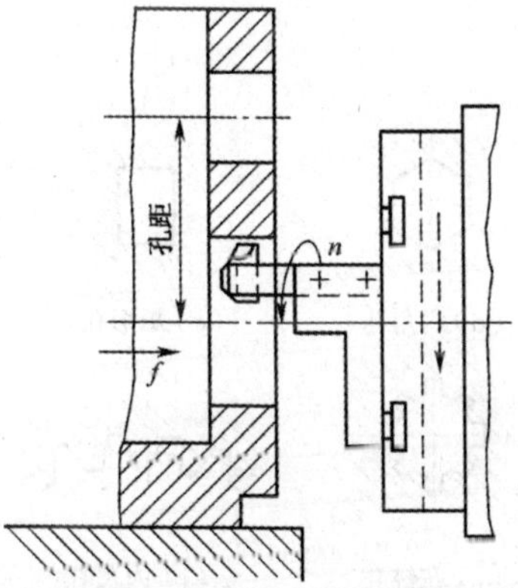

图8-43　镗削平行孔系

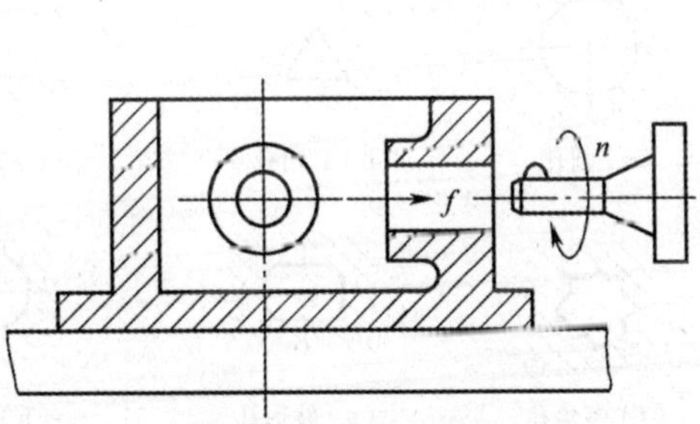

图8-44　镗削垂直孔系

8.3.3　车削加工

车孔是指用车削方法扩大工件的内孔或加工空心工件的内表面，是一种常用的加工方法之一。加工时工件旋转，刀具做进给运动。其特点是加工后孔的轴线和工件的回转轴线一致，孔轴线的直线度好，能保证在一次安装加工的外圆和内孔有较高的同轴度，并与端面垂直，刀具进给方向不平行于回转轴线或不呈直线运动，都不影响轴线的位置和直线度，也不影响孔在任何一个面内的圆度，仅会使孔径发生变化，产生锥度、鼓形、腰形等缺陷。

常见的车孔方法如图8-45所示。车孔时用车孔刀，车孔刀有通孔车刀和阶台孔或不通孔车刀两类，其主要区别是阶台孔车刀或不通孔车刀的主偏角大于90°，以保证阶台平面或不通孔底面的平行度。车孔刀杆应尽可能粗些，安装时，其伸出刀架的长度应尽量小些，以免颤振，其刀尖与孔轴线等高或略高，刀杆中心线应大致平行于进给方向。车不通孔和阶台孔时，车刀先纵向进给，当车到孔的根部时再横向从外向中心进给车端面或阶台端面。

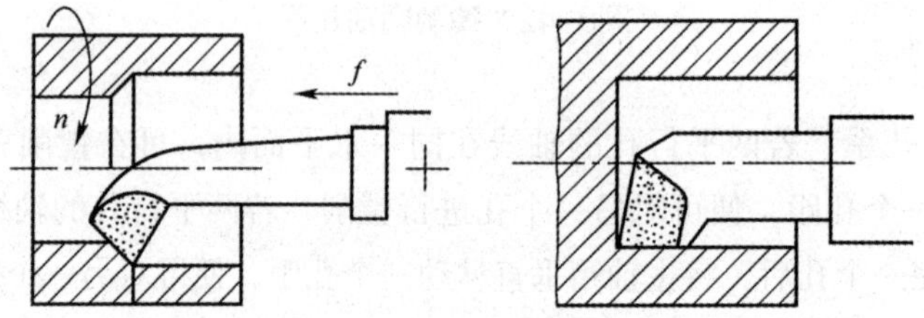

（a）车削通孔　（b）车削不通孔

图8-45　车孔及车刀

8.3.4　拉削加工

在拉床上用拉刀加工工件的工艺过程称为拉削加工。拉削工艺范围广，不但可以加工各种形状的通孔，还可以拉削平面及各种组合成型表面。如图8-46所示为拉削加工的典型工件截面形状。

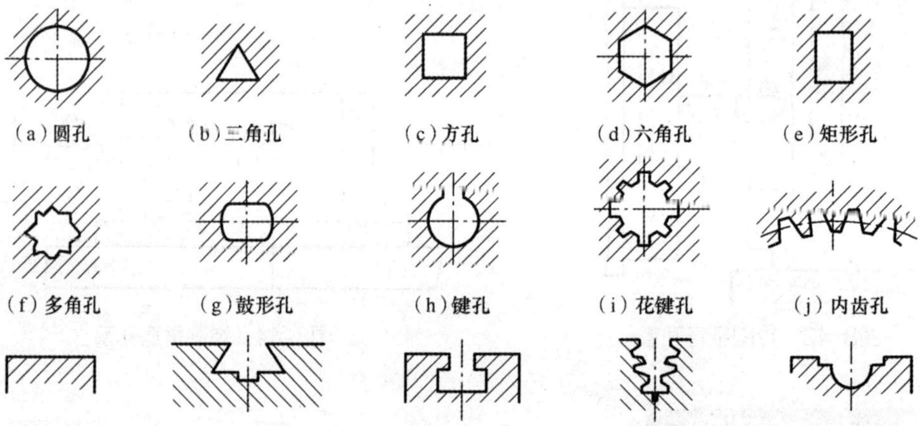

（a）圆孔　（b）三角孔　（c）方孔　（d）六角孔　（e）矩形孔
（f）多角孔　（g）鼓形孔　（h）键孔　（i）花键孔　（j）内齿孔
（k）平面　（l）燕尾槽　（m）T形槽　（n）榫槽　（o）成型表面

图8-46　拉削加工的各种内外表面

8.3.4.1　拉刀

拉刀是一种加工精度和切削效率都比较高的多齿刀具。拉刀的类型不同，其外形和构造也各有不同，但其组成部分和基本结构是相似的。如图8-47所示为圆孔拉刀的组成，它由头部、颈部、过渡部、前导部、切削部、校准部、后导部和尾部组成。

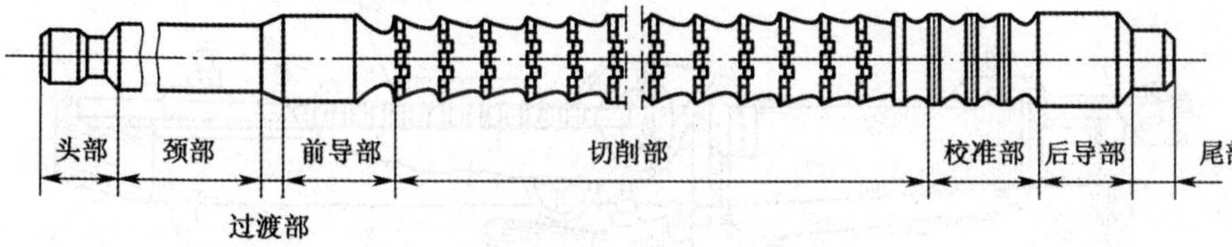

图8-47　圆孔拉刀的组成

8.3.4.2　拉削原理

拉刀是一种加工精度和切削效率都比较高的多齿刀具。拉削时拉刀做等速直线运动，由于拉刀的后一个（或一组）刀齿高出前一个（或一组）刀齿，从而能够一层层地从工件上切下多余的金属，如图8-48所示。

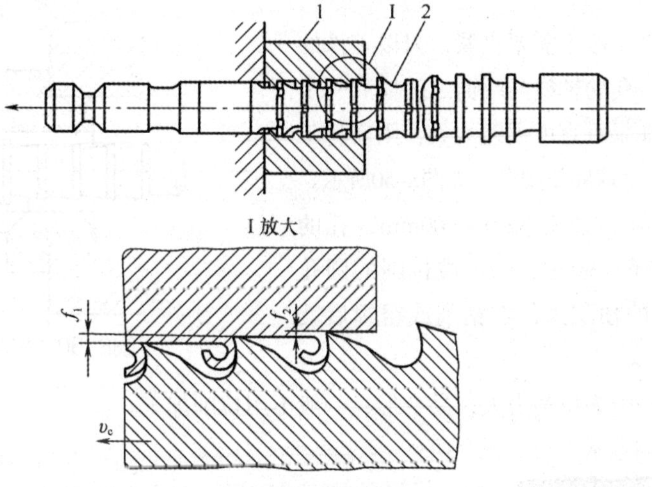

1—工件；2—拉刀。

图8-48　拉削的过程

8.3.4.3　拉削加工的特点

拉削加工具有拉床结构简单，加工精度与表面质量高，生产率高，拉刀耐用度高，使用寿命长，切削条件差等工艺特点。

由于拉刀的结构比一般刀具复杂，制造成本高，因此一般多用于大量或成批生产。

8.3.4.4　拉削加工

拉削加工在拉床上进行。拉床按用途可分为内拉床及外拉床；按机床的布局可分为卧式和立式。其中，以卧式内拉床应用最广。

如图8-49所示为卧式内拉床的外形结构。液压缸1固定于床身内，工作时，液压泵供给压力油驱动活塞，活塞带动拉刀4，连同拉刀尾部活动支承5一起沿水平方向左移，装在固定支承上的工件3即被拉制出符合精度要求的内孔，其拉力通过压力表2显示。

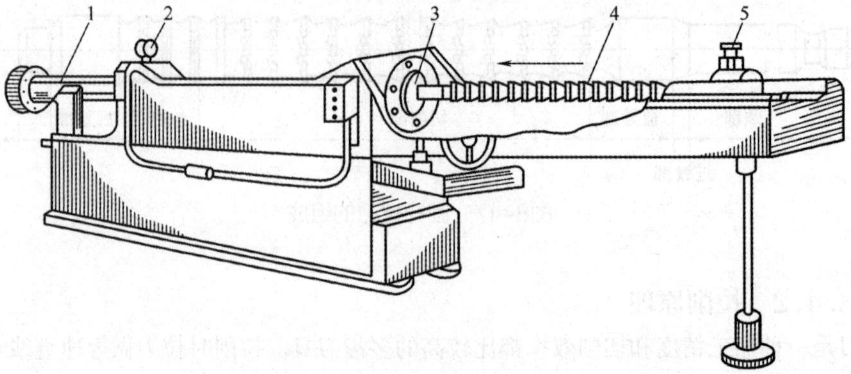

1—液压缸；2—压力表；3—工件；4—拉刀；5—活动支承。

图8-49 卧式内拉床外形图

拉孔时，工件一般不需要夹紧，只以工件的端面支承。因此，孔的轴线与端面之间应有一定的垂直度要求，如果垂直度误差太大，则需将工件的端面紧贴在一个球面垫圈上，如图8-50所示。

拉削加工的孔径通常为10～100mm，孔的深度与直径之比不应超过3～5。被拉削的圆孔一般不需要精确的预加工，在钻削或粗镗后就可以进行拉削。

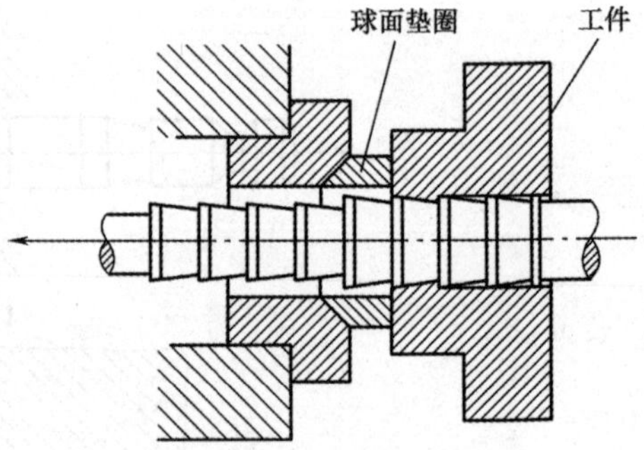

图8-50 拉圆孔方法

对于薄壁孔，因为拉削力大，易变形，一般不用拉削加工。

8.3.5 磨削加工

内圆表面的磨削加工可以在内圆磨床上进行，也可以在万能外圆磨床上进行，其加工精度可达IT6～IT8，表面粗糙度*Ra*值为0.4～1.6μm。

内圆磨床的主要类型有普通内圆磨床、无心内圆磨床和行星内圆磨床。不同类型的内圆磨床其磨削方法是不相同的。

（1）内圆磨削方法

如图8-51所示为在普通内圆磨床上进行的内孔磨削。与外圆磨削类似，内孔磨削也分为纵磨法和横磨法。由于砂轮轴的刚性很差，横磨法仅适用于磨削短孔及内成型面，磨削内孔多数情况下采用纵磨法。

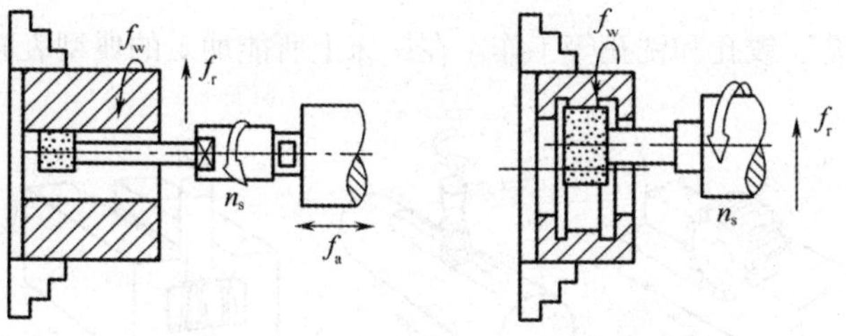

（a）纵磨法　　（b）横磨法

图8-51　普通内圆磨床的磨削方法

（2）内圆磨削工艺特点

内圆磨削与外圆磨削相比，加工条件差，内圆磨削有以下一些特点：

1）砂轮直径受到被加工孔径的限制，直径较小。砂轮很容易磨钝，需要经常修整和更换，增加了辅助时间，降低了生产率。

2）砂轮直径小，即使砂轮转速高达每分钟几万转，要达到砂轮圆周速度25 ~ 30m/s也是十分困难的，由于磨削速度低，因此内圆磨削比外圆磨削效率低。

3）砂轮轴的直径尺寸较小，而且悬伸较长，刚性较差，磨削时容易发生弯曲和振动，从而影响加工精度和表面粗糙度。

4）切削液不易进入磨削区，磨屑排除困难。

（3）内圆磨削应用范围

虽然内圆磨削比外圆磨削加工条件差，但仍然是一种常用的精加工孔的方法，特别适用于淬硬的孔、断续表面的孔和长度较短的精密孔的加工。

8.4 平面加工

平面是基础类零件（如箱体、工作台、床身及支架等）的主要表面，也是回转体零件的重要表面之一（如端面、台肩面等）。平面的加工方法有车削、铣削、刨削、磨削、拉削、研磨、刮削及抛光等。

8.4.1　铣削加工

8.4.1.1　铣削加工工艺范围及特点

（1）铣削加工的工艺范围

铣削是平面加工的主要方法之一。在铣床上用不同类型的铣刀，配备万能分度头、圆工作台等多种附件，可以加工各种平面、阶台、沟槽、花键、齿轮、螺旋槽及成型面等。在铣床上还可以进行钻孔、铰孔和铣孔等工作。在铣床上所能加工的典型表面如图8-52所示。

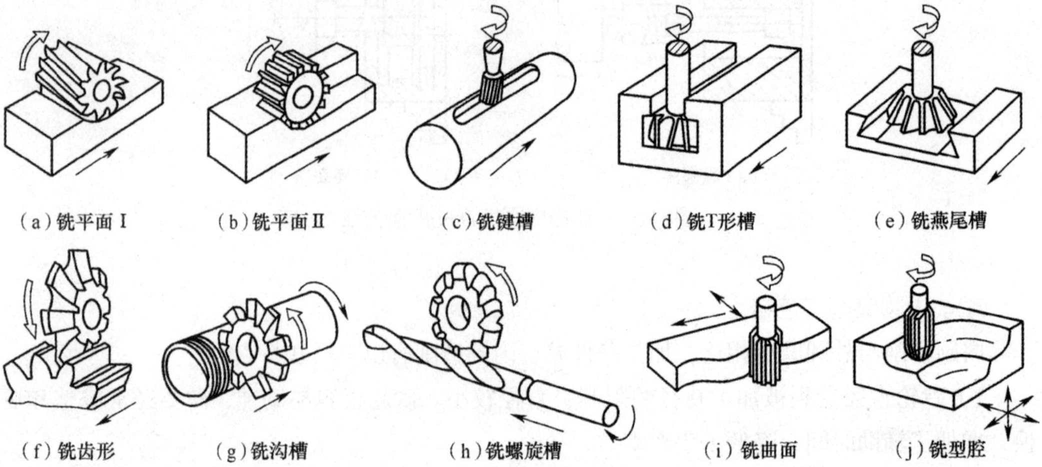

图8-52 铣床的典型加工方法

（2）铣削的工艺特点

1）铣削是仅次于车削的切削加工方法，除加工狭长平面外，其生产效率均高于刨削。

2）铣刀种类多，铣床功能强，所以铣削的适用性好，能完成多种表面的加工。

3）铣刀为多刃刀具，冷却条件好，刀具寿命长。

4）由于铣刀刀齿对加工表面的轮番切削，加工出的表面质量比车削要差一些。

5）铣刀的容屑与排屑空间较小，所以排屑困难。

6）铣削的经济精度为IT9～IT7，表面粗糙度*Ra*值为12.5～1.6μm。

8.4.1.2 铣削加工设备

铣床是用铣刀进行切削加工的机床。铣床的类型很多，主要有卧式升降台铣床、立式升降台铣床、圆工作台及工作台不升降铣床、龙门铣床、万能工具铣床、仿形铣床、仪表铣床和各种专门化铣床等。下面以X6132型万能卧式升降台铣床为例进行介绍。

（1）铣床的主要组成部件

如图8-53所示是X6132型万能卧式升降台铣床的外形图，其主要由床身、主轴、横梁、挂架、工作台、转台、横向溜板和升降台等组成。

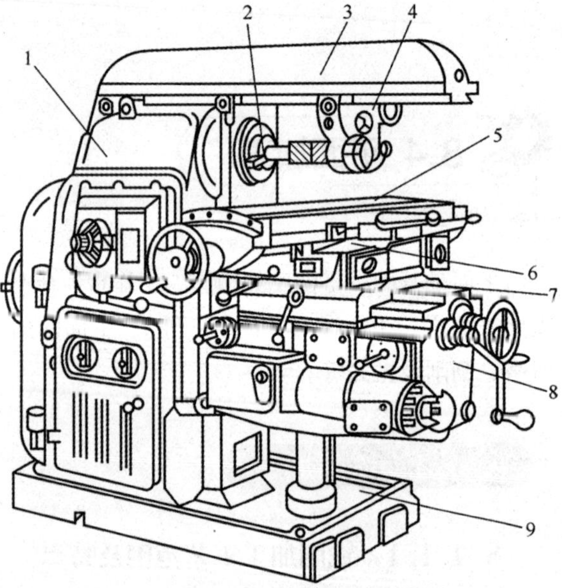

1—床身；2—主轴；3—横梁；4—挂架；5—工作台；6—转台；7—横向溜板；8—升降台；9—底座。

图8-53 X6132型万能卧式升降台铣床外形图

（2）铣床的运动情况

1）主运动　为主轴的旋转运动。

2）进给运动　为工作台的纵向、横向和垂直方向的移动，进给电动机的旋转运动。

8.4.1.3　铣床主要附件

（1）分度头

万能分度头是铣床的重要精密附件，用于多边形零件、花键、齿式离合器、齿轮等的圆周分度和螺旋槽的加工。FW250型万能分度头应用最为普遍。

万能分度头的结构如图8-54所示。由图8-54（b）可知，蜗杆转40转，蜗轮转1转，因此，分度手柄转40转，分度头主轴转1转。

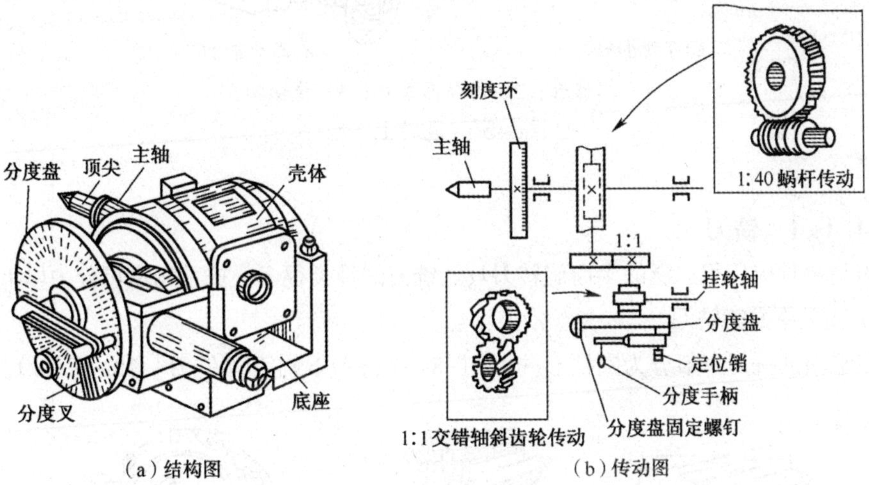

图8-54　万能分度头

（2）铣床用平口台虎钳

铣床用平口台虎钳有固定式和回转式两种，两者结构基本相同，但回转式平口台虎钳底座设有转盘，可绕其轴线在360°范围内任意扳转，平口台虎钳外形如图8-55所示。

平口台虎钳夹紧力大、装卸方便、装夹规则，最适合于长条形或方形零件的装夹，其固定钳口本身精度及其相对底座底面的位置精度都较高，底座下面带有两块定位键，安装时可以和铣床工作台面上的T形槽定位，以保证固定钳口与工作台纵向进给方向垂直或平行。

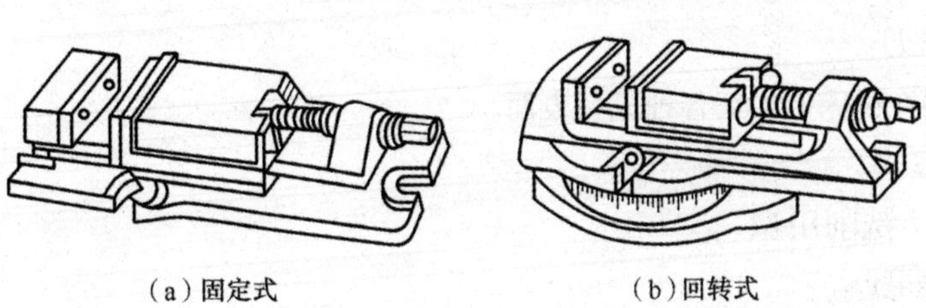

图8-55　铣床用平口台虎钳

（3）回转工作台

回转工作台又称转盘或圆工作台，分手动进给和机动进给两种。手动进给式［图8-56（a）］应用较多；工作台直径大于250mm的为机动进给式［图8-56（b）］。

回转工作台主要用于中小型零件的分度和回转曲面的加工。

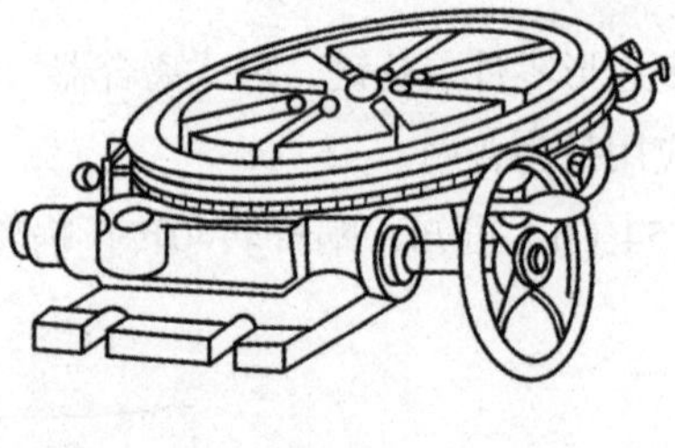

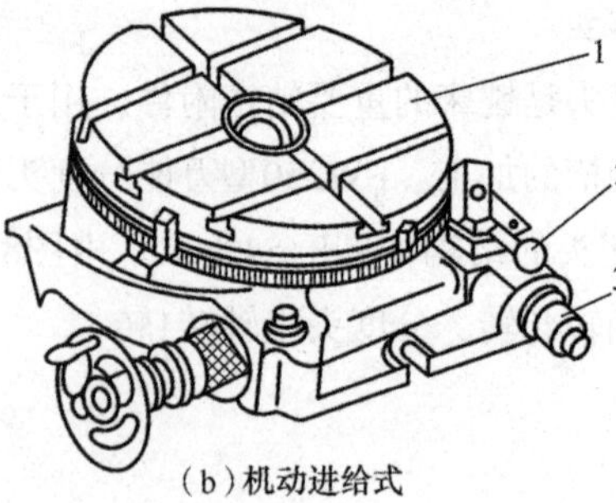

（a）手动进给式　　（b）机动进给式

1—工作台；2—离合器手柄；3—传动轴。

图8-56 回转工作台

8.4.1.4 铣刀

铣刀是一种应用很广泛的多齿旋转刀具。铣刀的种类很多，按其用途可分为以下三类。

（1）加工平面的铣刀

加工平面的铣刀一般分为圆柱形铣刀［图8-57（a）（b）］和端铣刀［图8-57（c）］两种。

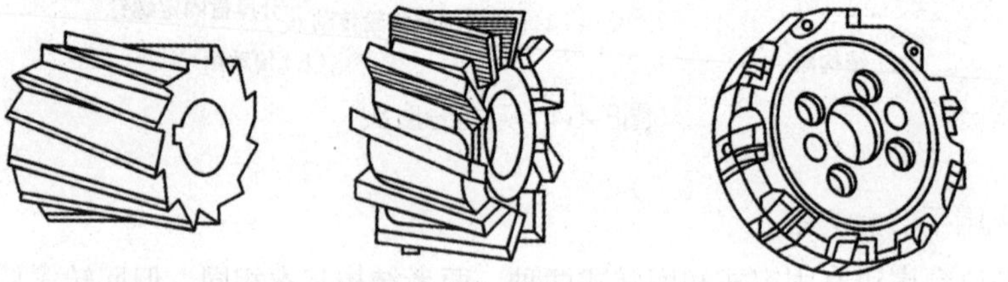

（a）整体式圆柱形铣刀　（b）镶齿式圆柱形铣刀　（c）可转位硬质合金刀片端铣刀

图8-57 加工平面的铣刀

（2）加工沟槽的铣刀

加工沟槽的铣刀一般分为立铣刀［图8-58（a）］、键槽铣刀［图8-58（b）］、锯片铣刀［图8-58（c）］、三面刃铣刀［图8-58（d）］和角度铣刀［图8-58（e）（f）］五种。

（3）成型铣刀

成型铣刀用在铣床上加工各种成型表面。

8.4.1.5 铣削用量

（1）铣削速度v_c

铣削速度是指铣刀外缘的线速度，可用下式计算：

$$v_c=\frac{\pi dn}{1000}\ (\mathrm{m/min}) \qquad (8\text{-}7)$$

式中　d——铣刀直径，mm；

n——铣刀转速，r/min。

（2）进给量f

进给量f是指铣刀在进给运动方向上相对零件的单位位移量。有三种表达方式：

①每转进给量f　铣刀每转相对于零件移动的距离（mm/r）。

②每齿进给量f_z　铣刀每转过一个刀齿相对于零件移动的距离（mm/z）。

③进给速度v_f　铣刀相对于零件每分钟移动的距离（mm/min）。

三者之间的关系为：

$$v_f=fn=f_zzn \qquad (8\text{-}8)$$

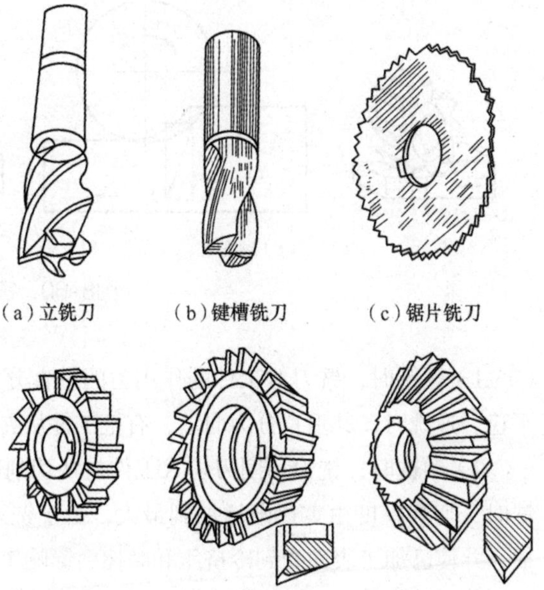

（a）立铣刀　（b）键槽铣刀　（c）锯片铣刀

（d）三面刃铣刀　（e）单角铣刀　（f）对称双角铣刀

图8-58　加工沟槽的铣刀

（3）背吃刀量a_p

背吃刀量a_p是指在通过切削刃基点并垂直于工作平面的方向上测量的吃刀量（图8-59）。

（4）侧吃刀量a_e

侧吃刀量a_e是指在平行于工作平面并垂直切削刃基点的进给运动方向上测量的吃刀量（图8-59）。

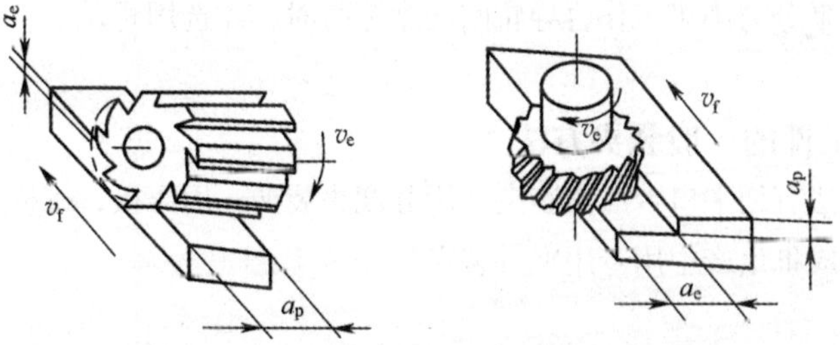

（a）周铣　（b）面铣

图8-59　周铣与面铣

8.4.1.6　铣削方式

铣削加工可分为周铣和面铣两种，如图8-59所示。周铣又分为顺铣和逆铣。顺铣是指铣刀旋转方向与零件进给方向相同时的铣削方式，如图8-60（a）所示；逆铣是指铣刀旋转方向与零件进给方向相反时的铣削方式，如图8-60（b）所示。顺铣和逆铣的特点如下：

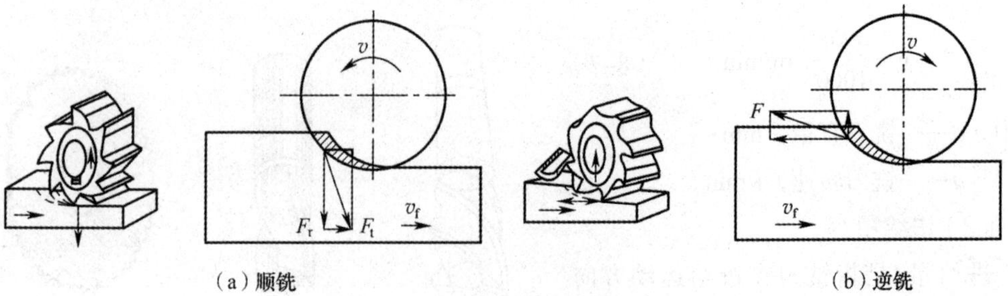

图8-60 铣削方式

1）顺铣时，铣刀对工件的作用力的垂直分力始终向下，有压紧工件的作用，故铣削较平稳。逆铣时，其垂直分力向上，有把工件从夹具内翻起来的倾向。

2）顺铣时，铣刀切削刃切入工件是从切削厚处切到薄处，工件加工表面质量较高。逆铣时，切削厚度由零逐渐增加到最大，由于铣刀的切削刃有一定的圆弧，使切削刃容易磨损，并使已加工表面受到冷挤压和摩擦，影响工件已加工表面的表面质量。

3）顺铣时，切削刃从工件的外表面切入，因此当工件是有硬皮和杂质的毛坯件时，容易使刀具磨损和损坏。逆铣时，在铣刀中心进入工件端面后，切削刃不是从工件的外表面切入，因此，工件表层的硬皮和杂质等对切削刃的影响较小。

4）顺铣时，进给方向的水平分力与工作台进给方向相同，当丝杠与螺母、轴承的轴向间隙较大时，会拉动工作台使工作台产生间歇性窜动，导致刀齿折断，甚至造成刀轴弯曲、工件和夹具产生位移而使工件、夹具以及机床损坏等严重后果。逆铣时，水平分力与工作台进给方向相反，因此，不会拉动工作台。

5）顺铣时，能提高铣削速度，节省动力，而逆铣则相反。

综合上述比较，在铣床上进行圆周铣削时，一般采用逆铣。只有当把丝杠的轴向间隙调整到很小，或当水平分力小于工作台导轨间的摩擦力时，才选用顺铣。

8.4.1.7 工件的一般装夹方法

一般的装夹方法有用平口台虎钳装夹；用分度头装夹；用压板、螺栓直接将工件装夹在铣床工作台上；在成批生产中用专用夹具装夹。

8.4.1.8 铣刀的装夹

（1）圆柱形及盘形套式铣刀的装夹方法

这类铣刀一般利用刀杆将铣刀安装到铣床主轴上。刀杆的结构如图8-61所示，它分为长、短［图8-61（a）（b）］两种。

刀杆和铣刀的安装步骤如下。

1）刀杆的安装 用干净棉纱擦拭刀杆的锥柄和铣床主轴锥孔，把刀杆的锥柄插入主轴锥孔中，使刀杆锥柄前端凸缘上的两个缺口和主轴前端的两个传动键配合，并用螺杆把刀轴拉紧和紧固在主轴上。

2）铣刀的安装　将铣刀、垫圈和刀轴全部擦拭干净，套上几个垫圈，使铣刀处在需要位置，然后装上铣刀，并在铣刀与刀杆之间装上键，再在铣刀外面套上适当数量的垫圈和与刀杆支承轴承相配的轴套，最后装上挂架和旋紧螺母。还有一种轻便刀杆如图8-61（c）所示，它短而粗，刚性好，使用时不必用挂架，所以在卧式和立式铣床上均可使用。

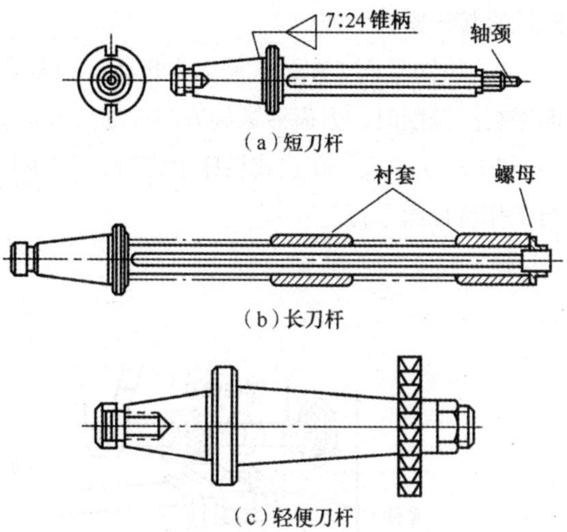

图8-61　刀杆

（2）带柄铣刀的装夹方法

这类铣刀包括立铣刀和小直径的端铣刀，有直柄和锥柄两种柄部形状。一般直柄铣刀用弹簧夹头装夹，如图8-62所示。装夹时，将铣刀柄插入弹簧套中，接着用螺母压弹簧套端面，并使之被挤紧在夹头体锥孔中，从而夹紧刀柄，夹头体用螺杆拉紧。更换相应的弹簧套，可安装直径在20mm内的直柄铣刀。锥柄铣刀安装时，先将其柄部插入主轴孔中，再用螺杆拉紧。如果柄部锥体小于主轴锥孔，则要通过中间套筒来装夹，装夹时，螺杆直接穿过过渡锥套后再拉紧铣刀。

（3）套式端铣刀的装夹方法

直径较小的套式端铣刀，一般用心轴装夹，如图8-63所示。铣刀内孔与心轴相配合，并用螺钉或螺母紧固，切削力矩依靠铣刀背面与心轴凸缘之间的端面键来传递，也可以在铣刀内孔加装平键来代替端面键。

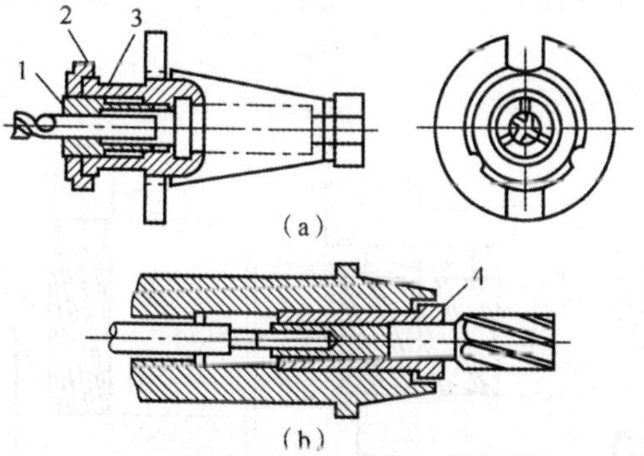

1—内套；2—压紧螺母；
3—外套；4—过渡锥套。
图8-62　带柄铣刀的装夹

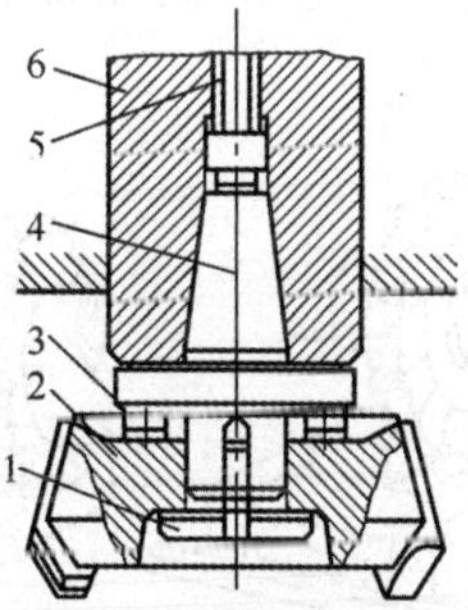

1—螺钉；2—铣刀；3—传动键；
4—心轴；5—拉杆；6—主轴。
图8-63　端铣刀的装夹

8.4.1.9　铣削基本方法

（1）铣平面

铣平面的方法有周铣和端铣两种。铣平面时，工件可夹紧在机用台虎钳上，也可用压板螺栓直接压紧在工作台上。

1）周铣平面　在卧式铣床上进行，通常采用螺旋齿圆柱铣刀，铣出的平面与工作台台面平行。铣削时，刀齿沿螺旋方向逐渐切入工件，铣削过程平稳，如图8-64（a）所示。

2）端铣平面　在立式铣床上进行，采用端铣刀铣削，如图8-64（b）所示，铣出的平面与工作台台面平行。

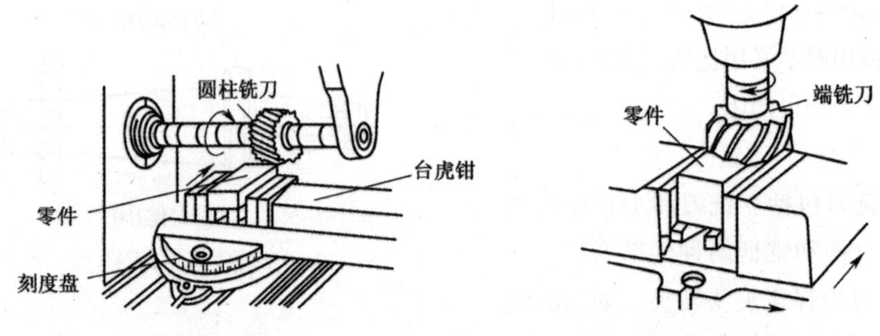

（a）周铣平面　（b）端铣平面

图8-64　铣平面的方法

（2）铣阶台

1）用三面刃铣刀铣阶台　生产中一般均采用三面刃铣刀在卧式铣床上铣削阶台和沟槽，如图8-65（a）所示。若零件上有对称阶台，则常用两把直径相同的三面刃铣刀组合铣削，如图8-65（b）所示。

2）用端铣刀铣阶台　一般铣削宽度较大而深度不大的阶台，如图8-65（c）所示。

3）用立铣刀铣阶台　主要用立铣刀铣削深度较大的阶台，尤其是内阶台，如图8-65（d）所示。应选用较小的铣削用量。

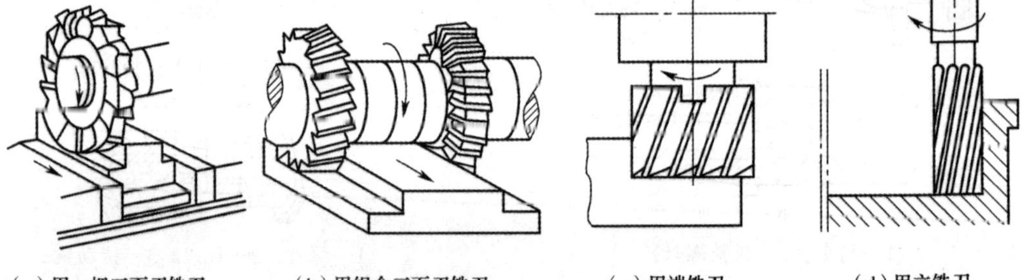
（a）用一把三面刃铣刀　（b）用组合三面刃铣刀　（c）用端铣刀　（d）用立铣刀

图8-65　铣阶台的方法

（3）铣槽

1）铣轴上键槽　开口式键槽可在卧式铣床上用三面刃盘铣刀进行铣削。封闭式键槽是在立式铣床上用键槽铣刀进行铣削的，如图8-66（a）所示。

2）铣T形槽　铣T形槽的步骤如图8-66（b）所示。先用三面刃铣刀或立铣刀铣出直槽，然后用T形槽铣刀铣出下部宽槽，使T形槽成型。

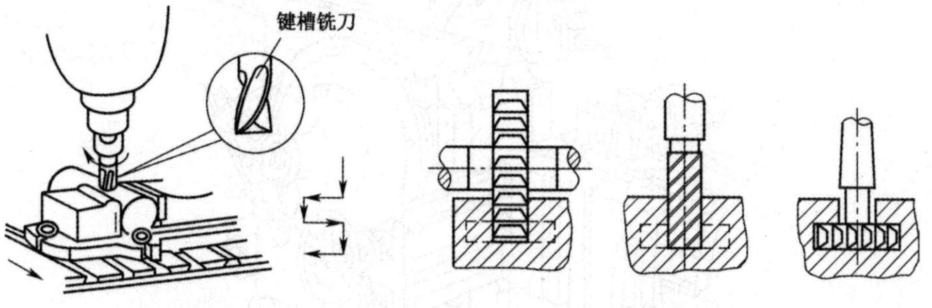

（a）铣封闭键槽　（b）铣T形槽

图8-66　铣槽的方法

8.4.2　刨削加工

刨削加工是指用刨刀对工件做水平相对直线往复运动的切削加工方法。平面刨削是最常用的加工方法。

8.4.2.1　刨削的工艺特点

1）刨削加工的生产成本和生产率较低。

2）刨削的加工精度通常为IT9～IT7，表面粗糙度*Ra*值为12.5～3.2μm；采用宽刃刀精刨时，加工精度可达IT6，表面粗糙度*Ra*值为1.6～0.4μm。

8.4.2.2　刨床

刨削在刨床上进行，刨床分为牛头刨床和龙门刨床两类。本节仅对牛头刨床做简单介绍。

（1）刨床的主要组成部件及其功用

如图8-67所示为牛头刨床的外形图。它主要适用于各种小型零件的单件、小批量生产。

（2）刨床的运动情况

1）主运动　为刀架（滑枕）的直线往复运动。它只在一个运动方向上进行切削，称为工作行程；返回时不进行切削，称为空行程。

2）进给运动　为工作台的横向进给和刨刀的垂直或斜向进给。

8.4.2.3　刨刀及其装夹

刨刀有直头和弯头两种形式，如图8-68所示。刨刀通常制成弯头形式，使刨刀在受到大的切削力弯曲时，刀尖能从加工面上提起来，避免产生“扎刀”现象。

刨刀的安装如图8-69所示，装夹位置要正，刀头伸出长度应尽可能短，夹紧要牢固。

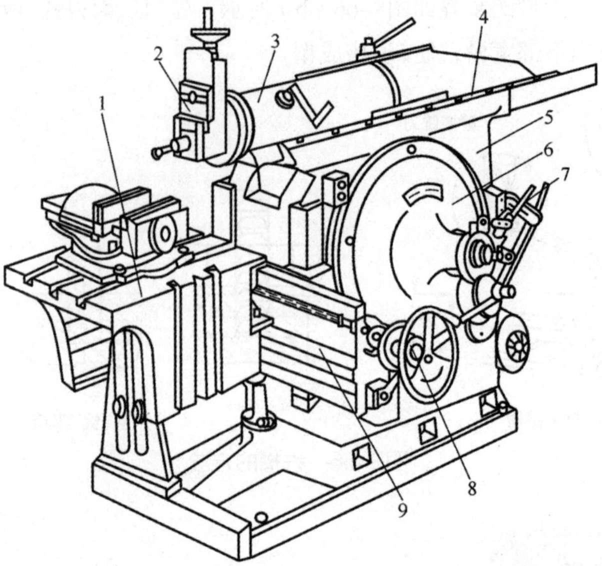

1—工作台；2—刀架；3—滑枕；4—压板；5—床身；
6—摆杆机构；7—变速机构；8—进刀机构；9—横梁。

图8-67 牛头刨床外形图

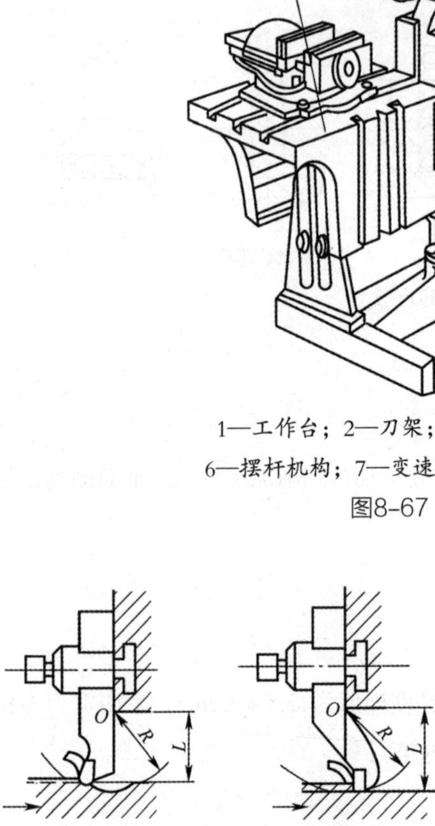

（a）直头刨刀 （b）弯头刨刀

图8-68 刨刀的结构形式

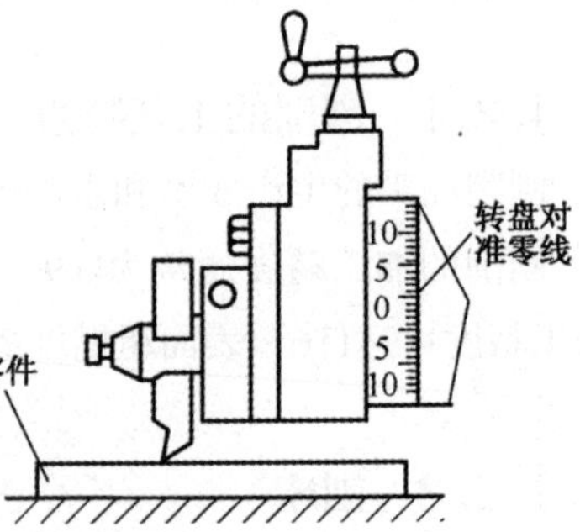

图8-69 刨刀的安装

8.4.2.4 工件的装夹

（1）虎钳装夹

小型工件和形状规则的工件可装夹在虎钳上。虎钳底座上有刻度盘，能把虎钳转至任角度。装夹工件时应注意工件高出钳口或伸出钳口两端不宜太多，以保证夹紧可靠，如图8-70（a）所示。

（2）螺栓压板装夹

较大的工件可置于工作台上，用压板、螺栓、挡铁等直接装夹。为减少夹紧变形，装夹时应分几次按一定的顺序拧紧各螺栓，如图8-70（b）所示。

可用划线盘沿画线移动来判断工件安装位置的正确性，也可用滑枕移动来检查。

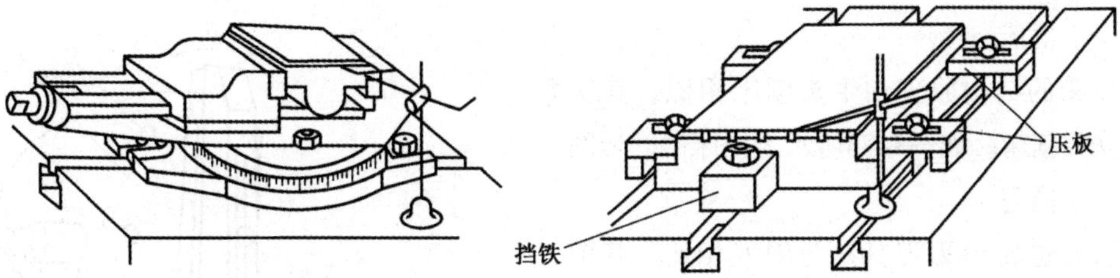

（a）虎钳装夹　　（b）用螺栓压板装夹

图8-70　零件的装夹

8.4.2.5　刨削方法

刨削是平面加工的主要方法之一。在刨床上可加工各种平面（水平面、垂直面及斜面等）、沟槽（直槽、T形槽、燕尾槽及V形槽等）及曲面等，如图8-71所示。

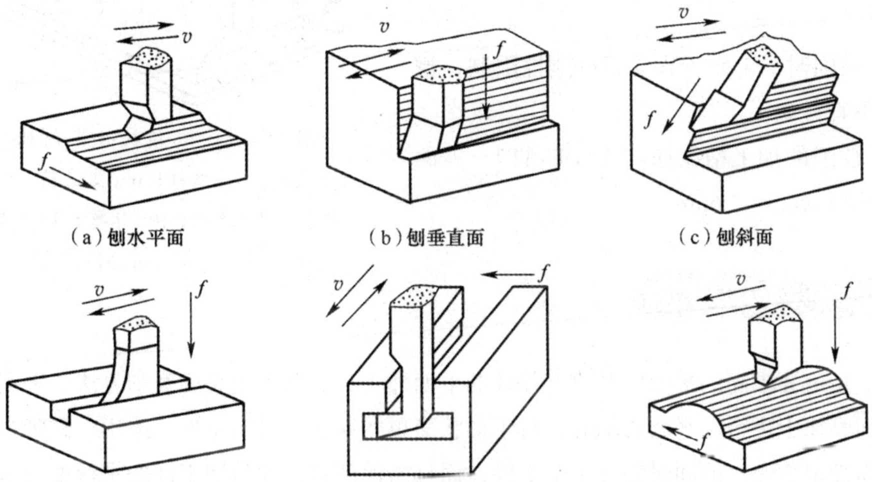

（a）刨水平面　（b）刨垂直面　（c）刨斜面

（d）刨直槽　（e）刨T形槽　（f）刨曲面

图8-71　刨削加工方法

8.4.3　插削加工

插削是指用插刀对工件做垂直相对直线往复运动的切削加工方法。在插床上可以加工孔内键槽、方孔、多边形孔以及花键孔等，如图8 72所示。

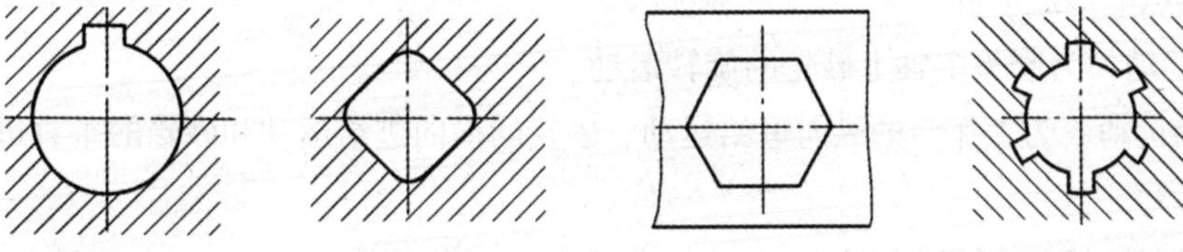

（a）插键槽　（b）插方孔　（c）插六边形孔　（d）插花键孔

图8-72　插削加工内容

（1）插床

插床的结构原理和牛头刨床相似，其实质上是立式刨床。如图8-73所示为插床的外形图。

（2）插刀

插刀也属单刃刀具，与刨刀相比，其前、后刀面的位置对调。为了避免刀杆与零件已加工表面碰撞，插刀的主切削刃越出刀杆正面。插刀的几何角度一般取前角γ_o=0°～12°，后角α_o=4°～8°。常用的尖刃插刀主要用于粗插或插多边形孔，平刃插刀主要用于精插或插直角沟槽。

（3）插削的工艺特点

1）生产效率较低，主要用于单件小批量生产。

2）插削时，工作行程受刀杆刚性限制，槽长尺寸不宜过大。

3）插削的加工精度通常为IT9～IT7，表面粗糙度*Ra*值为6.3～1.6μm。

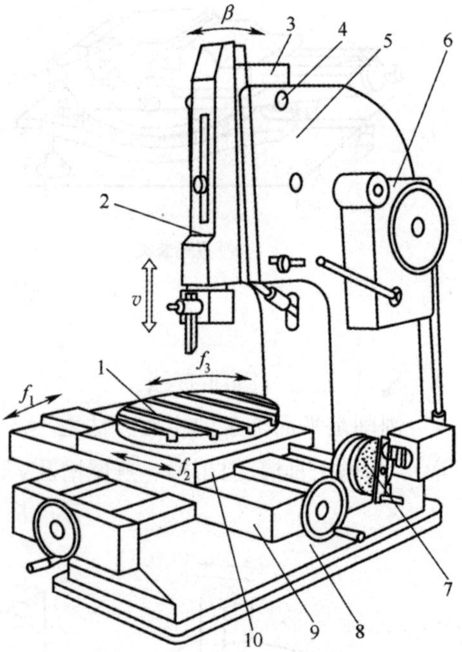

1—圆工作台；2—滑枕；3—滑枕导轨座；4—销轴；5—立柱；6—变速箱；7—分度机构；8—床身；9—床鞍；10—溜板。

图8-73 插床外形图

8.4.4 磨削加工

对于精度要求高的平面以及淬火零件的平面加工，需要采用平面磨削方法。平面磨削主要在平面磨床上进行。平面磨削时，对于形状简单的铁磁性材料工件，采用电磁吸盘装夹工件，操作简单方便，能同时装夹多个工件，而且能保证定位面与加工面的平行度要求。对于形状复杂或非铁磁性材料的工件，可采用精密平口虎钳或专用夹具装夹，然后用电磁吸盘或真空吸盘吸牢。平面磨削可作为车、铣、刨削平面之后的精加工。

8.4.4.1 M7120A型平面磨床

如图8-74所示为M7120A型平面磨床的外形图。

（1）磨床的主要组成部件

M7120A型平面磨床主要由床身、工作台、立柱、磨头和砂轮修整器等部件组成。

（2）磨床的运动情况

1）主运动　为磨头主轴上砂轮的旋转运动。

2）进给运动　为工作台的纵向进给运动、砂轮的横向进给运动和砂轮的垂直进给运动。

8.4.4.2 平面磨削方法

根据砂轮的工作面不同，平面磨削可分为周磨法和端磨法两类，如图8-75所示。

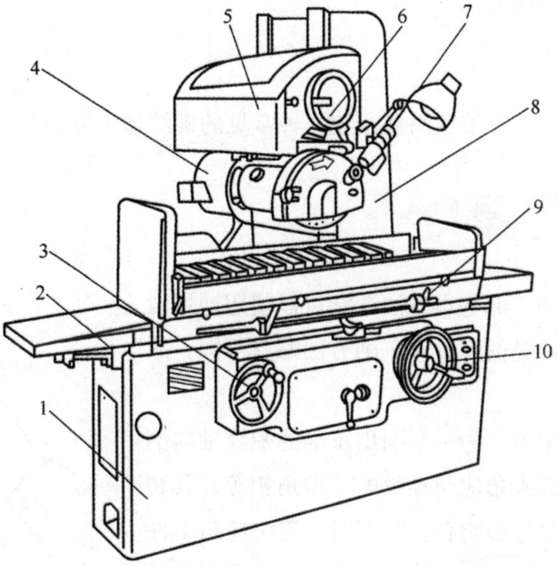

1—床身；2—工作台；3—纵向手轮；4—磨头；5—床鞍；6—横向手轮；
7—砂轮修整器；8—立柱；9—撞块；10—升降手轮。

图8-74 M7120A型平面磨床外形图

（1）周磨法

周磨法是指用砂轮轮缘（即圆周）进行磨削的加工方法。用周磨法进行磨削时，因砂轮与工件的接触面积小，产生的磨削热少，排屑和散热条件好，砂轮周面磨损均匀，所以加工质量高，但生产效率较低，主要用于精磨。如图8-75（a）所示为在卧轴矩台式平面磨床上用周磨法加工工件，如图8-75（c）所示为在卧轴圆台式平面磨床上用周磨法加工工件。

（2）端磨法

端磨法是指用砂轮端面进行磨削的加工方法。用端磨法进行磨削时，因砂轮与工件的接触面积大，产生的磨削热大，切削液又不易浇注到磨削区，磨削温度高，工件热变形大，砂轮端面磨损不均匀，所以加工质量差。但机床刚性好，可采用较大的磨削用量，生产效率较高，因而多用于粗磨。如图8-75（b）所示为在卧轴矩台式平面磨床上用端磨法加工工件，如图8-75（d）所示为在卧轴圆台式平面磨床上用端磨法加工工件。

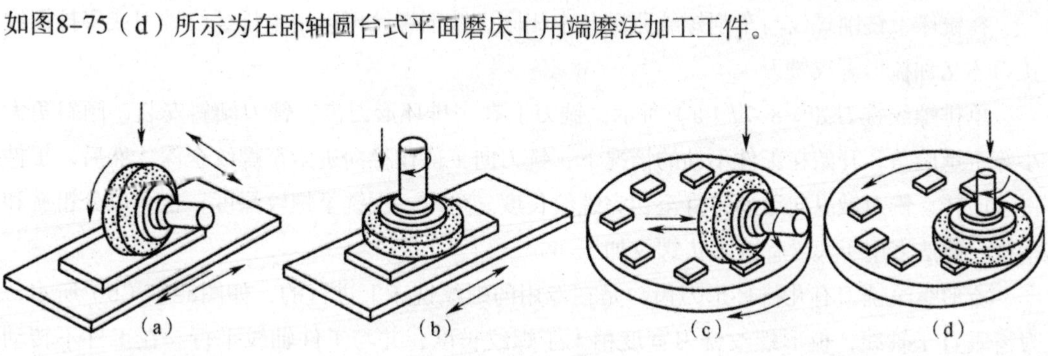

图8-75 平面磨削方法

8.5 螺纹加工

螺纹加工方法很多。本节仅简要介绍几种常见的螺纹加工方法。

8.5.1 车削螺纹

车削螺纹是螺纹加工的基本方法，它可以使用通用设备，刀具简单，不同种类的螺纹，车削方法略有不同，故适应性广。

车削螺纹用螺纹车刀。为了车削出正确的螺纹轴向剖面形状，螺纹车刀的刀尖角应与螺纹的牙型角相等，其切削部分的形状应与螺纹牙形吻合。装刀时，刀尖应与工件轴线等高，并用对刀样板对刀，使刀尖角等分线垂直于工件轴线，如图8–76所示。

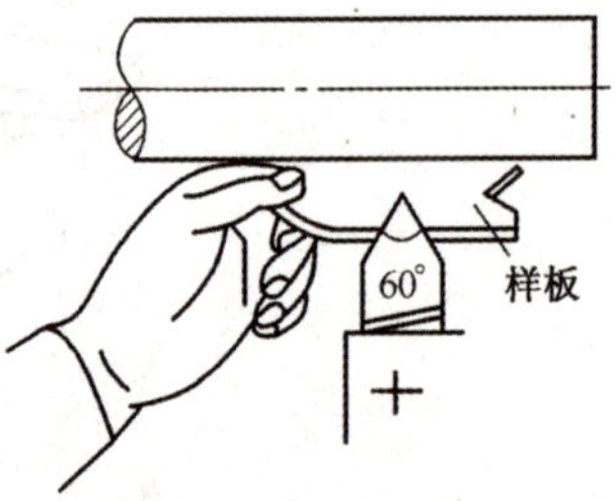

图8–76 用样板对刀

车削螺纹时，应保证工件每转一转，车刀准确地移动一个导程。操作时，要根据导程的大小，查看车床进给箱上铭牌，确定挂轮箱内挂轮的齿数，并按要求调换，然后调整进给箱上各个手柄到规定位置，脱开光杠，接通丝杠，车刀由丝杠带动实现进给运动。正式加工前应试进给检查导程是否正确。螺纹车削需多次走刀才能车削到规定深度，因此，每次进给时必须保证车刀刀尖对准已车出的螺旋槽，否则就会产生“乱牙”现象。为了保证加工要求，每次切深应逐渐减小，为便于退刀，主轴转速应选低些。

车削螺纹的基本方法：压下开合螺母，在工件表面上车出螺旋线，每次进给终了，先横向退刀，然后开反车使车刀退到工件右端，利用刻度盘调整切深，改为正车重复进给，直到达到要求。

8.5.2 铣削螺纹

在铣床上铣削螺纹与车削螺纹原理基本相同。铣削螺纹可以用单排螺纹铣刀或多排螺纹铣刀（又称梳形螺纹铣刀）。

单排螺纹铣刀如图8–77（a）所示，铣刀上有一排环形刀齿，铣刀倾斜安装，倾斜角大小等于螺旋角。开始在工件不动的情况下，铣刀向工件作径向进给至螺纹全深，然后，工件慢速回转，铣刀做纵向运动，直至切完螺纹长度。可以一次铣至螺纹深度，也可以分粗铣和精铣。此法多用于大导程或多头螺纹加工。

梳形螺纹铣刀有几排环形刀齿，是在专用的螺纹铣床上进行的，如图8–77（b）所示，刀齿垂直于轴线，梳形螺纹铣刀宽度稍大于螺纹长度，并与工件轴线平行。在工件不转动时，铣刀向工件进给到螺纹全深，然后工件缓慢转动1.25圈，同时，回转的梳形螺纹铣刀也纵向移动1.25个导程，即可加工完毕。梳形螺纹铣刀主要适用于大直径、小螺距的短螺纹加工。

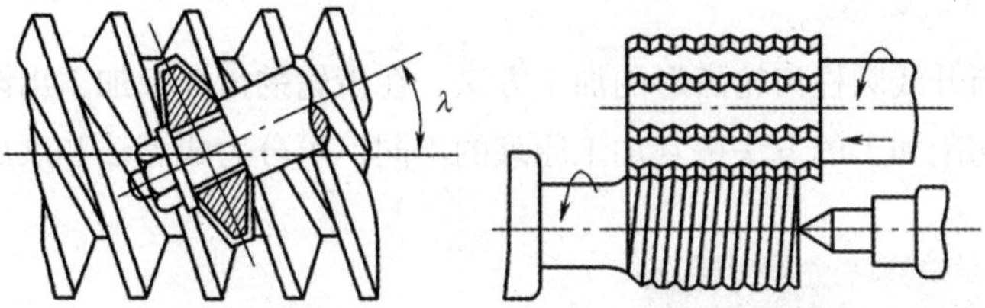

（a）单排螺纹铣刀　　（b）梳形螺纹铣刀铣螺纹

图8–77 铣削螺纹

8.5.3 攻螺纹与套螺纹

攻螺纹与套螺纹是应用较广的螺纹加工方法。

（1）攻螺纹

用丝锥在工件内孔表面上加工出内螺纹的加工方法称为攻螺纹，又称攻丝，如图8–78所示。对于小尺寸的内螺纹，攻螺纹几乎是唯一有效的加工方法，单件小批量生产中，可以用丝锥手工攻螺纹；当大批量生产时，则应在车床、钻床或攻螺纹机上使用机用丝锥加工。

（2）套螺纹

用板牙在圆杆上切出外螺纹的加工方法称为套螺纹，又称套丝，如图8–79所示。套螺纹的螺纹直径不超过16mm，也可在机床上进行。

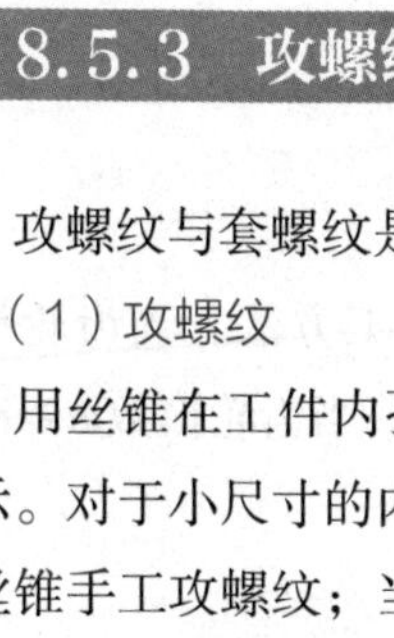

图8–78 攻螺纹

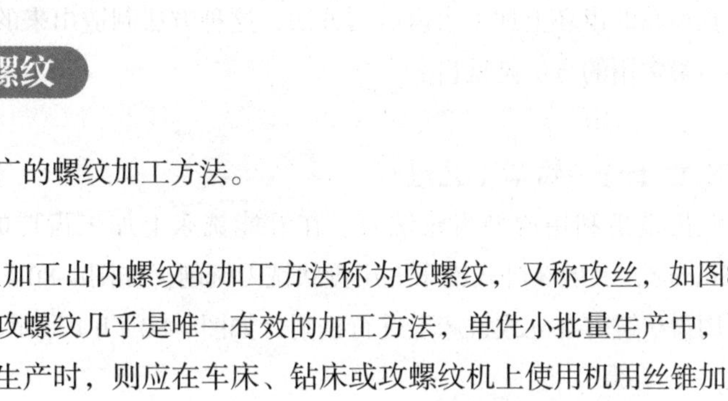

图8–79 套螺纹

在攻螺纹和套螺纹时，每转过1～1.5转后，均应适当反转倒退，以免切屑挤塞，造成工件螺纹的破坏。由于攻螺纹和套螺纹的加工精度较低，主要用于加工精度要求不高的普通螺纹。

8.6 齿轮的齿形加工

本节仅介绍渐开线圆柱齿轮齿形的加工方法。在齿轮的齿坯上加工出渐开线齿形的方法很多，目前，用切削加工的方法按其加工原理的不同，可分为成型法和展成法两种。

8.6.1 成型法加工齿轮

成型法（又称仿形法）加工齿轮齿形的原理是用与被加工齿轮齿廓形状相符的成型刀具，在齿轮的齿坯上加工出齿形的方法，这种方法制造出来的齿轮精度较低，只能用于低速传动。最常用的方法是铣齿。

8.6.1.1 铣齿工艺过程

铣齿是指利用成型齿轮铣刀，在万能铣床上加工齿形的一种加工方法。当齿轮模数$m<8$mm时，一般在卧式铣床上用盘状铣刀铣削，如图8-80（a）所示。当齿轮模数$m\geqslant 8$mm时，用指状铣刀在立式铣床上进行铣削，如图8-80（b）所示。

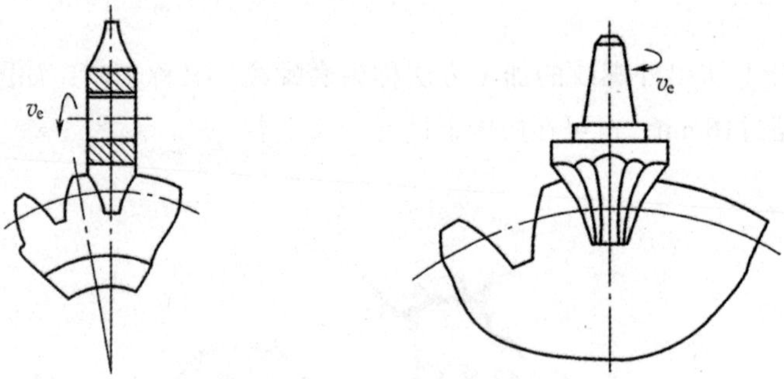

（a）盘状铣刀铣削　（b）指状铣刀铣削

图8-80　成型法铣削齿轮

铣削时，工件安放在铣床的分度头上，铣刀做旋转运动，工作台做直线进给运动。每加工完一个齿槽后，铣刀沿齿槽方向退回原处，并对工件进行分度，然后再加工下一个齿槽。反复进行上述过程，直至全部齿槽加工结束。

铣制直齿圆柱齿轮时，工件在铣削时不旋转，一个齿槽铣削结束后再进行分度。铣制斜齿轮和螺旋齿轮时，将工作台转动一个角度，使其等于齿轮的螺旋角，工件随工作台做直线运动的同时，还由分度头带动做旋转运动，这两个运动的合成方向应与齿槽方向一致。

8.6.1.2　铣齿的工艺特点

（1）生产成本低

在普通铣床上，即可完成齿形加工。齿轮铣刀结构简单，制造容易，因此生产成本低。对于缺乏专用齿轮加工设备的工厂较为方便。

（2）加工精度低

1）齿形误差大　模数相同而齿数不同的齿轮，其齿形渐开线的形状是不同的，齿数越多，渐开线的曲率半径就越大。铣削齿形的精度主要取决于铣刀的齿形精度。从理论上讲，同一个模数不同齿数齿轮的齿槽部应该用轮廓与齿槽形状相符合的铣刀来加工。这样就需要准备许多把铣刀，显然这是极不经济的。在实际生产中将同一模数的齿轮按齿数划分成若干组，每组采用同一个刀号的铣刀来加工，该刀号的铣刀的齿形与该组中最少齿数齿轮的齿槽形状一致。当加工其他齿数的齿轮时就会产生齿形误差。通常把同一模数的铣刀刀号分为8组或15组。表8-5列出了分成8组时各铣刀加工的齿数的范围。

表8-5　齿轮铣刀的编号及能铣制的齿数范围

铣刀刀号	1	2	3	4	5	6	7	8
能铣制的齿数范围	12 ~ 13	14 ~ 16	17 ~ 20	21 ~ 25	26 ~ 34	35 ~ 54	55 ~ 134	135以上

2）分度精度低　铣制齿轮时，采用分度头，铣床的分度头属于通用附件，其分度精度不高，所以分度误差较大。

3）表面粗糙度较大　铣削时冲击和振动较大，被加工的齿面是由铣刀的圆弧轨迹连接而成，加工的表面粗糙度大。

（3）生产效率低

铣齿时，由于每铣一个齿间都要重复进行切入、切出、退出和分度的工作，辅助时间和基本工艺时间增加，因此，生产率低。

8.6.1.3　铣齿加工的应用

成型法铣齿一般用于单件小批生产和设备维修中加工精度低于9级、齿面粗糙度*Ra*值为3.2 ~ 6.3μm的齿轮。

8.6.2　展成法加工齿轮

展成法（又称范成法）加工齿轮齿形的基本原理是利用一对齿轮的啮合运动来实现的，即一个是具有切削能力的齿轮刀具，另一个是被切的工件，通过专用齿轮加工机床按展成法切制出齿形。滚齿和插齿是展成法加工齿轮中最常见的加工方法。

8.6.2.1 滚齿

（1）滚齿的加工过程

滚齿的工作原理相当于蜗杆与蜗轮的啮合原理，如图8-81所示。滚刀的形状相当于一个蜗杆，为了形成刀刃，在垂直于螺旋线的方向开出沟槽，并磨出刀刃，形成切削刃和前、后角，于是就变成滚刀。齿条与同模数的任何齿数的渐开线齿轮都能正确啮合，即滚刀刀齿侧面运动轨迹的包络线为渐开线齿形，在与工件啮合的过程中，形成齿面，如图8-82所示。因此，同一把滚刀可以加工模数、压力角相同而齿数不同的齿轮。

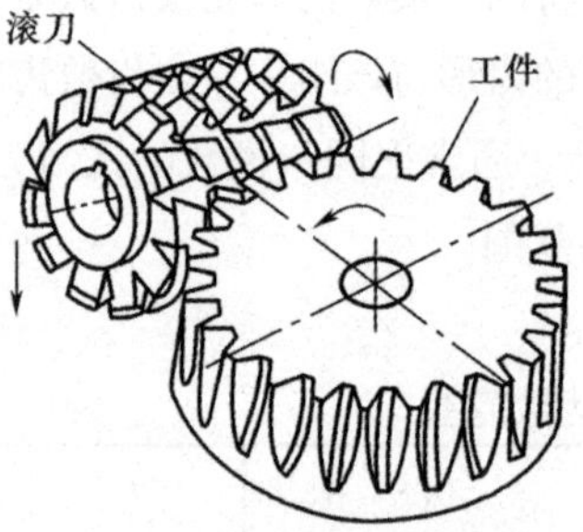

图8-81 滚齿加工示意图

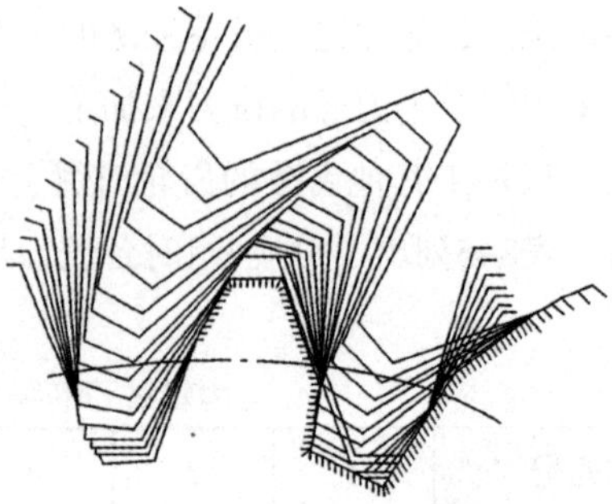

图8-82 滚齿原理

（2）滚齿时滚刀与工件之间的运动

1）主运动 即滚刀的旋转运动。

2）分齿运动 是指滚刀与齿坯之间保持严格速比关系的运动。若工件的齿数为z，则当单头滚刀转一圈时，被切工件应转$1/z$圈；头数为k的多头滚刀转一圈时，被切工件应转k/z转。

3）轴向进给运动 为了加工出齿轮的全部齿长，滚刀沿被切齿轮的轴向做直线进给运动。

（3）滚齿的工艺特点

1）生产率高 滚齿加工为多刀连续切削，切削速度较快，无辅助时间损失，一般情况下，生产率比铣齿、插齿要高。

2）加工精度高 因展成法滚齿不存在成型法铣齿的那种齿形曲线理论误差，所以分齿精度高。

（4）滚齿加工的应用

滚齿可加工7～8级精度、齿面粗糙度Ra值为1.6～3.2μm的直齿、螺旋齿圆柱齿轮和蜗轮，但不能加工内齿轮和相距很近的多联齿轮。

8.6.2.2 插齿

（1）插齿的工作过程

插齿是指利用插齿刀在插齿机上加工内、外齿轮或齿条等齿面的一种加工方法。插齿是按一对圆柱齿轮相啮合的原理进行加工的，插齿刀相当于一个在轮齿上磨出前角和后角，具有切削刃的齿轮，而齿轮坯则作为另一个齿轮。工作时，就是利用刀具上的切削刃来进行切削的。

（2）插齿运动

插齿时，工件和插齿刀的运动形式如图8-83所示。它共分为以下五个运动。

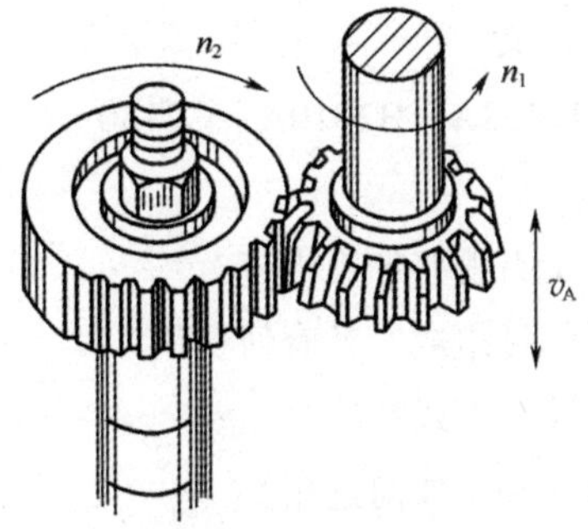

图8-83　插齿原理

1）主运动　是指插齿刀上下往复的直线运动。向下是切削运动，向上是返回行程。

2）分齿运动　是指插齿刀与齿轮坯之间严格保持一对齿轮副的啮合运动关系（即插齿刀以n_1，工件以n_2的相对运动关系转动）。

3）圆周进给运动　是指分齿运动中插齿刀每上下往复一次其分度圆周所转过的弧长。

4）径向进给运动　是指为了切至全齿深，插齿刀逐渐向齿轮坯中心移动的运动。

5）让刀运动　为了避免插齿刀在空行程中与齿轮坯已加工面摩擦而影响表面质量和减少刀具的磨损，应使齿轮坯让开一段距离；当插齿刀切削行程开始前，齿轮坯又恢复原位。齿轮坯所做的这种短距离往复运动称为让刀运动。

（3）插齿的工艺特点

1）加工精度较高　插齿刀的制造、刃磨和检验均较滚刀简便，易保证制造精度，但插齿的分齿传动链较滚齿机复杂，传动误差较大。插齿的精度高于铣齿，与滚齿差不多。一般可加工IT7以下的齿轮。

2）生产率较低　由于插齿时插齿刀做直线往复运动，速度的提高受到一定的限制，故生产率低于滚齿。

3）表面粗糙度值小　插齿时，插齿刀沿齿宽连续地切下切屑，啮合时载荷分布的均匀性好。在插齿过程中，包络齿形的切线数量比较多，所以插齿的齿面表面粗糙度值小。表面粗糙度Ra值可达1.6μm。

（4）插齿加工的应用

插齿可以加工直齿和斜齿圆柱齿轮，但由于它的生产率没有滚齿高，插齿刀的制造也比齿轮滚刀复杂，所以，插齿多用于加工用滚刀难以加工的内齿轮、多联齿轮或带有台肩的齿轮等。

习题

8-1 什么是金属切削机床？

8-2 解释下列机床型号的含义：

CA6140、X6132、M1432A、B2010A、C2150·6、MG1432A、MB8240/1、Z3040×16。

8-3 什么是车削？在车床上有哪些加工内容？

8-4 卧式车床由哪些主要部件组成？各有何功用？

8-5 车削时，零件有哪些装夹方式？

8-6 常用的外圆车刀有哪几种？如何选用？

8-7 车削圆锥面常用的方法有哪几种？各有什么特点？

8-8 车削有何工艺特点？

8-9 什么叫铣削？在铣床上能加工哪些表面？

8-10 万能升降台卧式铣床由哪些主要部件组成？各有何功用？

8-11 铣削分为哪两种方式？各有何特点？

8-12 铣床的主要附件有哪些？应用在什么场合？

8-13 铣刀分哪几类？哪些铣刀可用来铣削平面？

8-14 铣削有何工艺特点？

8-15 试述钻孔、扩孔和铰孔的工艺特点。

8-16 在钻孔后进行扩孔、铰孔为什么能提高孔的加工质量？

8-17 卧式镗床由哪些主要部件组成？哪些部件能实现进给运动？

8-18 卧式镗床上可以镗什么样的孔？各有什么特点？它和车床上镗孔有何区别？

8-19 磨削有何工艺特点？

8-20 何谓砂轮的硬度？为什么磨硬材料时应选较软的砂轮？

8-21 在万能外圆磨床上磨外圆锥面有哪几种方法？各应用在何种场合？

8-22 纵磨外圆时，零件和砂轮需做哪些运动？

8-23 平面磨削方法有哪几种，各有何特点？

8-24 刨削、插削有何工艺特点？两者相比有何异同点？

8-25 弯头刨刀有什么优点？

8-26 在牛头刨床上怎样刨垂直面？采用什么刨刀？

8-27 螺纹加工的主要方法有哪些？

8-28 按加工原理不同，齿轮齿形加工可以分为哪两大类？各有何优缺点？

第 9 章

机械加工工艺基础

9.1 工艺过程与工艺规程

9.1.1 概述

1）生产过程　是指在机械产品制造时，由原材料或半成品转变为成品的全过程。它包括生产技术准备、原材料的运输和保管、毛坯制造、机械加工、热处理和表面处理、部件和产品的装配、测试检验、涂装和包装等。

2）工艺过程　是指在生产过程中那些与原材料变为成品直接有关的过程。工艺过程是生产过程的重要组成部分，可分为毛坯制造、机械加工、热处理、装配等工艺过程。

3）工艺路线　零件依次通过的全部加工过程称为工艺路线或工艺流程，它表明先做什么后做什么的工作顺序，工艺路线是制定工艺过程和进行车间分工的重要依据。

4）机械加工工艺过程　是指利用机械加工的方法，直接改变毛坯的形状、尺寸和表面质量，使其成为零件的过程。

9.1.2 机械加工工艺过程的组成

机械加工工艺过程（以下简称为工艺过程）是由一个或若干个按一定顺序排列的工序组成。通过这些工序逐步改变毛坯的形状、尺寸和材料的性能，使其成为合格的零件。工序又可分为安装、工位、工步和进给（走刀）。

（1）工序

工序是指一个（或一组）工人在一个工作地点对一个（或同时对几个）工件所连续完成的那一部分工艺过程。构成工序的四个要素是工作地点、工人、零件和连续作业，其中任一要素的变更即构成新的工序。

（2）安装

在同一工序中，工件可能要经过一次或几次装夹才能完成加工。工件每定位和夹紧一次所完成的那一部分工序，称为安装。工件在加工中，应尽可能减少安装次数。

（3）工位

为完成一定的工序内容，一次装夹工件后，工件和夹具或设备的可移动部分一起相对刀具或设备的固定部分所占据的某一位置称为工位。在一次安装中，可能只有一个工位，也可能有几个工位。如图9-1所示为通过立轴式回转工作台在一次安装中，顺次完成装卸工件（工位1）、钻孔（工位2）、扩孔（工位3）和铰孔（工位4）四个工位加工的例子。

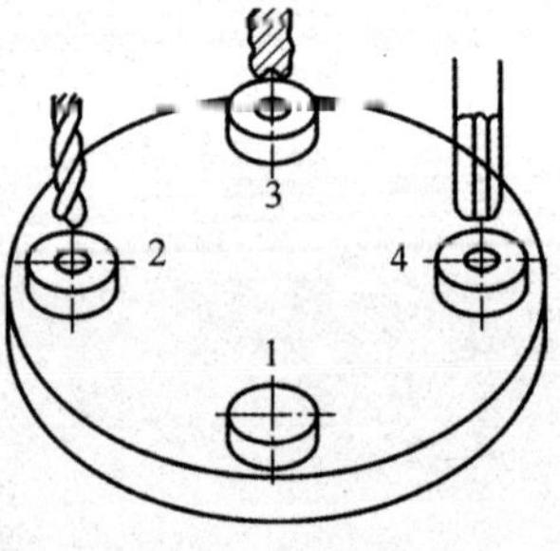

1～4—工位。

图9-1　多工位加工

（4）工步

工步是指在一个工位中，加工表面、加工工具、切削速度和进给量都不变的情况下所完成的那一部分工艺过程。一个工序可以包括几个工步，也可能只有一个工步。例如，如图9–2所示为在六角自动车床上加工零件的一个工序，包括六个工步。

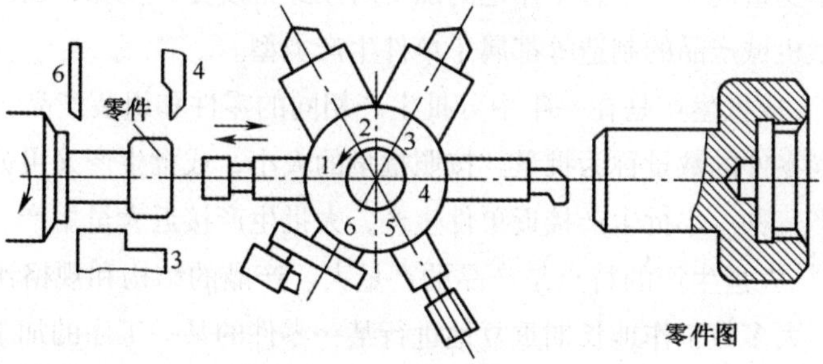

图9–2　包括六个工步的工序

构成工步的任一因素改变后，一般即为另一个工步。但对于那些在一次安装中连续进行的若干相同工步，为了简化工序内容的叙述，在工艺文件上常将其作为一个工步，例如，在如图9–3所示工件上加工四个ϕ15mm的孔，可简写成一个工步，即钻4–ϕ15mm孔。有时为了提高生产效率，用几把不同刀具或者用一把复合刀具，同时加工几个不同的表面的工步，称为复合工步。在工艺文件上，复合工步应视为一个工步，如图9–4所示。

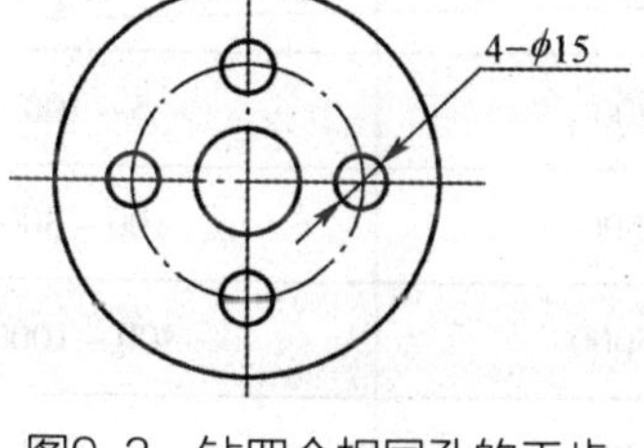

图9–3　钻四个相同孔的工步

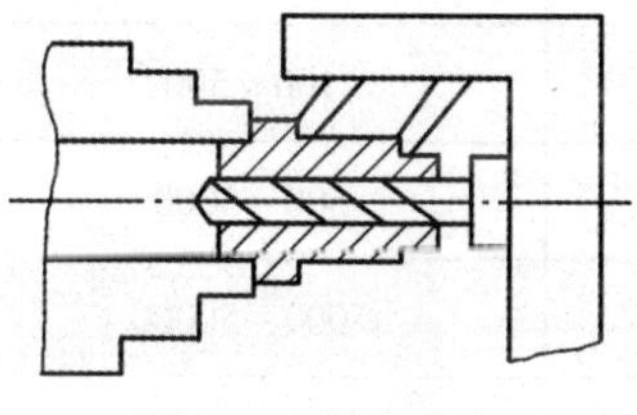

图9–4　复合工步

（5）进给

在一个工步中，有时因被加工表面所要切除的金属层很厚而不能一次切完，需要分几次进行切削，则每进行一次切削就称为一次进给。

9.1.3　生产纲领与生产类型

机械加工的工艺过程不仅与产品的结构和技术要求有关，还与其所采用的生产类型密切相关，而不同的生产类型由产品的生产纲领来区别。

（1）生产纲领

企业在计划期内计划生产的产品产量和进度安排，称为生产纲领（也称生产大纲）。因计划期通常定为一年，所以年生产纲领也就是一年内计划完成的产品生产总量。

（2）生产类型

企业生产专业化程度的分类方式称为生产类型。生产类型可分为以下三类。

1）单件生产　单件生产的特点是产品的种类繁多，但同一种产品的产量少，仅制作一件或几件，而且很少重复生产，各工作地的加工对象经常改变。例如，新产品的试制、专用设备的制造、重型机械产品的制造等都属于单件生产类型。

2）成批生产　成批生产是在一年中分批生产相同的零件和组装产品，生产呈周期性重复。每批生产相同零件的数量称为批量。按照批量的大小，成批生产又可分为小批生产、中批生产和大批生产三种。小批生产接近单件生产，大批生产接近大量生产。

3）大量生产　大量生产的特点是产品的产量大、产品的结构和规格比较固定，产品生产可以连续进行，大多数工作地长期重复地进行某一零件的某一工序的加工。

生产类型的划分一方面要考虑生产纲领，即年产量；另一方面还必须考虑产品本身的大小和结构的复杂性，所以在制定出零件的生产纲领后，可根据生产纲领的大小，参考表9–1所列数据确定相应的生产类型。

表9–1　生产类型和生产纲领的关系

生产类型	零件的生产纲领/（件/年）		
	轻型零件（＜4kg）	中型零件（4～30kg）	重型零件（≥30kg）
单件生产	≤100	≤10	≤5
小批生产	100～500	10～200	5～100
中批生产	500～5000	200～500	100～300
大批生产	5000～50000	500～5000	300～1000
大量生产	＞50000	＞5000	＞1000

生产类型确定后，即可确定相应的生产组织形式，因不同生产类型工件的加工工艺有很大的差异，所以在大量生产时采用自动线，在成批生产时采用流水线，并采用高生产效率的专用机床和专用夹具，以提高劳动生产率和降低成本；但在单件小批生产时，采用机群式生产组织形式。

（3）各种生产类型的工艺特征

生产类型不同，产品的制造工艺、所用设备及工艺装备、采取的技术措施、达到的技术经济效果也不同。各种生产类型的工艺特征见表9–2。

表9-2 各种生产类型的工艺特征

工艺特征	生产类型		
	单件小批生产	中批生产	大批大量生产
加工对象	不固定、经常换	周期性变换	固定不变
零件的互换性	用修配法，钳工修配，缺乏互换性	大部分具有互换性，装配精度要求高时，灵活应用分组装配法和调整法，同时还保留某些修配法	具有广泛的互换性，少数装配精度较高的，采用分组装配法和调整法
毛坯的制造方法与加工余量	木模手工造型或自由锻造，毛坯精度低，加工余量大	部分采用金属模铸造或模锻，毛坯精度和加工余量中等	广泛采用金属模机器造型、模锻或其他高效方法。毛坯精度高，加工余量小
机床设备及其布置形式	采用通用机床，按机床类别采用机群式布置	采用通用和专用机床，按工艺路线成流水线式或机群式布置	广泛采用专用机床，全按流水线布置，广泛采用自动线
工艺装备	大多采用通用夹具、标准附件、通用刀具和万能量具	广泛采用夹具，较多采用专用刀具和量具	广泛采用高效专用夹具、复合刀具、专用量具或自动检验装置
安装方法	广泛采用画线找正等方法	广泛采用夹具，部分采用画线找正	全部采用夹具
尺寸获得方法	试切法	调整法	用调整法、自动化加工
对工人技术水平的要求	需技术水平较高的工人	需一般技术水平的工人	对调整工的技术水平要求较高，对操作工的技术水平要求较低
工艺文件	工艺过程卡，关键工序的工序卡	工艺过程卡，关键零件的工序卡	工艺过程卡和工序卡，关键工序要调整卡和检验卡
成本	较高	中等	较低
生产率	较低	中等	较高

9.1.4 机械加工工艺规程的制订

机械加工工艺规程是规定零件制造工艺过程和操作方法的工艺文件。它是在具体的生产条件下，将合理的工艺过程和操作方法，按规定的形式制定成工艺文件，经审批后用来指导生产并严格贯彻执行的指导性文件。

9.1.4.1 工艺规程的作用

工艺规程一般包括的内容有：毛坯类型和材料，工件加工工艺路线，各工序的加工内容和要求，采用的加工设备和工艺装备，工件质量的检验项目及检验方法，切削用量、时间定额，工人技术等级的规定等。因此，工艺规程具有以下几个方面的作用：

1）工艺规程是指导生产的重要技术文件。

2）工艺规程是组织生产、进行计划调度的依据。

3）工艺规程是新建和扩建工厂或车间的技术依据。

9.1.4.2 工艺规程制订的原则、原始资料和步骤

（1）工艺规程制订的原则

工艺规程制订的原则是优质、高产和低成本。在具体制订时，应注意下列问题。

1）在制订工艺规程时，应从生产实际出发，充分利用现有生产条件，并尽可能采用国内外先进的工艺和工艺装备。

2）在制订工艺规程时，应通过成本核算或多种方案比较，选择经济上最合理的方案，使产品生产成本最低。

3）在制订工艺规程时，应尽量采取机械化或自动化，以减轻工人繁重的体力劳动，并保证良好的劳动条件，同时应避免环境污染。

（2）制订工艺规程的原始资料

1）产品的全套技术文件　包括全套零件图和装配图、产品验收的质量标准以及产品的生产纲领（年产量）。

2）毛坯资料　包括各种毛坯制造方法的技术经济特征，各种型材的品种和规格，毛坯图等。

3）本厂的生产条件　了解毛坯的生产能力及技术水平，了解本厂的加工设备、刀具、夹具、量具的性能、规格及精度状况，生产面积，工人技术水平以及工艺装备的制造能力等。

4）各种技术资料　包括有关的工艺手册及图册，国内外先进的工艺技术资料等。

5）产品或零部件的国家标准、行业标准、企业标准。产品或零件的标准化资料。

（3）制订工艺规程的步骤

1）计算年生产纲领，确定生产类型。

2）阅读零件图及产品装配图。

3）确定毛坯，包括选择毛坯类型及其制造方法，并绘制毛坯图。

4）拟订工艺路线。

5）确定各工序的加工余量，计算工序尺寸及公差。

6）确定各工序所用的设备及刀具、夹具、量具和辅助工具。

7）选择切削用量及计算工时定额。

8）确定各主要工序的技术要求及检验方法。

9）进行技术经济分析，选择最佳方案。

10）编写工艺文件。

9.1.4.3　工艺文件形式

（1）机械加工工艺过程卡

机械加工工艺过程卡简称过程卡。它是以工序为单位，简要地列出整个零件的加工过程，包括毛坯制造、机械加工和热处理等。在这种卡片中，由于各工序的说明较简单，一般不直接指导工人的操作，而是用于生产管理。

在单件小批生产中，一般以过程卡指导生产而不再编制详细的工艺文件。工艺过程卡的格式见表9–3。

（2）机械加工工艺卡

机械加工工艺卡是以工序为单位，详细说明一个零件的全部加工过程。内容包括工序号、工序名称、工序内容、工艺参数、操作要求以及采用的设备和工艺装备等。它是用来指导工人进行生产和帮助车间管理人员和技术人员掌握整个零件加工过程的主要技术文件。

工艺卡主要用于成批生产，也用于小批生产中比较重要的零件。

（3）机械加工工序卡

机械加工工序卡是在过程卡或工艺卡的基础上，按每道工序编制的工艺文件。它更详细地说明整个零件每个工序的加工要求，在工序卡上要画出工序简图，注明该工序的加工表面及其尺寸、精度、表面粗糙度和技术要求，加工用的定位基准、夹紧部位等，并详细说明该工序每一工步的内容、工艺参数、操作要求以及所用的设备和工艺装备等。

工序卡是用来具体指导工人生产的，在大批量生产中每个零件的每道工序都要有工序卡；在成批生产中只是主要零件的每个工序有，而一般零件仅关键工序才有。

机械加工工序卡的格式见表9–4。

9.1.5　零件的切削加工结构工艺性

（1）零件的结构工艺性分析

零件的结构工艺性是指所设计的零件在满足使用性能要求的前提下，制造该零件的可行性和经济性。所谓结构工艺性好，是指在现有工艺条件下，既能方便制造，又有较低的制造成本。表9–5列举了一些在常规工艺条件下零件结构工艺性分析的实例。

（2）零件的技术要求分析

零件图上的技术要求包括各加工表面的尺寸精度、形状精度和表面质量要求；各加工表面之间的相互位置精度要求；零件的热处理和其他要求（如动平衡、去磁和防锈处理）等。

在对零件图上的技术要求进行分析时，应考虑以下问题。

1）其技术要求既要满足设计要求，又要便于加工。

2）零件上的尺寸公差、形位公差和表面粗糙度的要求，应根据零件的使用功能经济合理地确定。

表9-3　机械加工工艺过程卡片格式

	机械加工工艺过程卡片		产品型号		零（部）件图号			
			产品名称		零（部）件名称		共（　）页	第（　）页
材料牌号		毛坯种类		毛坯外形尺寸		每毛坯可制件数		每台件数		备注	

工序号	工序名称	工序内容	车间	工段	设备	工艺装备	工时	
							准终	单件

描图	
描校	
底图号	
装订号	

										设计（日期）	审核（日期）	标准化（日期）	会签（日期）	
标记	处数	更改文件号	签字	日期	标记	处数	更改文件号	签字	日期					

表9-4 机械加工工序卡片格式

机械加工工序卡片	产品型号		零（部）件图号				
	产品名称		零（部）件名称			共（ ）页	第（ ）页
	车间		工序号	工序名称		材料牌号	
	毛坯种类		毛坯外形尺寸	每毛坯可制件数		每台件数	
	设备名称		设备型号	设备编号		同时加工件数	
	夹具编号			夹具名称		切削液	
	工位器具编号			工位器具名称		工序工时	
						准终	单件

工步号	工序内容	工艺装备	主轴转速/（r/min）	切削速度/（m/min）	进给量/（mm/r）	切削深度/mm	进给次数	工步工时	
								机动	辅助

描图	
描校	
底图号	
装订号	

										设计（日期）	审核（日期）	标准化（日期）	会签（日期）
标记	处数	更改文件号	签字	日期	标记	处数	更改文件号	签字	日期				

表9-5 结构工艺性分析的实例

序号	结构工艺性不好	结构工艺性好	说明
1	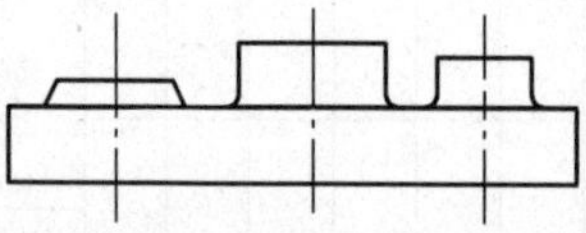	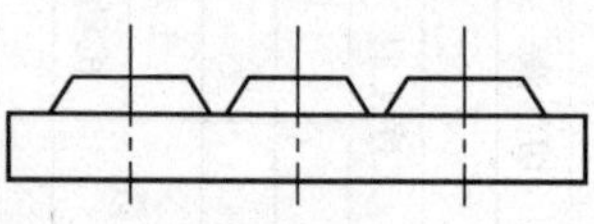	左图所示的凸台加工面不等高，需两次调整刀具。如改为右图，可在一次走刀中加工出所有的凸台面
2	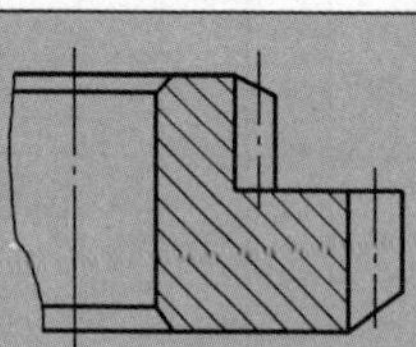	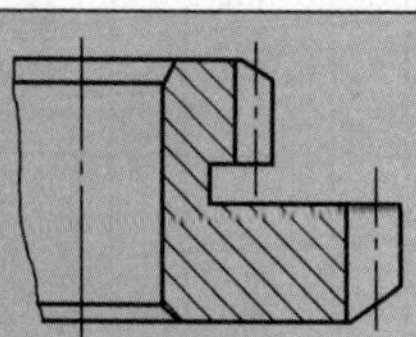	左图所示的双联齿轮，插齿没有退刀槽，小齿轮无法加工。如改为右图，则大齿轮可用滚齿或插齿加工，小齿轮用插齿加工
3	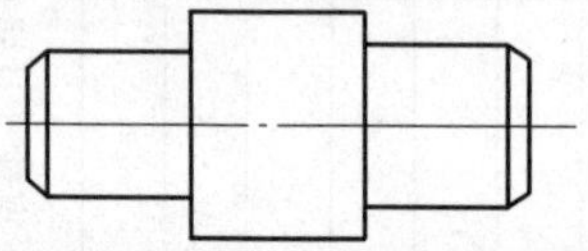	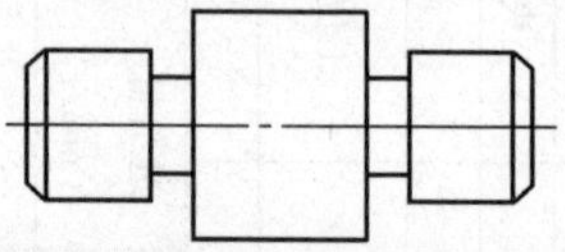	左图所示零件的轴颈在磨削时因砂轮圆角而不能清根。如改为右图增加越程槽后，磨削时就可清根
4	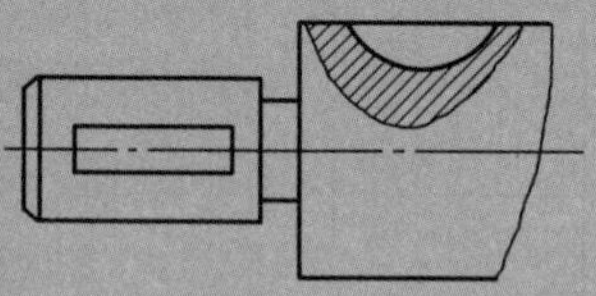	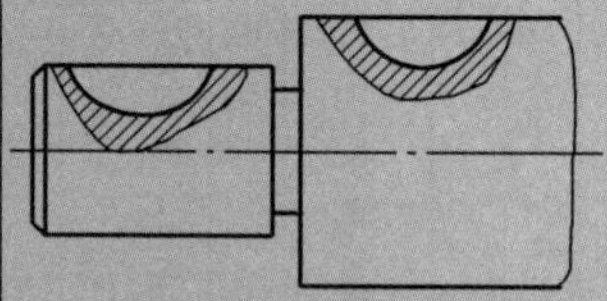	左图所示零件的键槽设置在90° 方向上，需两次装夹加工。如改为右图的结构后，可在一次装夹中完成加工，并有利于提高位置精度
5	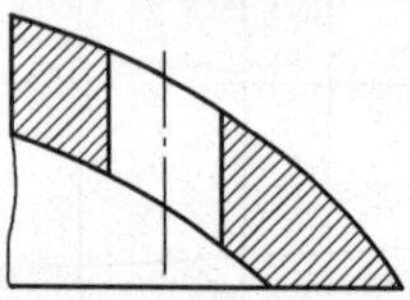	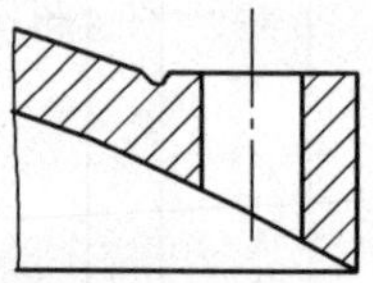	左图所示的结构，因在斜面上钻孔会使钻头偏斜或折断。只要结构允许，改为右图留出平台，使孔的轴线与平面垂直，就可直接钻孔
6	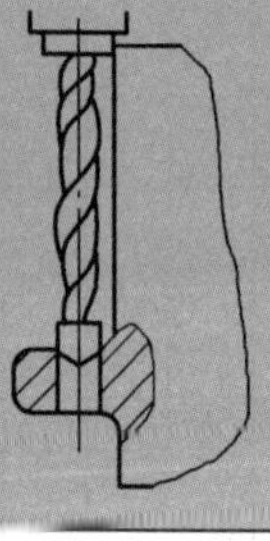	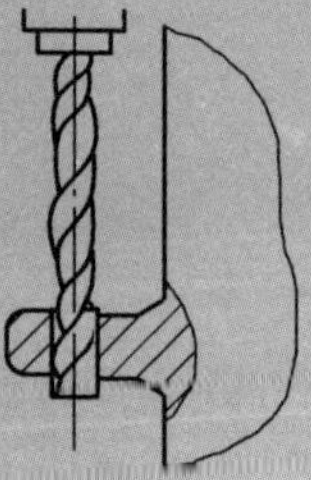	左图所示的箱体结构，孔距离箱体壁太近而无法加工。如改为右图的结构，加长箱耳则能顺利地进行钻孔
7	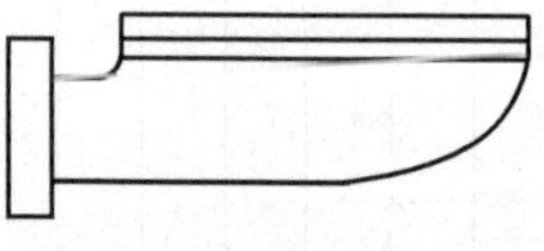	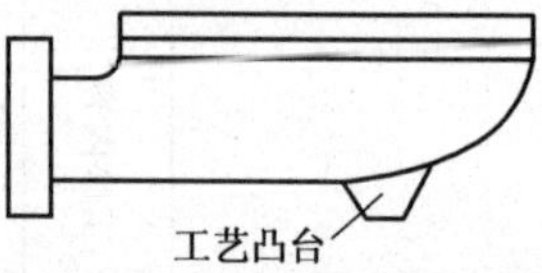	左图所示机床床身，在加工上平面时定位困难。如改为右图结构，增加工艺凸台，则能很容易地定位，满足加工要求，加工后再切除凸台
8	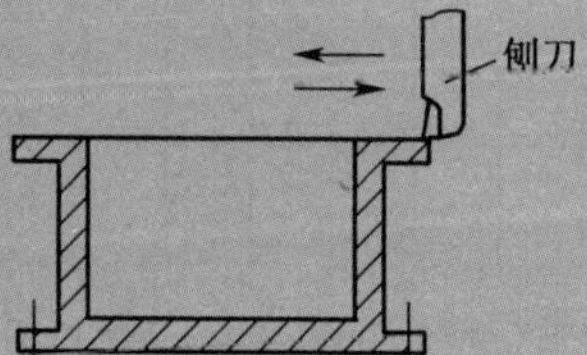	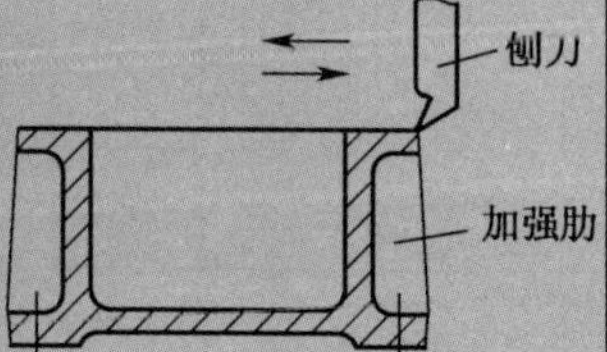	左图所示零件的结构刚性较差，零件因受刨刀切削时的冲击易产生变形。如右图增加加强肋板后，提高了零件的刚性

续表

序号	结构工艺性不好	结构工艺性好	说明
9	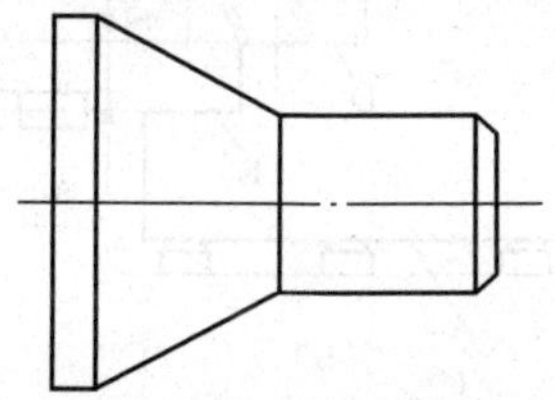	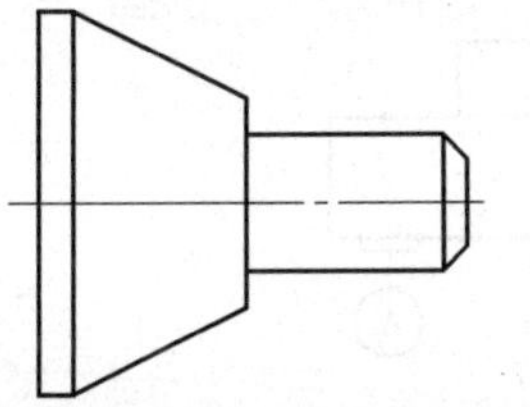	左图所示的结构在加工圆锥面时，易碰伤圆柱面，且不能清根。如改位右图结构，则能顺利地对锥面进行加工
10	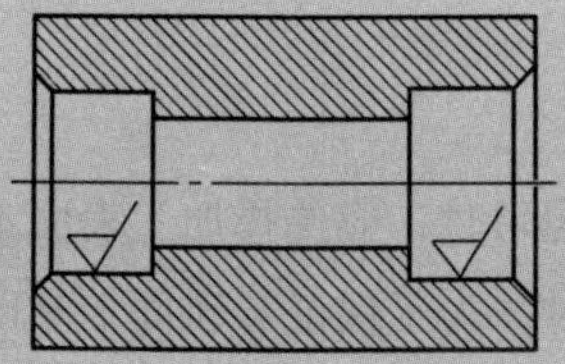	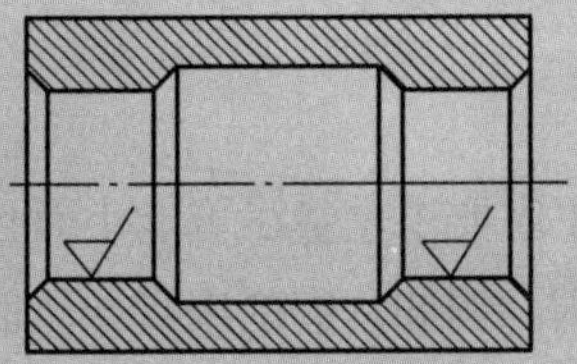	左图所示的轴套零件，需分别从两端进行加工，不能满足较高的同轴度要求。如改为右图结构，则可一次装夹加工两孔，保证其位置精度

9.2 定位基准的选择原则

定位基准有粗基准与精基准之分。在加工起始工序中，只能用毛坯上未曾加工过的表面作为定位基准，则该表面称为粗基准。利用已加工过的表面作为定位基准，则该表面称为精基准。

9.2.1 精基准的选择原则

精基准的选择应从保证零件加工精度出发，同时考虑装夹方便、夹具结构简单。选择精基准时一般应遵循以下原则。

（1）基准重合原则

应尽量选择被加工表面的设计基准作为定位基准，这一原则称为基准重合原则。如图9-5（a）所示为一零件的铣削加工工序简图，图9-5（b）为其定位简图。加工尺寸L_1的工序基准是E面，而定位基准是A面，由于定位基准与工序基准不重合，导致产生了定位误差Δ_B（其值为尺寸L_2的误差T_2），因此，选择定位基准时，应尽可能遵守基准重合原则。

（2）基准统一原则

当零件以某一组精基准定位可以比较方便地加工其他各表面时，应尽可能在多数工序中采用此组精基准定位，这就是基准统一原则。这样便于避免基准变换所产生的误差，并简化夹具的设计制造工作。例如，轴类零件的大多数工序都以顶尖孔为定位基准。

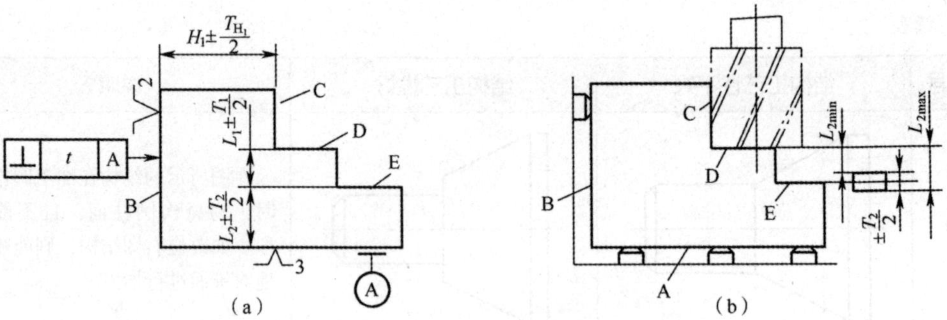

图9-5　定位基准与工序基准不重合

（3）自为基准原则

当零件精加工或光整加工工序要求余量尽可能小而且均匀时，应选择加工表面本身作为定位基准，这就是自为基准原则。例如，磨削床身导轨面时，为了保证导轨面上耐磨层的一定厚度及均匀性，就是用导轨面本身作定位基准，找正定位后进行磨削，如图9-6所示。

（4）互为基准原则

为了获得均匀的加工余量或较高的位置精度，可采用互为基准、反复加工的原则。例如，加工精密齿轮时，先以内孔定位加工出齿形面，齿面淬硬后再进行磨齿。因齿面淬硬层较薄，所以要求磨削余量小而均匀。为了保证加工要求，应采用如图9-7所示的装夹方式，先以齿面为基准磨内孔，再以内孔为基准磨齿面，从而保证齿面的磨削余量均匀，而且内孔与齿面又能得到较高的相互位置精度。

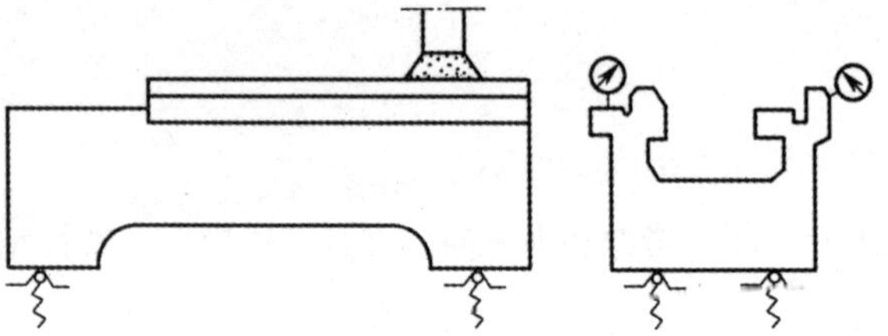

图9-6　自为基准实例

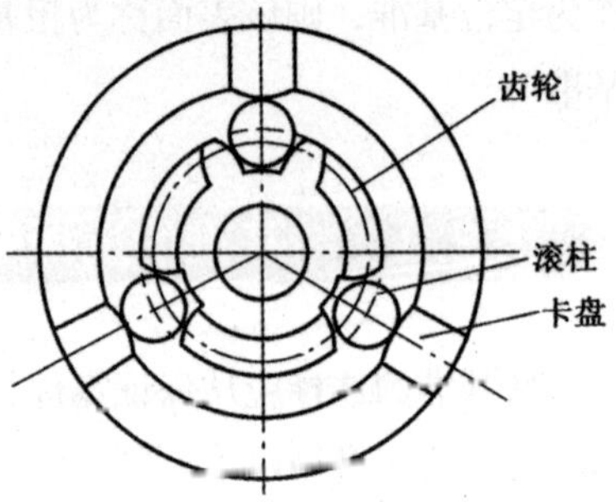

图9-7　互为基准实例

还应该指出的是，有时为了使基准统一或定位可靠、操作方便，人为地制造一种基准面，这些表面在零件使用中并不起作用，仅在加工中起定位作用，如轴类零件加工时的中心孔、某些零件上的工艺凸台等，这类基准称为辅助基准。

9.2.2　粗基准的选择原则

选择粗基准时一般应遵循以下原则。

（1）选择非加工面作为粗基准

对于同时具有加工表面和非加工表面的零件，为了保证非加工表面与加工表面之间的位置精度，应选择非加工表面作为粗基准。如图9–8所示的零件，内孔和端面需要加工，外圆表面不需要加工，铸造时内孔2与外圆1有偏心，若以非加工面外圆1为粗基准加工孔2，加工时余量不均匀。但加工后的孔2与不加工的外圆1基本同轴，较好地保证了壁厚均匀。若选择孔2作为粗基准加工，加工余量均匀，但加工后内孔与外圆不同轴，壁厚不均匀。如果零件上有多个非加工表面时，应选择其中与加工面相互位置精度要求高的非加工面作为粗基准。

（2）合理分配加工余量

对于具有较多加工表面的零件，选择粗基准时，应考虑合理分配各加工表面的加工余量。在加工余量的分配上应考虑以下两点。

1）应保证各主要加工表面都有足够的余量　为满足这个要求，应选择毛坯余量最小的表面作为粗基准。如图9–9所示的阶梯轴，由于锻造的误差，使毛坯大小头的同轴度误差为3mm，在这种情况下，应选择小头作为粗基准，先车大头，则大头的加工余量足够，加工后的大头外圆与小头毛坯外圆基本同轴，再以经过加工的大头外圆为精基准车小头，小头的余量也就足够了；若以大头为粗基准先车小头，则小头可能会因加工余量不足而使零件报废。

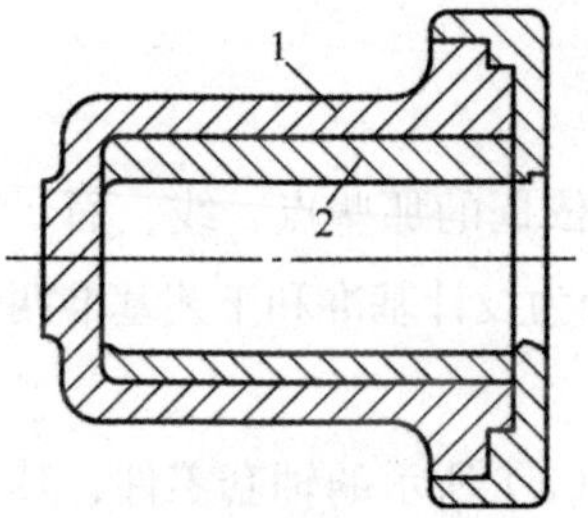

图9–8　粗基准选择示例

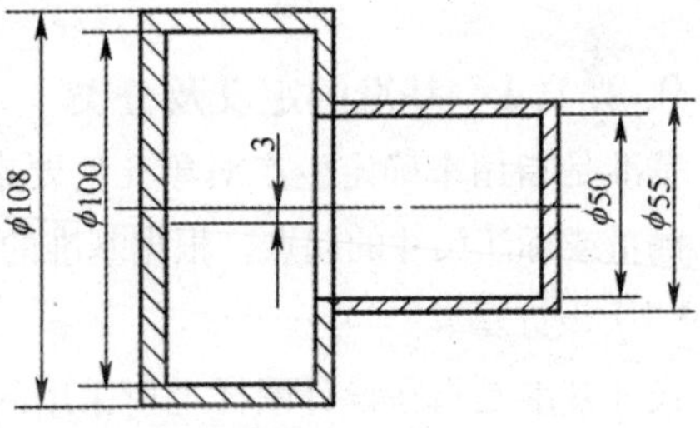

图9–9　阶梯轴粗基准选择

2）对于零件上的某些重要表面（如导轨和重要孔等），为了尽可能使其表面加工余量均匀，则应选择重要表面作为粗基准　如图9–10所示的机床床身，导轨表面是重要表面，要求耐磨性好，且在整个导轨面内具有大体一致的力学性能。因此，加工时应选导轨表面作为粗基准加工床身底面，然后以底面为基准加工导轨平面。

（3）粗基准应避免重复使用

在同一尺寸方向上，粗基准只允许使用一次，以避免产生较大的定位误差。如图9–11所示的小轴加工，如果重复使用毛坯面去加工小轴的两端外圆面，则必然会使两端外圆面的轴线产生较大的同轴度误差。

（4）选择毛坯上精度较好的表面作粗基准

应尽量选择没有飞边、浇口、冒口或其他缺陷的平整表面作为粗基准，使零件定位稳定，夹紧可靠。

在具体选择时，应根据零件的技术要求，保证主要方面，兼顾次要方面，合理地选择。

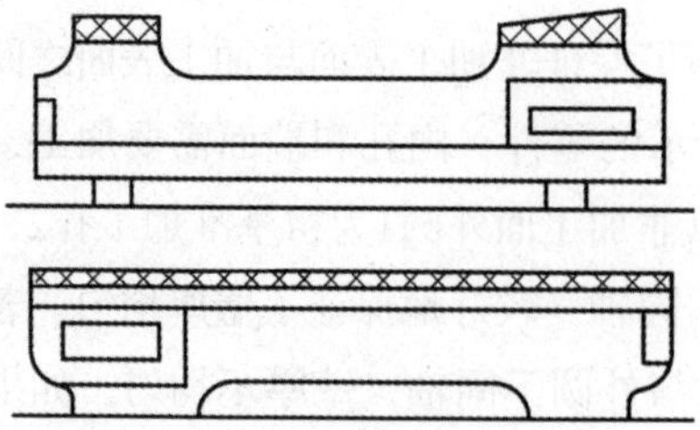

图9-10　床身加工粗基准选择

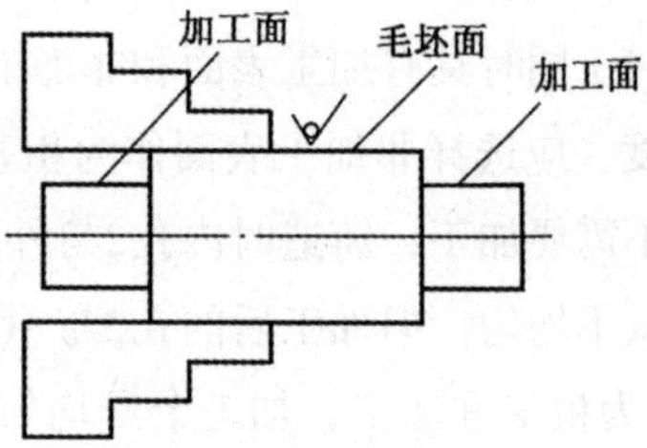

图9-11　小轴加工

9.3 机床夹具基础

9.3.1 概述

夹具是机械制造中一项非常重要的工艺装备，也是工艺系统中的一个重要组成部分。

9.3.1.1 基准的定义及分类

基准是指用来确定生产对象几何要素间的几何关系所依据的那些点、线、面。它是计算、测量或标注尺寸的起点。根据基准的作用不同，可以分为设计基准和工艺基准两大类。

（1）设计基准

设计基准是指在设计图样上所采用的基准。如图9-12（a）所示的轴套零件，其外圆和内孔的设计基准是轴心线O-O，端面B、C的设计基准是端面A，ϕ40h6外圆径向跳动和端面B的端面跳动的设计基准是轴心线O-O；在没有特殊说明的情况下，两个要素之间有时是互为基准的。如对图9-12（a）中尺寸*L*而言，A面是C面的设计基准，也可以说C面是A面的设计基准。

作为基准的点、线、面在零件上不一定存在，而常常是由某些具体表面来体现，这些表面称为基面。例如图9-12（a）中的轴心线O-O。

（2）工艺基准

工艺基准是指在加工工艺过程中所采用的基准。按其用途不同，又可分为工序基准、定位基准、测量基准和装配基准。

1）工序基准　是指在工序图上用以确定本工序被加工表面加工后的尺寸、形状及位置的基准，其所标注的加工面尺寸，称为工序尺寸。如图9-12（b）所示的支承块零件，加工C面时按尺寸*h*进行加工，则底面D是工序基准，*h*是工序尺寸。

2）定位基准　是指在加工中用于零件定位的基准。如图9-12（a）所示的零件，外圆ϕ40h6是用内孔套在心轴上加工的，所以内孔是定位基准。又如图9-12（b）所示的零件，加工内孔是用底面D和端面A作为定位基准，以保证孔对D面的垂直和尺寸l_2的精度。

3）测量基准　是指在加工中或加工后对零件进行测量时所采用的基准。如图9-12（a）所示的零件，ϕ40h6外圆径向跳动和端面B的端面跳动，是以内孔套在检验心轴上进行测量的，所以内孔是测量基准。

4）装配基准　是指在装配时，用来确定零件或部件在产品中的相对位置所采用的基准。如图9-12（b）所示的零件，底面D为装配基准。

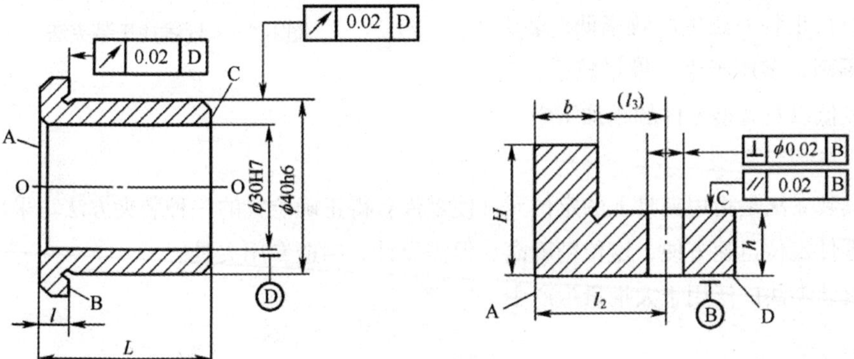

（a）　　　　（b）

图9-12　基准示例

9.3.1.2　零件的装夹及装夹方式

在机械加工过程中，为了保证加工精度和提高生产效率，必须使零件在机床上或夹具中相对刀具占有正确的位置，这一过程称为定位。零件定位后还需将其固定，使其在加工过程中受各种力的作用能保持定位位置不变的操作，称为夹紧。定位、装夹的过程称为装夹。完成零件装夹的装置称为机床夹具，简称夹具。工件常用的装夹方式有以下三种。

（1）直接找正装夹法

直接找正装夹法是指零件定位时，由操作工人利用百分表、划针等量具（量仪）或目测在机床上直接找正零件上某些有相互位置要求的表面，使零件处于正确的位置，然后夹紧的一种装夹方法。在这种装夹方式中，找正面就是零件的定位基准。如图9-13所示的套筒零件，为了保证磨削后内孔与外圆表面同轴度的要求，加工前将零件装在四爪单动卡盘上，用精加工过的外圆以百分表直接找正后进行加工即可。

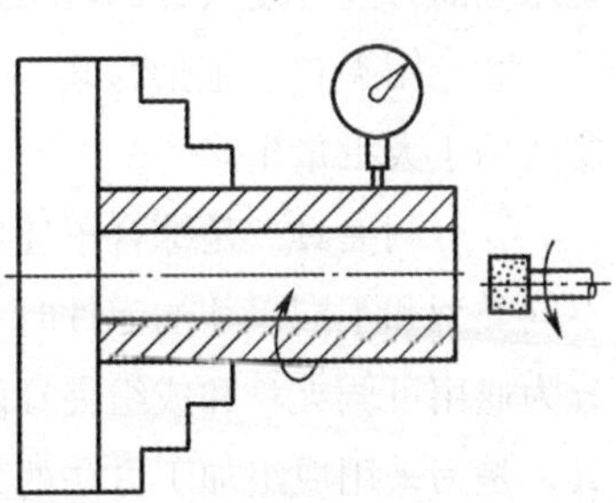

图9-13　直接找正装夹法

直接找正装夹法生产效率低，加工精度取决于工人操作技术水平和所使用量具的精确度，一般用于单件小批量生产中。

（2）划线找正装夹法

划线找正装夹法是指在零件表面上按图样要求划出中心线、对称线和各待加工表面的加工位置线，然后在机床上按划好的线找正零件的位置并将零件夹紧的一种装夹方法。如图9-14所示为在牛头刨床上按划线找正装夹，先在零件底面垫上适当厚度的铜片，通过调整垫片的厚度按划线找正位置后夹紧零件。此时，零件上用于找正的线即为定位基准。

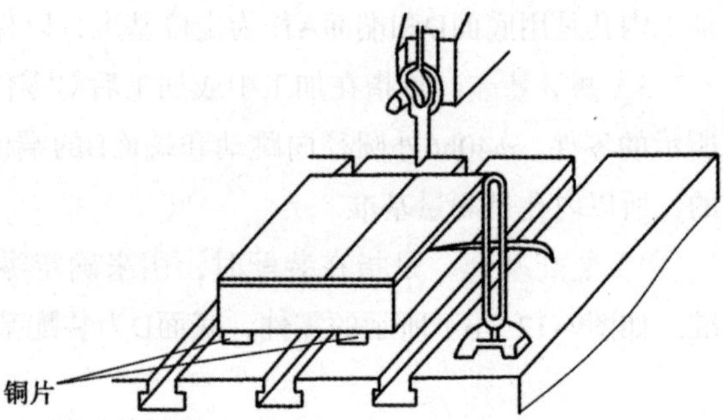

图9-14 划线找正装夹法

划线找正装夹法生产效率低，装夹精度也不高，多用于生产批量较小、毛坯精度较低以及大型零件的粗加工中。

（3）夹具装夹法

夹具装夹法是指用夹具上的定位元件使零件获得正确位置的一种装夹方法。采用这种方法时，零件定位迅速方便，定位精度高，但需设计、制造专用夹具。

夹具装夹法广泛用于大批量生产中。

9.3.1.3 夹具的作用、分类及组成

（1）夹具的作用

夹具具有保证加工精度的稳定；缩短辅助时间，提高劳动生产率；扩大了机床的使用范围和减轻劳动强度，保证安全生产的作用。

（2）夹具的分类

1）按夹具通用程度不同分类

①通用夹具 是指结构、尺寸已规格化并具有很大通用性的夹具，其在一定范围内无须调整或稍加调整就可以装夹不同的零件。例如，车床上的三爪自定心卡盘、四爪单动卡盘；铣床上的万能分度头、回转工作台及机床用平口台虎钳等，主要用于单件小批生产中。

②专用夹具 是指为某一零件的某道工序的加工而专门设计和制造的夹具。这类夹具主要适用于大批量生产。

③可调夹具 是综合了通用夹具和专用夹具的特点而发展起来的一种新型夹具，在加工不同类型和不同尺寸的零件时，只需调整或更换原夹具上个别元件便可实施加工。它一般可分为通用可调夹具和成组夹具两种，前者的通用性比通用夹具更大；后者是一种专用可调夹具，是为采用成组加工方法的某一组零件专门设计和制造的，主要用于多品种小批生产中。

④组合夹具 是一种模块化的夹具，由预先制造好的通用标准部件经组装而成。当产品变更时，夹具在短时间内经拆卸、清洗后可重新组装成另一种形式的夹具，特别适合于新产品试制、中小批量多品种生产和数控加工。

⑤随行夹具 是一种在自动线或柔性制造系统中使用的夹具。

2）按使用的机床分 可分为车床夹具、钻床夹具、铣床夹具、镗床夹具、磨床夹具等。

3）按使用的动力源分 可分为手动夹具、气动夹具、液压夹具、电动夹具等。

（3）夹具的组成

虽然各类机床夹具的结构不同，但就其组成元件的功能来说，可分为以下几个组成部分。

1）定位元件　它与零件的定位基准相接触，用以确定零件在夹具中的正确位置，如图9-15中的定位销6。

2）夹紧装置　其作用是保证零件在夹具中已定位好的位置，不受加工过程中外力的作用而破坏，使加工得以顺利进行，如图9-15中的螺母5和开口垫圈4。

3）夹具体　是夹具的基础件，用于连接夹具上各个元件或装置，使之成为一个整体。它与机床相结合，使夹具相对机床具有一个确定的位置，如图9-15中的夹具体7。

4）对刀元件　用于确定夹具与刀具的相对位置，如图9-15中的快速钻套1。

5）其他装置或元件　为满足设计给定条件及使用方便，有些夹具还要设置分度装置、靠模装置、上下料装置、顶出器等。

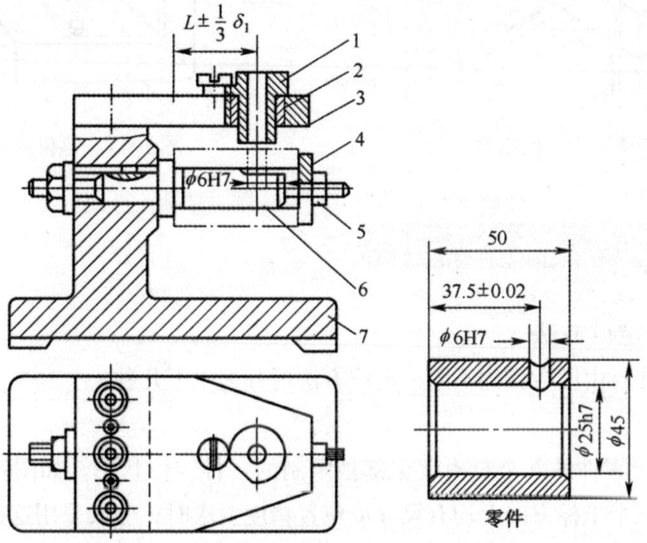

1—快速钻套；2—导向套；3—钻模板；4—开口垫圈；5—螺母；6—定位销；7—夹具体。

图9-15　钻床夹具

9.3.2　工件定位的基本原理

（1）零件的定位

零件的定位有两层含义：一种是夹具在机床上的定位，即将夹具安装在机床上，经过调整后使夹具、刀具及机床之间获得正确的相对位置；另一种是零件在夹具中的定位，即使零件在夹具中占有一个正确的位置。

（2）六点定位原理

任何一个自由刚体（零件）在空间直角坐标系中都有六个自由度。如图9-16所示，零件可以沿三个互相垂直的坐标轴移动，分别用$\vec{X}$、$\vec{Y}$、$\vec{Z}$表示。还可以绕三个坐标轴转动，分别用$\widehat{X}$、$\widehat{Y}$、$\widehat{Z}$表示。这样，零件在这六个自由度方向上的位置就没有被确定。

零件要正确定位，就必须限制这六个自由度，实现的方法是用适当布置的六个支承点来限制零件的六个自由度。如图9-17所示，在空间坐标系的XOY平面上布置三个支承点1、2、3，使零件的底面紧贴在这三点上，限制了$\overrightarrow{Z}$、$\widehat{X}$、$\widehat{Y}$三个自由度；在YOZ平面上布置两个支承点4、5，使零件的侧面紧贴在这两点上，限制了$\overrightarrow{X}$、$\widehat{Z}$两个自由度；在XOZ平面上布置一个支承点6，使零件的端面紧贴在这一点上，限制了$\overrightarrow{Y}$一个自由度。这种用合理分布的六个支承点限制零件六个自由度的方法，称为六点定位原理。

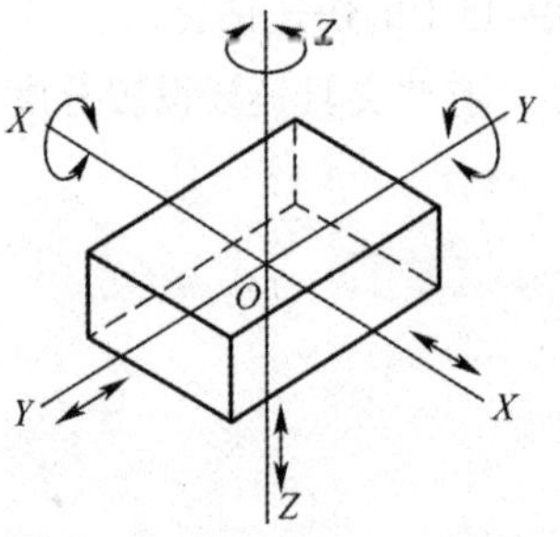

图9-16　刚体的六个自由度

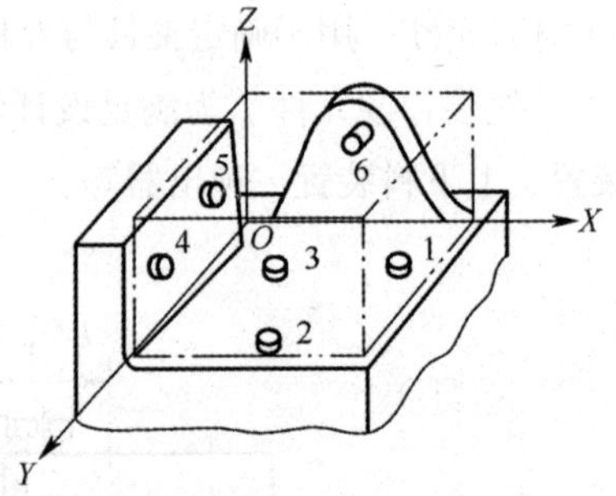

图9-17　零件的六点定位

9.3.3 定位方法及定位元件

9.3.3.1 定位方法

按照限制零件自由度数目的不同，定位方法可分为以下几种。

（1）完全定位

完全定位是指零件的六个自由度全部被限制的一种定位状态。如图9-17所示即为完全定位。当零件在三个坐标方向上均有尺寸或位置精度要求时，一般采用这种定位方式。

（2）不完全定位

不完全定位是指零件被限制的自由度数目少于六个，但能保证加工要求的一种定位状态。如图9-18所示导板磨平面的加工，其要求为保证板厚C和加工面与底面B平行。这时只需限制$\overrightarrow{Z}$、$\widehat{X}$、$\widehat{Y}$三个自由度，就能保证加工要求。

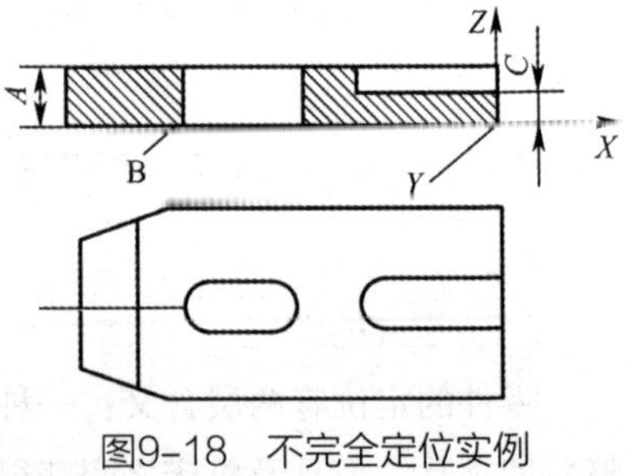

图9-18　不完全定位实例

（3）欠定位

欠定位是指零件实际定位所限制的自由度数目少于按其加工要求所必须限制的自由度数目时的一种定位状态。由于应限制的自由度未被限制，必然无法保证工序所规定的加工要求。如图9-19所示的球体零件钻孔加工，若$\overrightarrow{Z}$自由度没有被限制，势必使孔的深度超差；若$\overrightarrow{X}$、$\overrightarrow{Y}$自由度没有被限制，势必使孔的位置精度超差。因此，欠定位是不允许的。

（4）过定位

过定位是指多个支承点重复限制同一个自由度的一种定位状态，又称为重复定位。如图9-20（a）所示的插齿用夹具，零件以内孔在心轴上定位，则被限制了$\vec{X}$、$\vec{Y}$、$\widehat{X}$、$\widehat{Y}$四个自由度；又以端面在支承凸台上定位，被限制了$\vec{Z}$、$\widehat{X}$、$\widehat{Y}$三个自由度。这样，$\widehat{X}$、$\widehat{Y}$自由度被重复限制了。若处理不当，将引起零件与心轴及支承凸台接触不良，造成定位不稳或夹紧变形，如图9-20（b）所示。所以，在这种情况下过定位是不允许的。但过定位若使用得当，则可起到增加刚性和定位稳定性的作用。

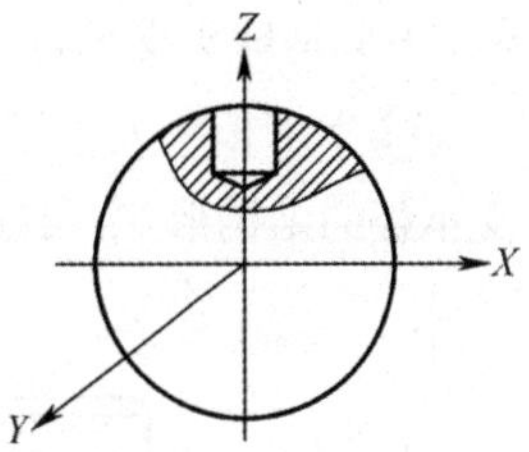

图9-19　欠定位实例

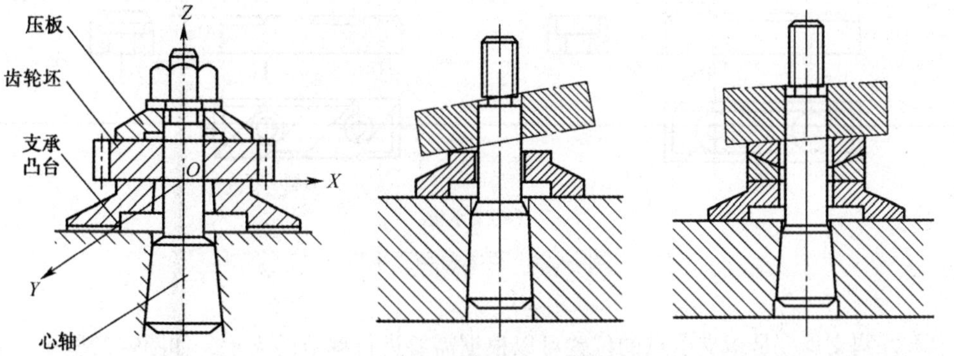

（a）插齿夹具　（b）内孔与端面垂直度误差较大时齿轮坯定位情况　（c）改变定位装置结构避免重复定位

图9-20　过定位实例及消除措施

防止过定位或减小因过定位引起的干涉，通常采取下述两种措施。

1）改变定位元件的结构　如图9-20（c）所示，采用球面垫圈后，支承凸台就只限制$\vec{Z}$一个自由度，消除了过定位。这样，即使齿轮坯内孔与端面的垂直度误差较大，零件或心轴也不会在夹紧时发生变形。

2）提高定位基面之间以及定位元件工作表面之间的位置精度　如在图9-20（a）所示的夹具中，若提高齿轮坯内孔与端面之间的垂直度精度以及夹具心轴与凸台的垂直度精度，使其两个误差之和小于或等于心轴与齿轮坯内孔之间的间隙。这样，重复定位的支承点之间就不会发生干涉，反而会提高齿轮坯在加工中的刚性和稳定性，保证了加工精度。

9.3.3.2　定位元件

（1）零件以平面定位的定位元件

主要支承是指能限制零件自由度和起定位作用的支承。它可分为以下几类。

1）固定支承　是指在夹具体上其位置固定不变时的定位元件。常用的固定支承有支承钉和支承板两种类型。

①支承钉　有三种形式，如图9-21（a）所示。其中A型是平头支承钉，用于精基准定位；B型是球头支承钉，多用于粗基准定位；C型是齿纹头支承钉，常用于零件侧面定位。

②支承板　大中型零件以精基准面定位时，多采用支承板定位。如图9-21（b）所示为支承板的结构形式，其中A型支承板适用于侧面及顶面的定位；B型支承板适用于底面定位。

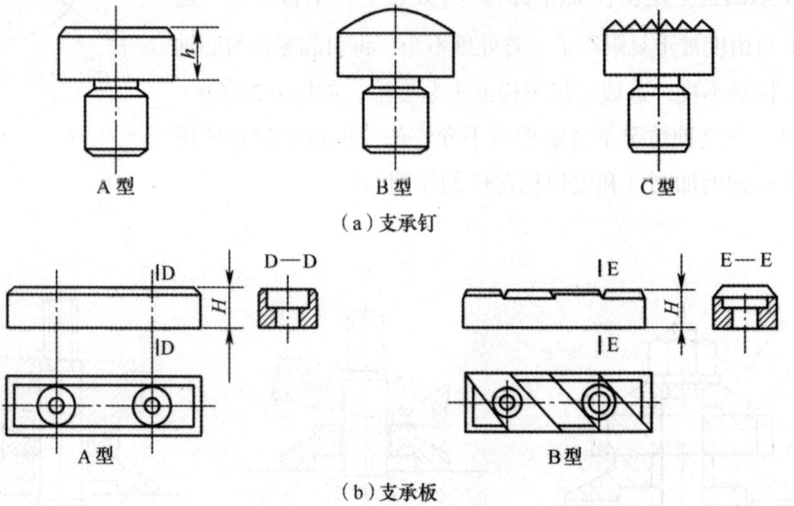

图9-21　支承钉与支承板

2）可调支承　是指支承点的位置可以根据需要进行调节的支承，如图9-22所示。它主要用于形状尺寸变化较大且又以粗基准定位的分批铸造毛坯。可调支承在调整时，应先松后调，调好后用防松螺母锁紧。如图9-23所示为可调支承定位的应用示例。零件为砂型铸件，先以B面定位铣A面，再以A面定位镗双孔。若采用固定支承定位铣A面，由于不同批次的毛坯定位基准面B相对于两孔的尺寸和形状误差变化较大，将会引起铣完后的A面与两毛坯孔的距离尺寸H_1、H_2变化也较大，致使镗孔时余量偏向一边，甚至出现余量不够的现象。因此，图中采用了可调支承。应注意，可调支承在一批零件加工前调整一次，在同一批零件的加工中应保持不变，其作用相当于固定支承。

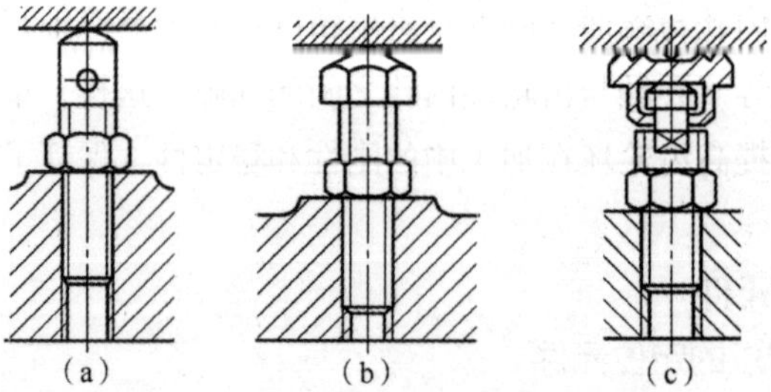

图9-22　可调支承

3）自位支承　是指在零件定位过程中，能自动调整位置的支承，也称为浮动支承，它通常用于毛坯平面、断续平面以及阶梯平面的定位。这类支承一般具有两个以上的支承点，各点之间互有联系，零件定位基面压下其中一点，就迫使其余的点上升，直到各点全部与零件接触为止。接触点的增加，提高了零件的装夹刚度和稳定性，但其作用仍相当于一个固定支承，只限制零件一个自由度。如图9-24所示为两点式自位支承，其中图9-24（a）为杠杆式，图9-24（b）与图9-24（a）相同，适用于基准为阶梯定位。

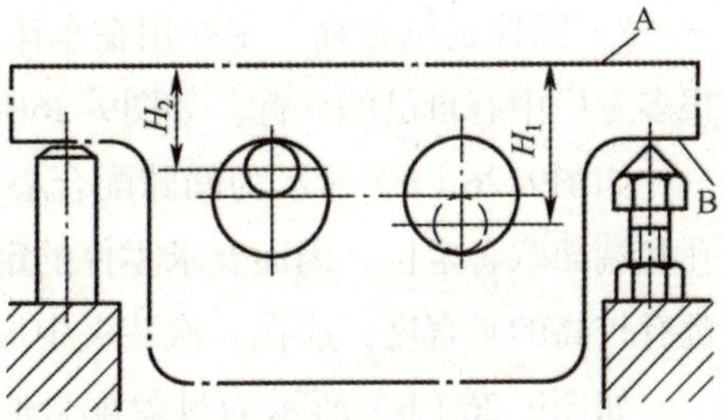

图9-23　可调支承的应用

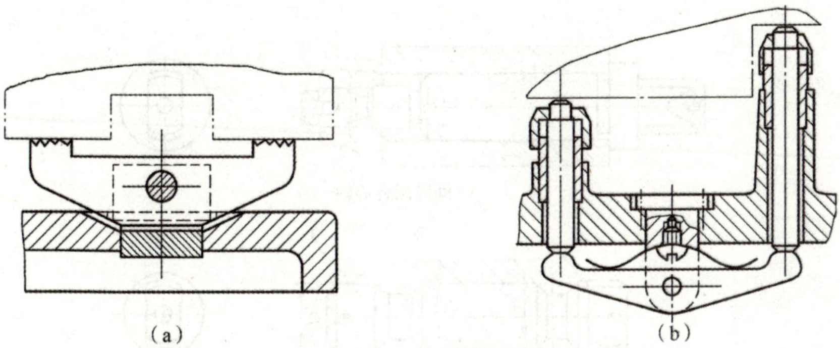

图9-24　自位支承

（2）零件以圆孔定位的定位元件

1）圆柱定位销　如图9-25所示为常用的定位销结构。它们的共同特点是直接用过盈配合装在夹具体上，为便于零件顺利装入，在其头部应有倒角，和夹具体配合的圆柱面与凸肩之间应有退刀槽，以保证装配质量。当定位销直径D>3～10mm时，通常把根部倒出圆角R，应用时在夹具体上锪出沉头孔，使定位销圆角部分沉入孔内而不影响定位，如图9-25（a）所示。大批量生产时，为了便于定位销的更换，可采用如图9-25（d）所示的带有衬套的结构形式。

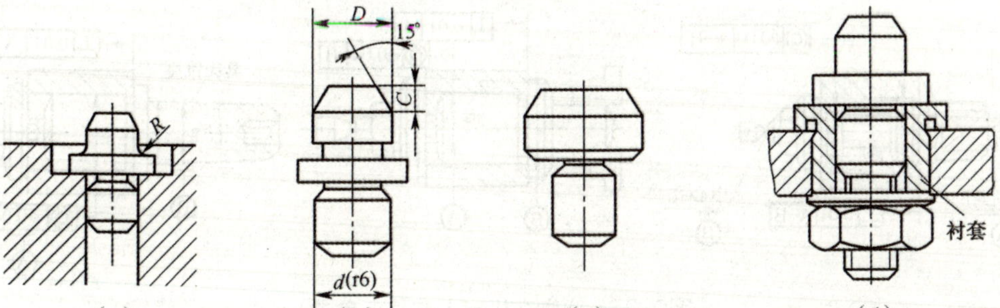

图9-25　圆柱定位销

2）圆柱定位心轴　主要用在车床、铣床、磨床上加工套类和盘类零件，其结构形式在很多工厂中有自己的厂标。如图9-26所示为常用的几种心轴结构形式。

如图9-26（a）所示为间隙配合心轴，为了减少因配合间隙造成零件的倾斜，零件常以孔和端面联合定位，因而要求零件的定位孔与定位端面之间、心轴的定位圆柱面与端面之间都有较高的垂直度，应在一次装夹中加工出来。

如图9-26（b）所示为过盈配合心轴，适用于加工零件外圆及端面。这种心轴结构简单，制造方便且定心精度高，无须夹紧装置，但装卸零件不方便，需在压床上进行且易损伤零件定位孔，因此多用于定心精度要求高的精加工场合。

如图9-26（c）所示为花键心轴，用于加工以花键孔定位的零件。当零件定位孔的长度与直径之比为$L/d>1$时，工作部分可稍带锥度。

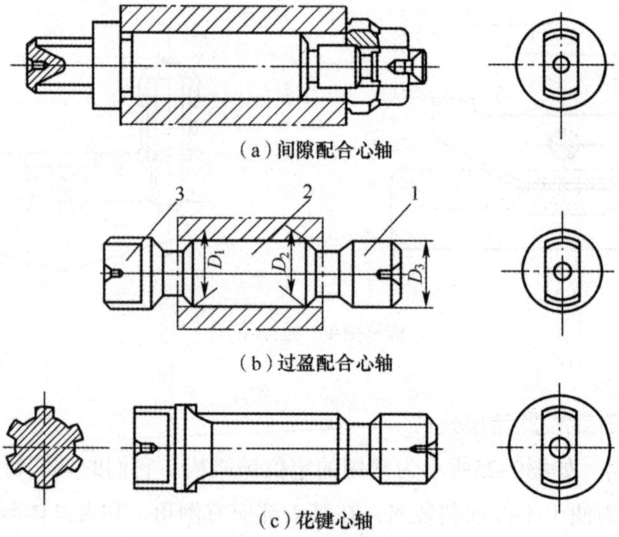

（a）间隙配合心轴

（b）过盈配合心轴

（c）花键心轴

1—引导部分；2—工作部分；3—传动部分。

图9-26　圆柱心轴

心轴在机床上的常用装夹方式如图9-27所示。

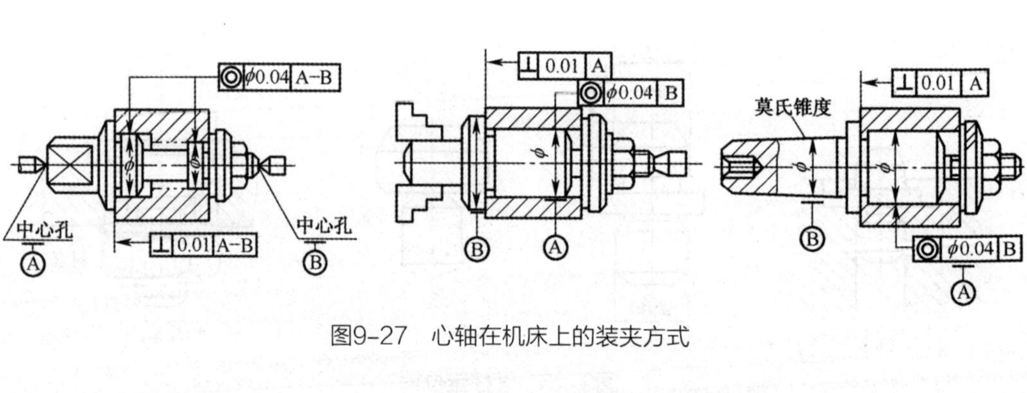

图9-27　心轴在机床上的装夹方式

3）圆锥销　如图9–28所示为零件以圆孔在圆锥销上定位的示意图。它限制了零件的$\vec{X}$、$\vec{Y}$、$\vec{Z}$三个自由度，其中如图9–28（a）所示用于粗基准定位，以保证其接触均匀，如图9–28（b）所示用于精基准定位。

4）小锥度心轴　如图9–29所示，零件是以圆柱孔在小锥度心轴上定位，并靠零件定位基准孔与心轴工作圆锥表面的弹性变形来夹紧零件。这种心轴的定心精度较高，适用于零件定位孔精度不低于IT7的精车和磨削，但不宜加工端面。

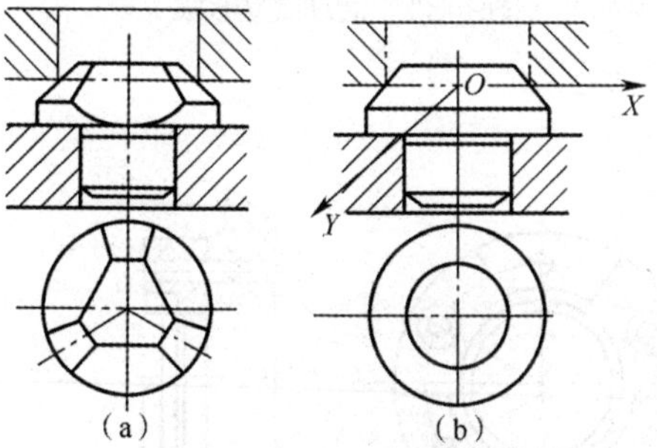

图9–28　圆锥销定位

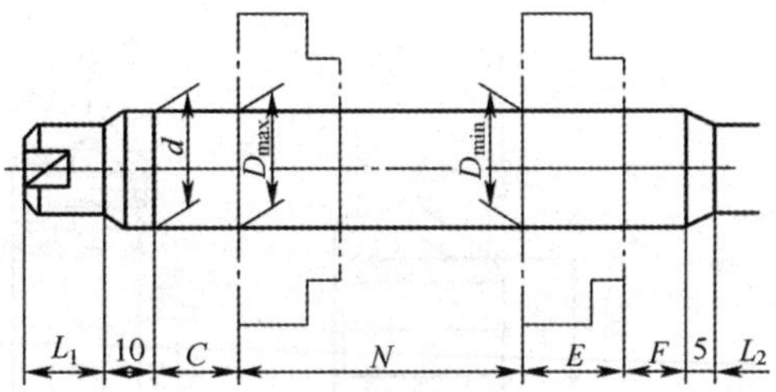

图9–29　小锥度心轴

（3）零件以外圆柱面定位的定位元件

1）V形块　其最大优点是对中性好；另一个特点是无论定位基准是否经过加工，是完整的圆柱面还是局部的圆弧面，都可以采用V形块定位。所以，对加工表面与外圆轴线有对称度要求的零件，常采用V形块定位。

如图9–30所示为常用V形块的结构。如图9–30（a）所示是用于精基准的短V形块；图9–30（b）所示是用于粗基准和阶梯定位面的长V形块；图9–30（c）所示是用于较长的基准面和相距较远的两个定位面的V形块；V形块不一定采用整体结构，也可在铸铁底座上镶淬硬支承板或硬质合金板，如图9–30（d）所示。

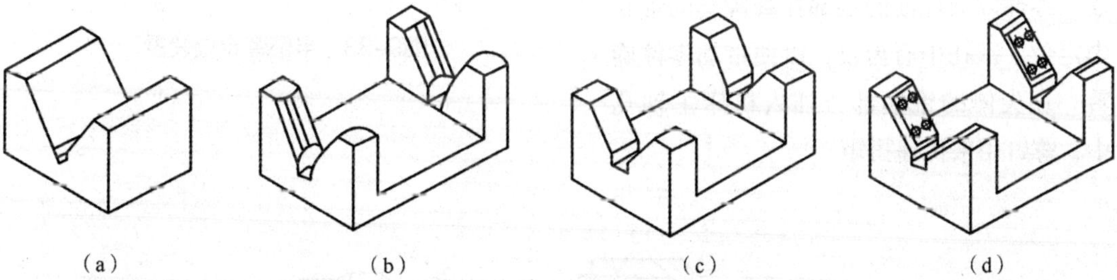

图9–30　V形块的结构形式

V形块有活动式和固定式之分，固定式V形块一般通过2个定位销和2～4个螺钉连接在夹具体上，定位销孔在装配时调整好位置后与夹具体一起钻、铰，然后打入定位销；活动式V形块如图9–31所示，它除限制零件一个转动自由度外，还起到夹紧的作用。

2）定位套 零件以外圆柱面定位时，也可采用如图9-32所示的定位套，其中如图9-32（a）所示为长定位套，限制零件四个自由度；如图9-32（b）所示为短定位套，限制零件两个自由度。为了限制零件的轴向自由度，定位套常与端面联合定位。

定位套结构简单，制造容易，但定心精度不高，一般适用于精基准定位。

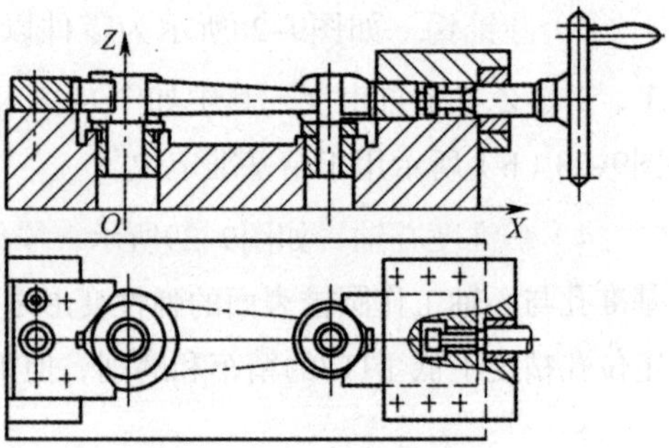

图9-31 活动式V形块

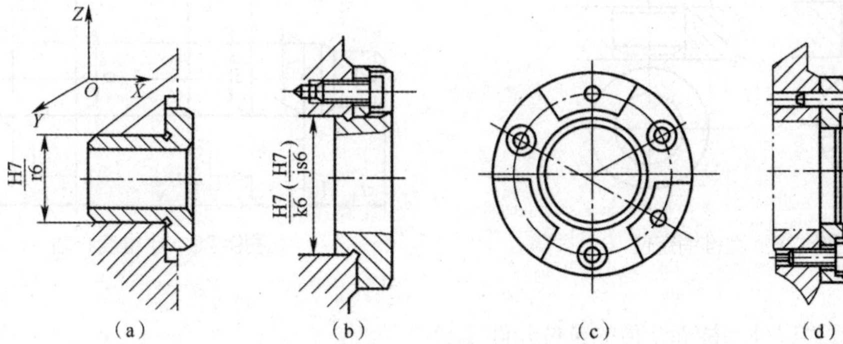

图9-32 常用定位套

3）半圆套 如图9-33所示为两种结构的半圆套定位装置，主要用于大型轴类零件以及不便于轴向装夹的零件，其下半圆套是定位元件，上半圆套起夹紧作用。

4）圆锥套 如图9-34所示为常用的反顶尖，由顶尖体1、螺钉2和圆锥套3组成。零件以圆柱面的端部在圆锥套的锥孔中定位，锥孔中有齿纹，以便带动零件旋转。顶尖体的锥柄部分插入机床主轴孔中，螺钉用来传递扭矩。

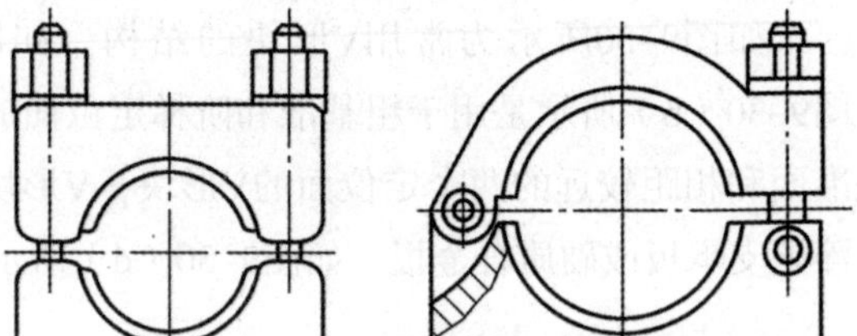

图9-33 半圆套定位装置

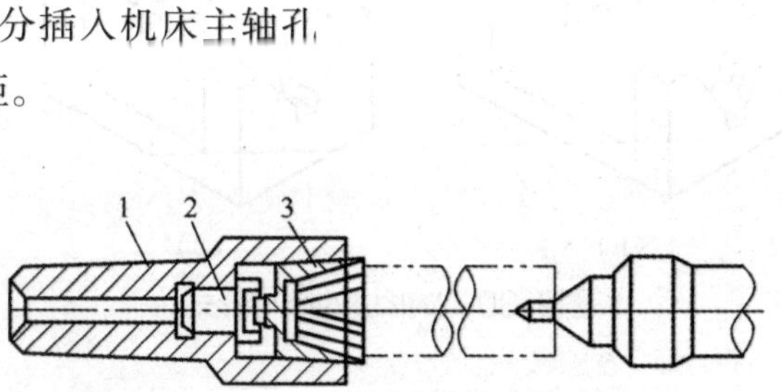

1—顶尖体；2—螺钉；3—锥套。

图9-34 通用反顶尖

（4）零件以一面两孔的组合定位

在实际生产中，常用几个定位元件组合起来同时定位零件的几个定位面，以达到定位要求，这就是组合定位。在成批及大量加工箱体、杠杆、盖板和支架等零件时，常采用“一面两孔”的定位方式，即用一个平面和两个圆柱孔定位。

在采用一组基准定位时，最容易出现过定位的问题，如何正确处理，就成为采用一组基准定位时需要特别注意的问题。下面以箱体类零件的加工为例来说明。

如图9-35（a）所示为一箱体用一面两孔定位的示意图。支承板3限制$\vec{Z}$、$\widehat{X}$、$\widehat{Y}$三个自由度；定位销1限制$\vec{X}$、$\vec{Y}$两个自由度；右边定位销限制$\vec{Y}$、$\widehat{Z}$两个自由度，$\vec{Y}$被重复限制产生了过定位。由于一批零件上两定位孔及夹具上两销之间的中心距都有误差，当误差较大时，就有可能使零件无法正确装到夹具上定位。因此，在实际生产中，一般不采用两个圆柱销，而是采用如图9-35（b）所示的一个圆柱销和一个菱形销。因菱形销（也称为削边销）只限制$\widehat{Z}$一个自由度，这样共限制了六个自由度，属完全定位。

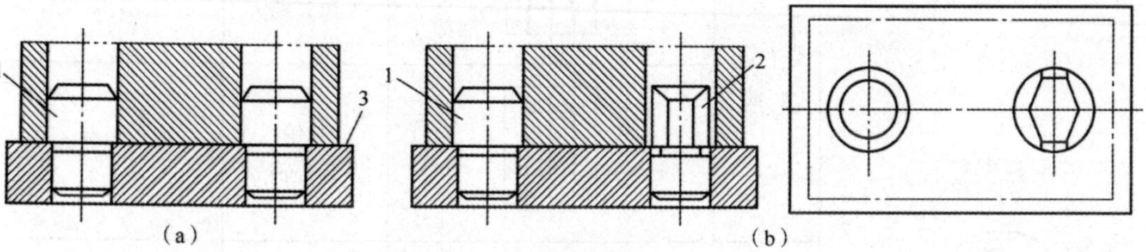

1—圆柱销；2—菱形销；3—支承板。

图9-35　零件以一面两孔定位

各种典型定位元件的定位分析如表9-6所示。

表9-6　典型定位元件的定位分析

零件定位基面	定位元件	定位方式简图	定位元件特点	限制的自由度
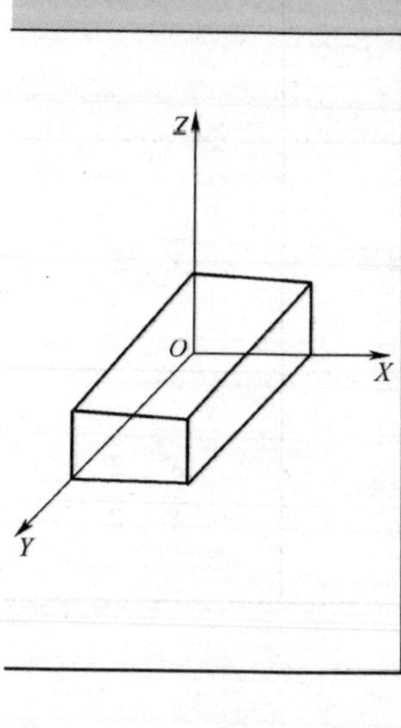	支承钉	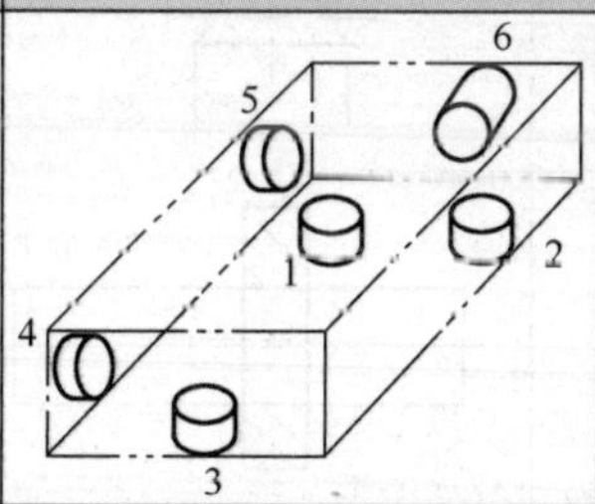		1、2、3—$\vec{Z}$、$\widehat{X}$、$\widehat{Y}$ 4、5—$\vec{X}$、$\widehat{Z}$ 6—$\vec{Y}$
	支承板	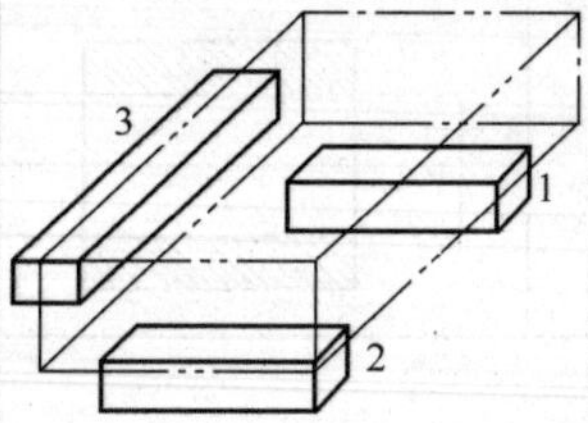	每个支承板也可设计为两个或两个以上的小支承板	1、2—$\vec{Z}$、$\widehat{X}$、$\widehat{Y}$ 3—$\vec{X}$、$\widehat{Z}$

续表

零件定位基面	定位元件	定位方式简图	定位元件特点	限制的自由度
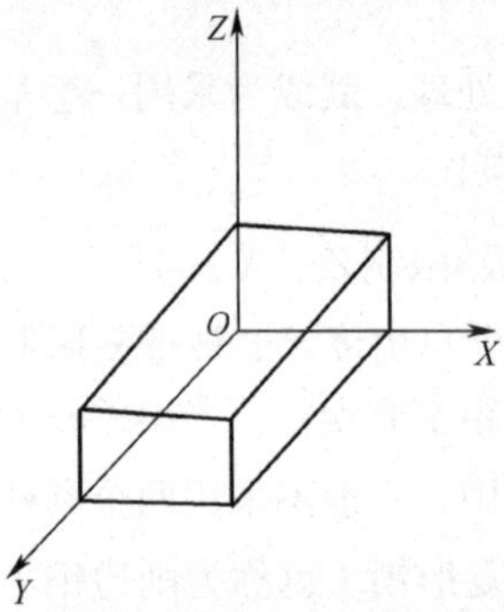	固定支承与辅助支承	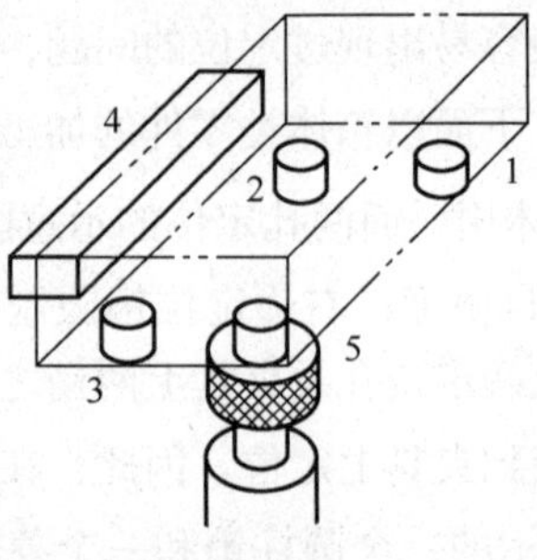	1、2、3、4—固定支承 5—辅助支承	1、2、3—$\vec{Z}$、$\widehat{X}$、$\widehat{Y}$ 4—$\vec{X}$、$\widehat{Z}$ 5—增加刚性，不限制自由度
圆孔 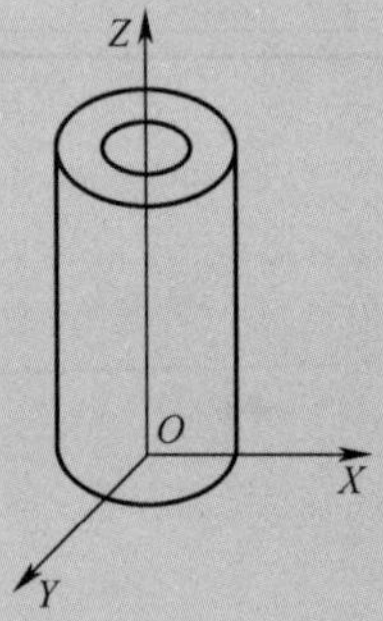	定位销（心轴）	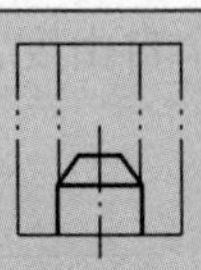	短销（短心轴）	$\vec{X}$、$\vec{Y}$
		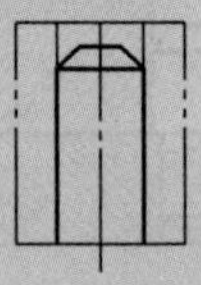	长销（长心轴）	$\vec{X}$、$\vec{Y}$ $\widehat{X}$、$\widehat{Y}$
	锥销	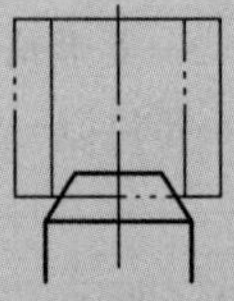	单锥销	$\vec{X}$、$\vec{Y}$、$\vec{Z}$
		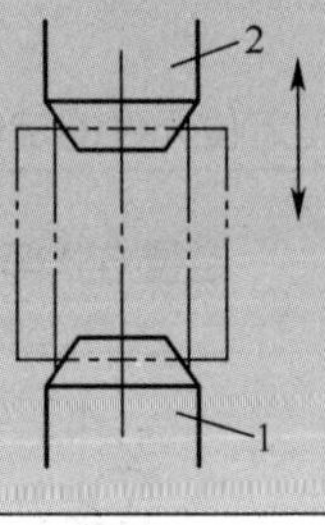	1—固定销 2—活动销	$\vec{X}$、$\vec{Y}$、$\vec{Z}$ $\widehat{X}$、$\widehat{Y}$
外圆柱面 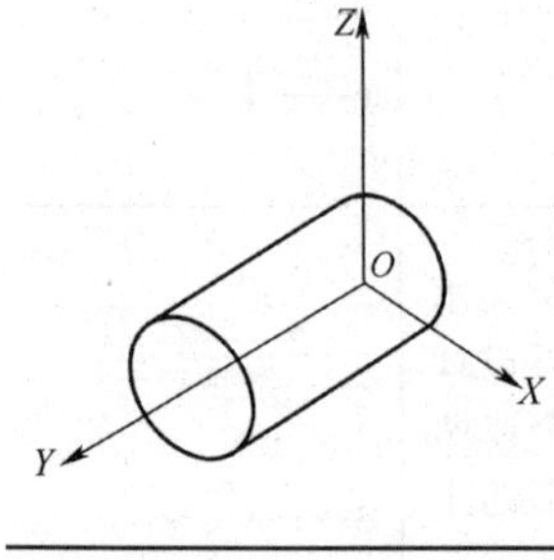	定位套	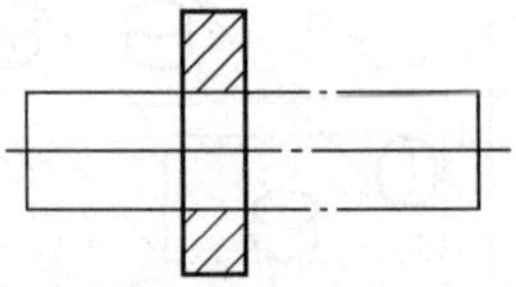	短套	$\vec{X}$、$\vec{Z}$
		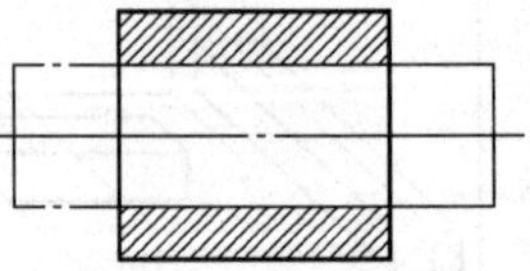	长套	$\vec{X}$、$\vec{Z}$ $\widehat{X}$、$\widehat{Z}$

续表

零件定位基面	定位元件	定位方式简图	定位元件特点	限制的自由度
外圆柱面 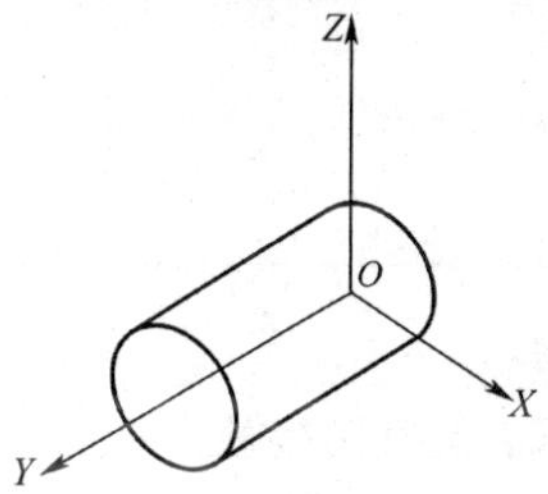	半圆套	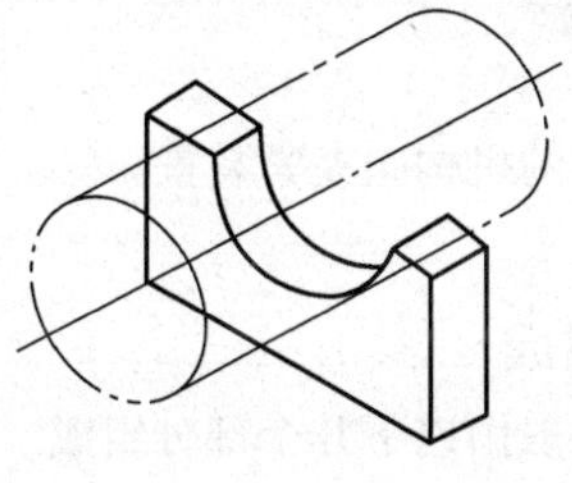	短半圆套	$\vec{X}$、$\vec{Z}$
			长半圆套	$\vec{X}$、$\vec{Z}$ $\widehat{X}$、$\widehat{Z}$
	锥套	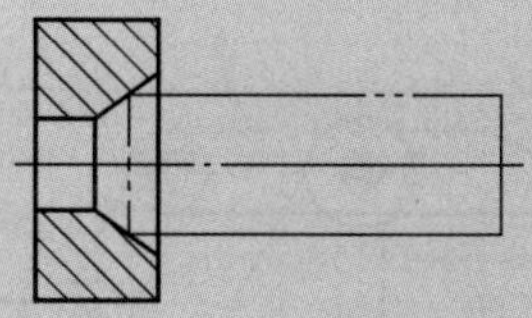		$\vec{X}$、$\vec{Y}$、$\vec{Z}$
		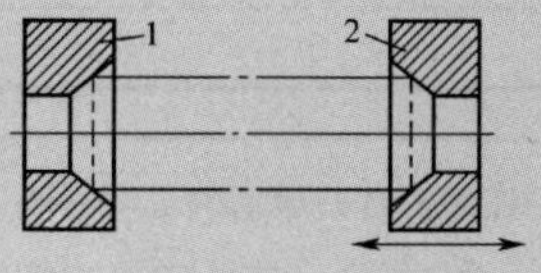	1——固定锥套 2——活动锥套	$\vec{X}$、$\vec{Y}$、$\vec{Z}$ $\widehat{X}$、$\widehat{Z}$
	支承板或支承钉	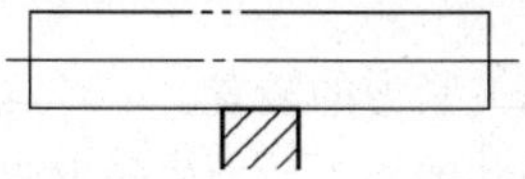	短支承板或支承钉	$\vec{Z}$
		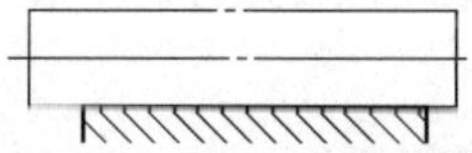	长支承板或两个支承钉	$\vec{Z}$、$\widehat{X}$
	V形块	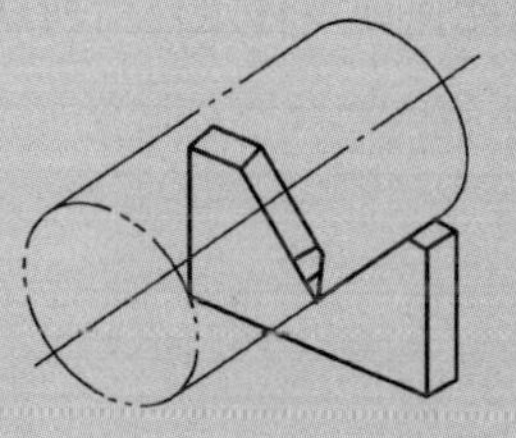	窄V形块	$\vec{X}$、$\vec{Z}$
		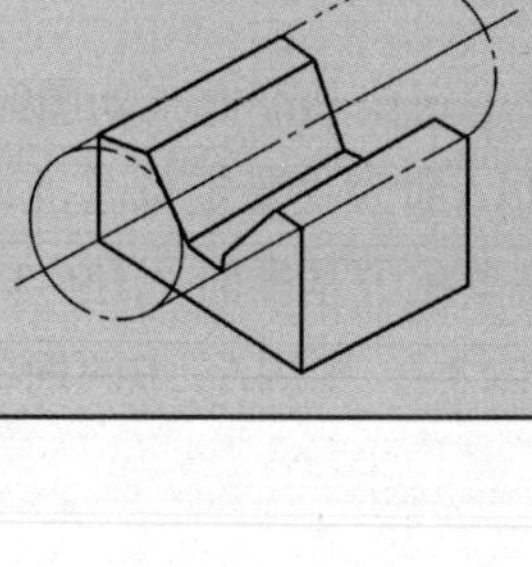	宽V形块	$\vec{X}$、$\vec{Z}$ $\widehat{X}$、$\widehat{Z}$

9.4 夹紧机构

9.4.1 夹紧机构概述

夹具上用来把零件压紧夹牢的机构叫夹紧装置。

9.4.1.1 夹紧装置的组成

如图9-36所示，夹紧装置一般由以下几个部分组成。

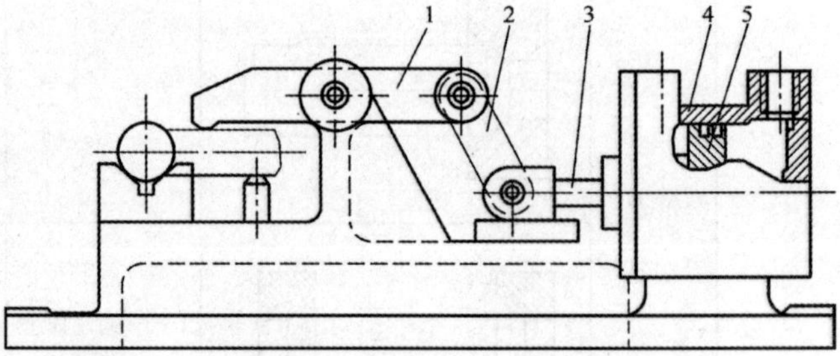

1—压板；2—连杆；3—活塞杆；4—液压缸；5—活塞。

图9-36 夹紧装置的组成

1）力源装置　是指提供原始夹紧力的装置。

2）中间传力机构　是把力源装置产生的力传给夹紧元件的机构。

3）夹紧元件　是夹紧装置的最终执行元件，一般与零件的夹压表面直接接触。

9.4.1.2 夹紧装置的基本要求

1）在夹紧和加工过程中，应能保证零件定位后所获得的正确位置不会改变。

2）夹紧力的大小要适当。

3）工艺性和使用性要好。

9.4.1.3 夹紧力的确定

确定夹紧力就是确定夹紧力的大小、方向和作用点三个要素。

（1）夹紧力方向的确定

1）夹紧力的方向应朝向主要的定位基准面　如图9-37所示，在直角支座上镗孔，本工序要求所镗孔与A面垂直，故应以A面为主要定位基准面［图9-37（a）］，在确定夹紧力的方向时，应使夹紧力朝向A面即主要定位基准面［图9-37（d）］，以保证孔与A面的垂直度。反之，若朝向B面［图9-37（b）（c）］，则因A、B两面的夹角α有误差，就无法保证所镗孔与A面垂直的工序要求。

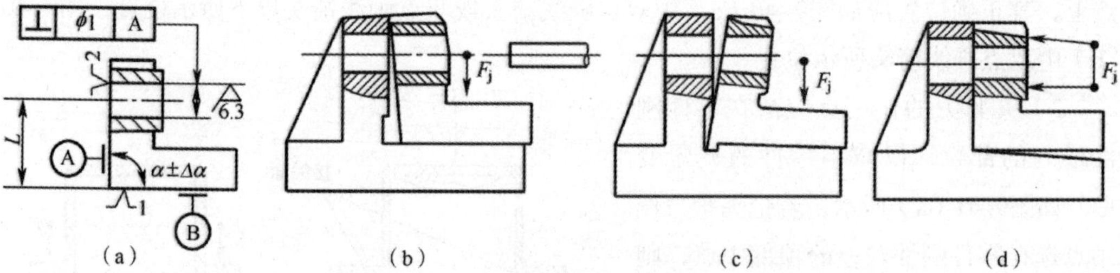

图9-37　夹紧力的方向应朝向主要的定位基准面

2）夹紧力的方向应尽量与零件刚度最大的方向相一致，以减小零件变形　如图9-38所示的薄壁套筒零件，若用三爪自定心卡盘将薄壁套筒径向夹紧，则因零件的径向刚度比较差易引起大的变形。若改成用螺母轴向夹紧零件，则因零件的轴向刚度比较大不易产生变形。

3）夹紧力的方向应尽量与切削力、零件重力的方向一致，以减小夹紧力　如图9-39所示为在钻床上钻孔的情况，由于夹紧力F_j与零件重力G和切削力F同向，零件重力和切削力也能起到夹紧的作用，因此，这时所需的夹紧力为最小。

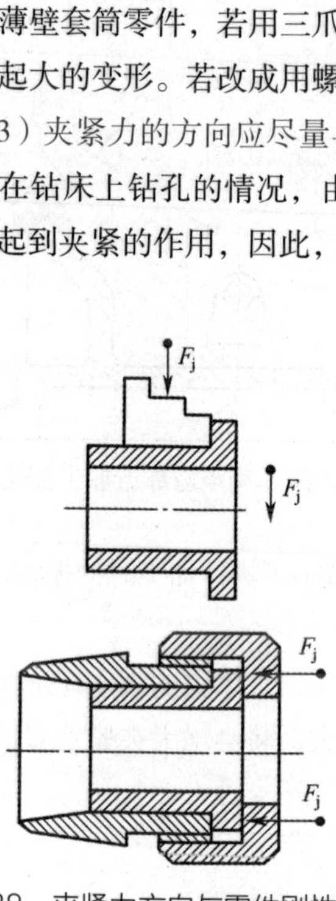

图9-38　夹紧力方向与零件刚性的关系

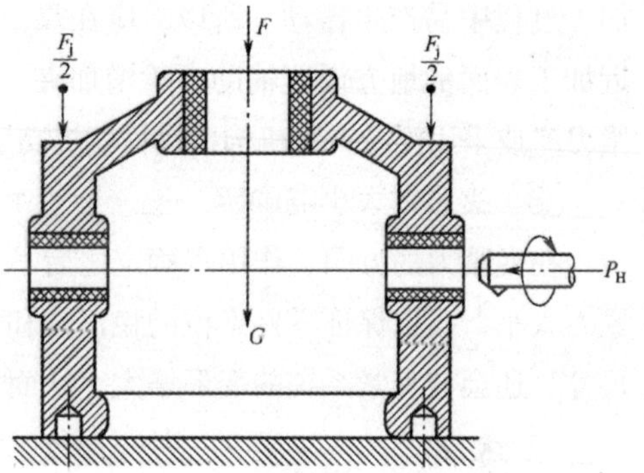

图9-39　夹紧力与切削力、零件重力的关系

（2）夹紧力作用点的确定

1）夹紧力的作用点应落在支承点上或几个支承元件所形成的支承区域内，以保证零件已获得的定位位置不变　如图9-40所示，夹紧力的作用点不在支承元件范围内，产生了翻转力矩，将使零件倾斜或移动，破坏了零件的定位。正确的夹紧力作用点应施于支承区域内并靠近其几何中心或落在支承

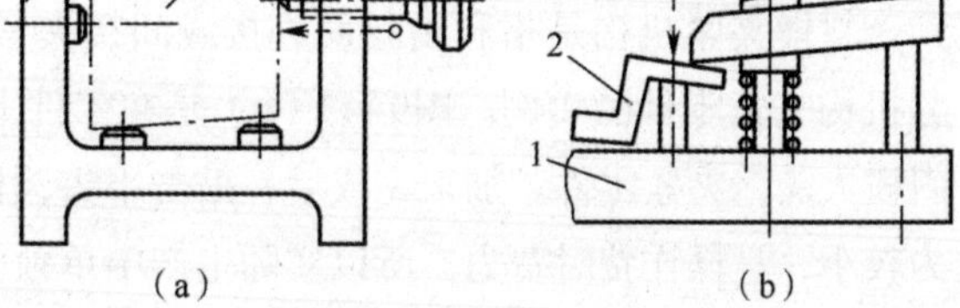

1—夹具体；2—零件。

图9-40　夹紧力作用点的位置

点上，其正确位置应如图9-40（a）中双点画线箭头或双点画线箭头以下所示位置，图9-40（b）中双点画线箭头所示位置。

2）夹紧力的作用点应落在零件刚性最好的部位，以减小零件的夹紧变形 如图9-41（a）所示，若把夹紧力作用点选在零件刚性较差的顶部中点，则零件会产生较大的变形。正确的选择是如图9-41（b）所示，将夹紧力作用点选在零件刚性较好的部位，并改单点夹紧为两点夹紧，避免了零件产生不必要的变形且夹紧牢固可靠。

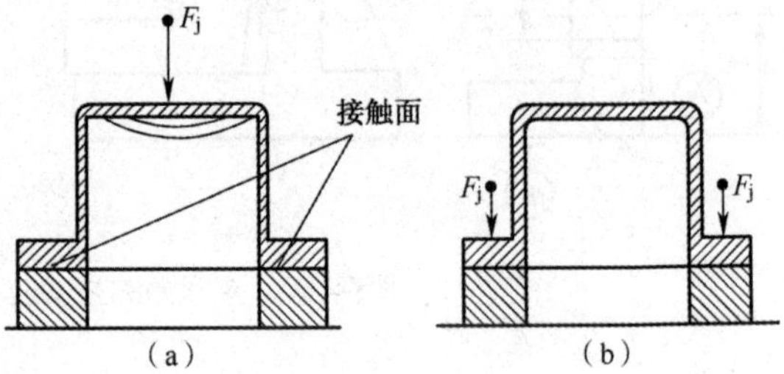

图9-41 夹紧力的作用点应落在零件刚性最好的部位

3）夹紧力作用点应尽量靠近被加工表面，以减小对零件造成的翻转力矩 如图9-42所示零件，在铣削A、B两端面时，由于主要夹紧力F_j垂直作用于主要定位基准面，如果不再施加其他夹紧力，因夹紧力F_j没有靠近加工部位，加工过程中易产生振动。所以，应在靠近加工表面的地方设置辅助支承增加夹紧力F'_j或采用浮动夹紧机构，这样就提高了零件的装夹刚度，减小了零件加工时的振动。

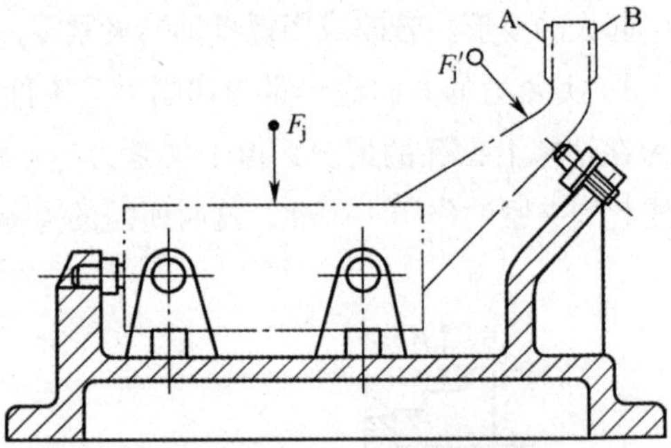

图9-42 夹紧力的作用点应靠近加工部位

（3）夹紧力大小的确定

在夹紧力的方向、作用点确定之后，就要确定夹紧力的大小。夹紧力的大小应适当，夹紧力太小，难以保证零件定位的稳定性和加工质量；夹紧力太大，将会增大夹紧装置的结构尺寸，还会使夹紧系统的变形增大，从而影响加工质量。

9.4.2 基本夹紧机构

斜楔夹紧机构、螺旋夹紧机构和偏心夹紧机构统称为基本夹紧机构。

9.4.2.1 斜楔夹紧机构

斜楔夹紧机构是指利用斜面直接或间接夹紧零件的机构。如图9-43所示为几种斜楔夹紧机构夹紧零件的实例。图9-43（a）是在零件上钻互相垂直的两个孔。零件装入后，敲击斜楔大头，夹紧零件。加工完成后，敲击小头，松开零件。由于用斜楔直接夹紧零件时夹紧力较小，且操作费时费力，所以实际生产中单独应用的不多，一般情况下是将斜楔与其他机构联合使用。图9-43（b）是将斜楔与滑柱压板组合而成的机动夹紧机构。

斜楔夹紧机构的特点是具有增力作用，但夹紧行程较小。

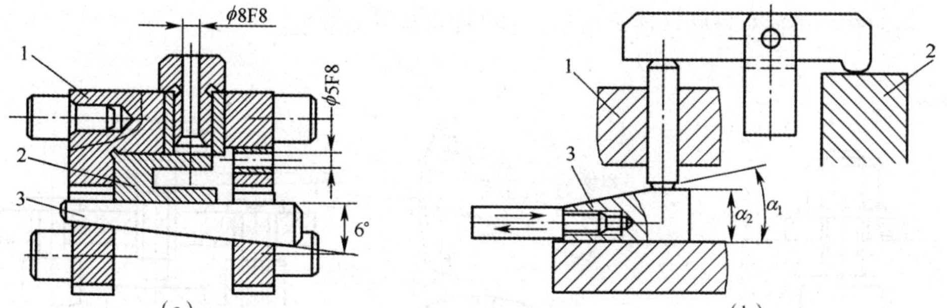

1—夹具体；2—零件；3—斜楔。

图9-43　斜楔夹紧机构

9.4.2.2　螺旋夹紧机构

螺旋夹紧机构是指由螺钉、螺母、垫圈、压板等元件组成的一种夹紧机构。如图9-44所示为应用这种机构夹紧零件的实例。螺旋夹紧机构具有结构简单、制造容易、通用性好、自锁性能好、夹紧力和夹紧行程大等特点，目前在夹具中得到了广泛的应用。

（1）单个螺旋夹紧机构

直接用螺钉、螺母夹紧零件的机构，称为单个螺旋夹紧机构。如图9-44（a）所示，用螺钉头直接压在零件表面上，因接触面积小，压强大，所以在转动螺钉时，可能会损伤零件的已加工表面，或带动零件旋转。在实际应用中，常在螺钉头部装上如图9-44（b）所示的可以摆动的压块，由于压块与零件间的接触面积大大增加，压强大大减小，且压块与零件间的摩擦力矩大于压块与螺钉间的摩擦力矩，所以可防止发生上述现象。

标准压块的结构有两种（图9-44），A型的端面是光滑的，用于已加工表面，B型端面有齿纹，用于夹紧毛坯的粗糙表面。

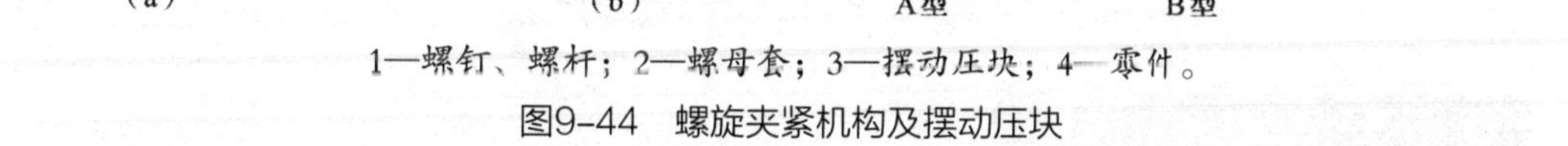

1—螺钉、螺杆；2—螺母套；3—摆动压块；4—零件。

图9-44　螺旋夹紧机构及摆动压块

（2）快速螺旋夹紧机构

单个螺旋夹紧机构在使用时夹紧动作慢，零件装卸费时。所以，为迅速夹紧零件，减少辅助时间，生产中常采用各种快速螺旋夹紧机构。图9-45（a）所示为带有开口垫圈的螺母夹紧机构；图9-45（b）所示为快卸螺母结构；图9-45（c）所示为回转压板夹紧机构，当松夹时，将回转压板逆时针转过适当角度，零件即可从上面取出。

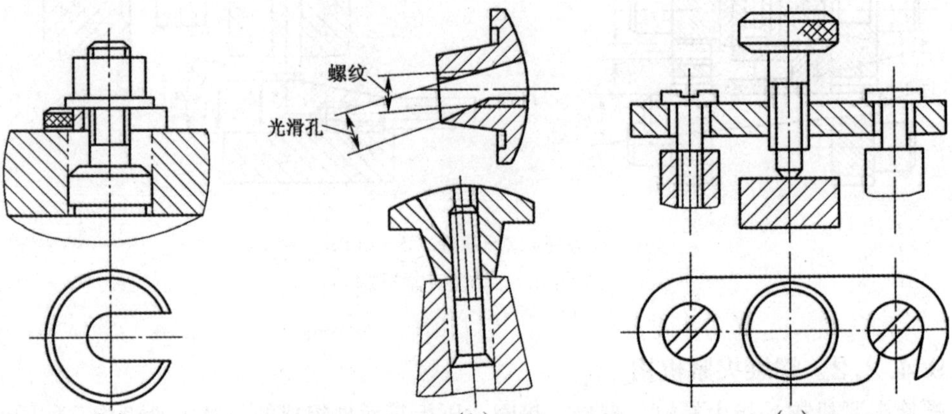

图9-45 快速螺旋夹紧机构

9.4.2.3 偏心夹紧机构

用偏心件直接或间接夹紧零件的机构称为偏心夹紧机构。常用的偏心件有圆偏心和曲线偏心两种。圆偏心因结构简单，制造容易，在夹具中应用较多。如图9-46所示为常见的采用圆偏心轮的夹紧机构。

圆偏心夹紧机构的特点是结构简单、操作方便、夹紧迅速，缺点是夹紧力和夹紧行程较小，耐振性能差，自锁性能不稳定。一般用于切削力不大、振动小、没有离心力影响的场合。

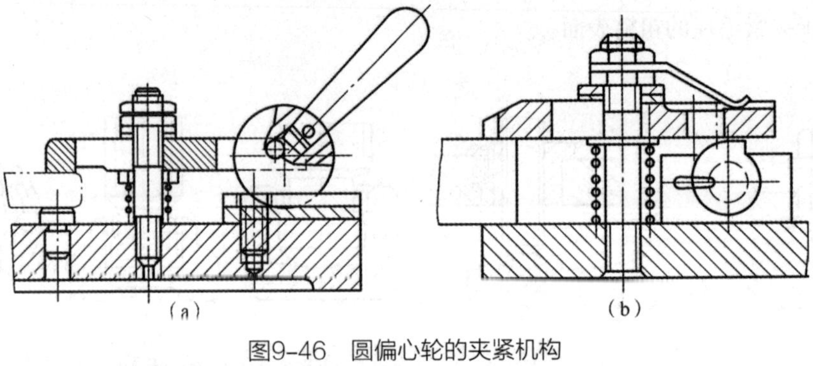

图9-46 圆偏心轮的夹紧机构

9.4.3 定心夹紧机构

定心夹紧机构是一种可同时实现对零件定心、定位和夹紧的夹紧机构。如图9-47所示为弹簧筒夹定心夹紧机构，其中图9-47（a）为装夹零件以外圆柱面定位的弹簧夹头，图9-47（b）为装夹零件以内孔定位的弹簧心轴，其主要元件是弹性筒夹2，它是在一个锥形套筒上开出3～4条轴向槽而形成的。在图9-47（a）中，旋转螺母4时，在螺母端面的作用下，弹性筒夹在锥套内向左移动，锥套3的内锥面迫使弹性筒夹2上的簧瓣向心收缩，从而将零件定心夹紧；反向旋转螺母，即可卸下零件。在图9-47（b）中，旋转螺母4时，锥套3的外锥面迫使弹性筒夹2的两端簧瓣向外均匀扩张，从而将零件夹紧。反转螺母，松夹。

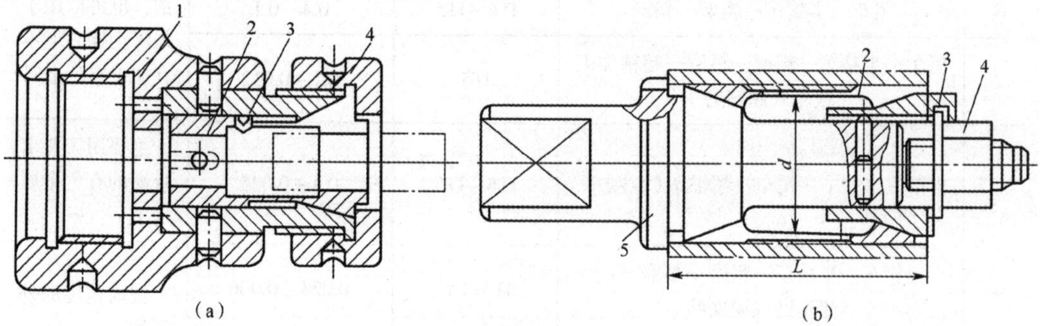

1—夹具体；2—弹性筒夹；3—锥套；4—螺母；5—心轴。

图9-47　弹簧夹头和弹簧心轴

弹簧筒夹定心夹紧机构结构简单，定心精度高，体积小，操作方便、迅速，所以在生产中应用非常广泛，一般适用于精加工和半精加工。

9.5 工艺路线的拟订

工艺路线的拟订是制定工艺规程的关键，是对工艺过程进行总体布局。

9.5.1　加工经济精度与加工方法的选择

9.5.1.1　加工经济精度

加工经济精度是指在正常加工条件下所能保证的加工精度和表面粗糙度。表9-7～表9-9摘录了一些加工方法所能达到的加工经济精度和表面粗糙度。

表9-7　外圆表面加工方案

序号	加工方法	经济精度等级	表面粗糙度*Ra*/μm	适用范围
1	粗车	IT13～IT11	50～12.5	适用于淬火钢以外的各种金属
2	粗车—半精车	IT10～IT8	6.3～3.2	
3	粗车—半精车—精车	IT7～IT6	1.6～0.8	
4	粗车—半精车—精车—滚压（或抛光）	IT6～IT5	0.2～0.025	

续表

序号	加工方法	经济精度等级	表面粗糙度*Ra*/μm	适用范围
5	粗车—半精车—磨削	IT7 ~ IT6	0.8 ~ 0.4	主要用于淬火钢，也可以用于未淬火钢，但不宜加工有色金属
6	粗车—半精车—粗磨—精磨	IT6 ~ IT5	0.4 ~ 0.1	
7	粗车—半精车—粗磨—精磨—超精加工（或轮式超精磨）	IT5	0.1 ~ 0.012	
8	粗车—半精车—精车—精细车（金刚车）	IT6 ~ IT5	0.4 ~ 0.025	主要用于要求较高的有色金属加工
9	粗车—半精车—粗磨—精磨—超精磨或镜面磨	IT5以上	0.025 ~ 0.006	极高精度的外圆加工
10	粗车—半精车—粗磨—精磨—研磨	IT5以上	0.1 ~ 0.006	

表9-8 孔加工方案

序号	加工方法	经济精度等级	表面粗糙度*Ra*/μm	适用范围
1	钻	IT13 ~ IT11	12.5	加工未淬火钢及铸铁的实心毛坯，也可用于加工有色金属，但表面粗糙度稍大；孔径小于20mm
2	钻—铰	IT10 ~ IT8	3.2 ~ 1.6	
3	钻—粗铰—精铰	IT8 ~ IT7	1.6 ~ 0.8	
4	钻—扩	IT11 ~ IT10	12.5 ~ 6.3	加工未淬火钢及铸铁的实心毛坯，也可用于加工有色金属，但表面粗糙度稍大；孔径大于20mm
5	钻—扩—铰	IT9 ~ IT8	3.2 ~ 1.6	
6	钻—扩—粗铰—精铰	IT7	1.6 ~ 0.8	
7	钻—扩—机铰—手铰	IT7 ~ IT6	0.4 ~ 0.2	
8	钻—扩—拉	IT9 ~ IT7	1.6 ~ 0.1	大批大量生产（精度由拉刀的精度确定）
9	粗镗（或扩孔）	IT12 ~ IT11	12.5 ~ 6.3	除淬火钢以外的各种材料，毛坯有铸出孔或锻出孔
10	粗镗（粗扩）—半精镗（精扩）	IT9 ~ IT8	3.2 ~ 1.6	
11	粗镗（粗扩）—半精镗（精扩）—精镗（铰）	IT8 ~ IT7	1.6 ~ 0.8	
12	粗镗（粗扩）—半精镗（精扩）—精镗—浮动镗刀精镗	IT7 ~ IT6	0.8 ~ 0.4	

续表

序号	加工方法	经济精度等级	表面粗糙度Ra/μm	适用范围
13	粗镗（扩）—半精镗—磨孔	IT8～IT7	0.8～0.2	主要用于淬火钢，也可用于未淬火钢，但不宜加工有色金属
14	粗镗（扩）—半精镗—粗磨—精磨	IT7～IT6	0.2～0.1	
15	粗镗—半精镗—精镗—金刚镗	IT7～IT6	0.4～0.05	主要用于精度要求高的有色金属加工
16	钻—（扩）—粗铰—精铰—珩磨钻—（扩）—拉—珩磨—粗镗—半精镗—精镗—珩磨	IT7～IT6	0.2～0.025	精度要求很高的孔
17	以研磨代替上述方案中的珩磨	IT6～IT5	0.1～0.006	

表9-9　平面加工方案

序号	加工方案	经济精度等级	表面粗糙度Ra/μm	适用范围
1	粗车	IT13～IT11	50～12.5	端面
2	粗车—半精车	IT10～IT8	6.3～3.2	
3	粗车—半精车—精车	IT8～IT7	1.6～0.8	
4	粗车—半精车—磨削	IT8～IT6	0.8～0.2	
5	粗刨（或粗铣）	IT13～IT11	25～6.3	一般不淬硬平面（端铣的表面粗糙度可较小）
6	粗刨（或粗铣）—精刨（或精铣）	IT10～IT8	6.3～1.6	
7	粗刨（或粗铣）—精刨（或精铣）—刮研	IT6～IT5	0.8～0.1	精度要求较高的不淬硬平面，批量较大时宜采用宽刃精刨方案
8	粗刨（或粗铣）—精刨（或精铣）—宽刃精刨	IT6	0.8～0.2	
9	粗刨（或粗铣）—精刨（或精铣）—磨削	IT7～IT6	0.8～0.2	精度要求较高的淬硬平面或不淬硬平面
10	粗刨（或粗铣）—精刨（或精铣）—粗磨—精磨	IT7～IT6	0.4～0.025	
11	粗铣—拉	IT9～IT6	0.8～0.2	大量生产的较小平面（精度视拉刀精度而定）
12	粗铣—精铣—磨削—研磨	IT5	0.1～0.006	高精度平面

9.5.1.2 加工方法的选择

选择加工方法时，应综合考虑零件表面的形状、尺寸及其精度和表面粗糙度，以及零件的整体结构、质量、材料性能和热处理等要求，达到同时满足加工质量、生产效率和经济性的目的。选择时具体考虑下列因素：

1）所选加工方法应能获得相应的经济精度及表面粗糙度；

2）所选加工方法应考虑零件材料的可加工性；

3）所选加工方法应考虑零件的结构形状和尺寸；

4）所选加工方法应考虑生产类型和现场生产条件。

在了解了各种加工方法的经济精度和综合考虑以上因素后，便可根据加工表面的技术要求，根据经验或工艺手册来确定加工方法，再结合实际情况或工艺实验进行修改，最终选定出该表面的加工方法。

9.5.2 加工阶段的划分

9.5.2.1 加工阶段的划分

零件的切削加工过程一般划分为粗加工、半精加工和精加工三个阶段。

（1）粗加工阶段

其主要任务是尽快切除毛坯上各加工表面的大部分加工余量，使毛坯在形状和尺寸上接近零件成品，同时为半精加工阶段提供精基准。

（2）半精加工阶段

其主要任务是减小粗加工中留下的误差和表面缺陷层，使加工面达到一定的精度，并为主要表面的精加工做好准备，同时完成一些次要表面的最后加工。

（3）精加工阶段

其主要任务是保证零件各主要表面达到图样规定的技术要求。

9.5.2.2 划分加工阶段的主要原因

划分加工阶段有利于保证加工质量；有利于合理使用机床设备；有利于及时发现毛坯缺陷；便于安排热处理。

9.5.3 工序的集中与分散

在选定了零件上各个表面的加工方法和划分了加工阶段后，具体到对一个零件的加工过程安排多少工序数量的问题，可采用两种不同的原则来确定：一是工序集中的原则，即零件的加工集中在少数工序内完成，而每一道工序的加工内容却比较多；二是工序分散的原则，即整个工艺过程中工序数量多，而每一道工序的加工内容却比较少。

（1）工序集中的特点

1）便于采用高效的专用设备和工艺装备及数控加工技术，从而大大提高生产率。

2）可减少零件的装夹次数，减少辅助时间，也易于保证这些表面的相互位置精度。

3）由于工序数目少，缩短了工艺路线，也减少了设备数量，相应地减少了操作工人和生产面积，从而简化了生产计划和生产组织工作。

4）由于专用设备和工艺装备的结构较复杂、调整和维修困难，因此，生产准备周期长及投资比较大，产品变换比较困难。

（2）工序分散的特点

1）工序内容单一，可采用结构比较简单的机床设备和工艺装备，调整容易，对工人的技术水平要求低。

2）可采用最合理的切削用量，减少机动时间。

3）生产准备工作量小，变换产品容易。

4）机床设备数量多，工人数量多，生产面积大。

5）由于工序数目多，使零件在加工过程中的装夹次数增多，较难保证零件加工表面的相互位置精度。

在一般情况下，单件小批生产时，常采用工序集中的原则组织生产；大批大量生产时，若使用多刀、多轴的自动或半自动高效机床、加工中心，可采用工序集中的原则组织生产，也可将工序分散后组织流水线生产，从目前的技术发展趋势来看，应多采用工序集中的原则制定工艺过程和组织生产。成批生产应尽可能采用转塔车床、多刀半自动车床等高效机床，使工序适当集中。

9.5.4　机械加工工序的安排

9.5.4.1　机械加工工序的安排

机械加工工序的安排应遵循以下原则。

（1）基准先行

零件加工一般多从精基准的加工开始，再以精基准定位加工其他表面。因此，精基准一般应安排在工艺过程一开始就进行加工。如基准面不止一个时，应按照逐步提高精度的原则，先确定基准面的转换顺序，然后考虑其他各表面的加工顺序。

（2）先粗后精

零件的加工应先进行粗加工，再进行半精加工，最后进行精加工及光整加工，这样有利于逐步消除加工误差和表面缺陷层，从而逐步提高零件的加工精度和表面质量。在对重要表面进行精加工之前，有时需对精基准进行修整，以利于保证重要表面的加工精度。

（3）先主后次

先安排主要表面的加工，再把次要表面（如键槽、螺孔、销孔等）的加工穿插其中。因次要表面一般都与主要表面有一定的相对位置要求，应以主要表面作为基准进行加工，所以次要表面的加工一般应放在主要表面的半精加工以后、精加工以前进行。

（4）先面后孔

箱体、底座、支架等零件，具有轮廓尺寸远比其他表面尺寸大的平面，用它作为精基准加工孔，比较稳定可靠，也容易加工，有利于保证孔的精度。

9.5.4.2 热处理工序的安排

热处理工序在工艺路线中的安排，主要取决于零件的材料和热处理的目的及要求。

（1）正火和退火

正火和退火通常安排在毛坯制造之后粗加工之前进行，其目的是改善切削加工性能，消除毛坯制造时产生的内应力。

（2）调质

调质常安排在粗加工之后，半精加工之前进行。调质也可作为对硬度和耐磨性要求不高的零件的最终热处理。

（3）淬火

淬火后一般安排回火，并将淬火工序安排在半精加工之后，精加工之前进行。对于整体淬火的零件，淬火前应将所有的切削加工的表面加工完，以防止零件淬硬后不能加工。

9.6 机械加工工艺规程实例分析

本节以最具有代表性的轴类零件——车床主轴为例，来分析零件的加工工艺。大多数机床主轴具有内外圆柱面和圆锥面以及各种螺纹、键槽、花键、横向孔、沟槽、凸缘等不同形式的几何表面，并且加工精度要求高、加工难度较大。

9.6.1.1 零件技术要求及分析

某车床主轴简图如图9-48所示。它是车床的关键零件之一，其前端直接与卡盘、顶尖等夹具相连接，用以夹持并带动零件旋转，完成零件的加工。主轴的加工质量对机床的工作精度影响很大。因此，主轴必须满足回转精度、刚度、热变形、抗振性、使用寿命等多方面的机床的工作性能要求。该车床主轴材料为45钢，生产类型为大批生产，普通精度等级。

（1）支承轴颈

主轴的两支承轴颈是锥度为1∶12的圆锥面，分别与两个双列短圆锥轴承相配合，是主轴组件的装配基准，其制造精度将直接影响主轴组件的回转精度，当两支承轴颈不同轴时，会使主轴产生径向圆跳动影响零件的加工质量。因此，对支承轴颈提出了很高的要求。所

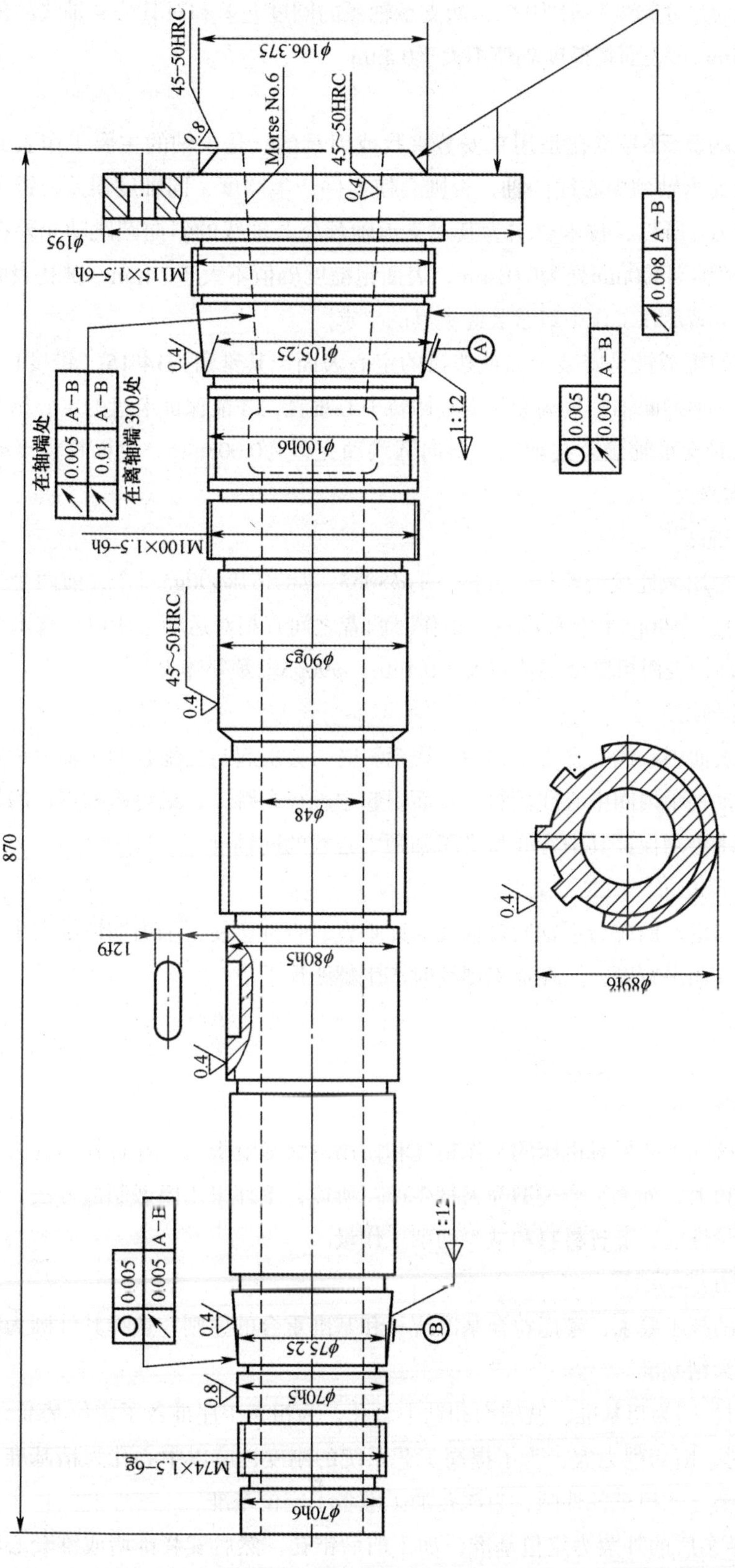

870
φ106.375
45~50HRC
Morse No.6
45~50HRC
0.8
0.4
φ195
M115×1.5-6h
0.008 A-B
φ105.25
A
1:12
0.005
0.005 A-B
在轴端处
0.005 A-B
0.01 A-B
在离轴端300处
φ100h6
M100×1.5-6h
45~50HRC
φ90g5
φ48
12f9
φ80h5
φ89f6
0.005
0.005 A-B
1:12
B
φ75.25
φ70h5
M74×1.5-6g
φ70h6

图9-48　车床主轴简图

以，技术要求为尺寸精度一般为IT5，两支承轴颈的圆度允差和对其公共轴线的斜向圆跳动允差均为0.005mm，表面粗糙度*Ra*值不大于0.4μm。

（2）装夹表面

主轴前端的莫氏6号锥孔是用来安装夹具或刀具的，是主轴的主要工作表面之一，其中心线必须与支承轴颈中心线同轴，否则会使零件产生圆度、同轴度误差，锥孔锥面的接触率要大于75%。所以，技术要求为其对支承轴颈公共轴线的斜向圆跳动允差在轴端处为0.005mm，在离轴端300mm处为0.01mm，表面粗糙度*Ra*值不大于0.4μm，锥孔表面须淬火以提高其耐磨性，满足在工作中经常装卸夹具的要求。

主轴前端的短圆锥是安装卡盘或拨盘的定心表面，其锥角为14°15′（锥度1∶4）。短圆锥面需要与支承轴颈同轴，其端面与主轴回转中心垂直，才能保证卡盘的定心精度。所以，技术要求为其对支承轴颈公共轴线的斜向圆跳动允差为0.008mm，表面粗糙度*Ra*值不大于0.8μm，表面须淬火。

（3）配合轴颈

配合轴颈是用来连接齿轮传动件的，有ϕ80h5、ϕ89f6和ϕ90g5三个，前两个分别用键和花键与齿轮连接，ϕ90g5上空套齿轮，工作时两者之间有相对运动。所以，技术要求为尺寸精度为IT6～IT5，表面粗糙度*Ra*值不大于0.4μm，ϕ90g5轴颈须淬火。

（4）螺纹表面

如果螺纹表面中心线与支承轴颈中心线歪斜时，会引起与之配合的主轴上锁紧螺母的端面跳动，使滚动轴承内圈中心线倾斜，从而引起主轴径向跳动，最终影响零件的加工精度。所以，技术要求为须保证其中心线与支承轴颈中心线的同轴度。

（5）轴向定位面

主轴的轴向定位面应与主轴回转轴线保证垂直，否则会使主轴周期性轴向窜动，既影响被加工零件的端面平行度，又在加工螺纹时产生螺距误差。

9.6.1.2 加工工艺分析

（1）毛坯制造方法选择

由于主轴的加工质量对机床的工作精度和使用寿命影响很大，并且其结构为多阶台空心轴，直径相差很大，加之生产类型为大批生产，所以，毛坯采用模锻制造方法，以便改善和提高主轴的力学性能、节省材料和减少切削工作量。

（2）定位基准的选择

根据主轴的技术要求，考虑符合基准统一和基准重合的原则，选择其外圆为粗基准，轴两端的中心孔为精基准。

1）首先以外圆为粗基准，铣端面和钻中心孔，为粗车工序准备了定位基准。

2）粗车时，因切削力大，为了提高工艺系统的刚度，应以中心孔为精基准，采用“一夹一顶”的装夹方式粗车各外圆，为深孔加工准备了定位基准。

3）以半精车后的外圆为定位基准，加工前后锥孔，然后安装锥堵或锥套心轴（锥孔锥度较大时用锥套心轴，较小时用锥堵），如图9-49所示，即可用锥堵上的中心孔为精加工外圆准备定位基准。

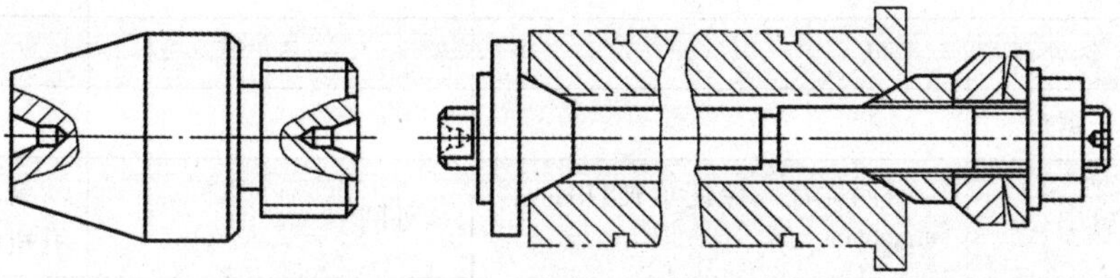

（a）锥堵　（b）锥套心轴

图9-49　锥堵和锥套心轴

4）以精加工后的具有较高精度的支承轴颈和阶台端面作定位基准，终磨锥孔。

（3）主要表面的加工方法选择

1）支承轴颈、配合轴颈和短圆锥：粗车——半精车——粗磨——精磨。

2）莫氏6号锥孔：钻孔——车内锥——粗磨——精磨。

3）花键：粗铣——精铣。

4）螺纹：车。

（4）热处理工序安排

1）正火：安排在毛坯锻造后进行，以消除锻造内应力，改善零件的切削性能。

2）调质：安排在粗车之后、半精车之前进行，并进行时效处理，得到所要求的韧性。

3）表面淬火：安排在磨削工序前进行，以便能在后续的精加工工序中消除其变形。

（5）注意事项

在拟订主轴的加工工艺过程时，应注意以下事项：

1）由于各加工表面间的相互位置精度要求较高，故应在一次装夹中完成各个表面的加工。

2）使用的锥堵应具有较高的精度，并尽量减少锥堵的安装次数。

3）因调质处理变形较大，深孔产生弯曲变形难以纠正，加之为保证深孔加工后与外圆同心，所以深孔加工应安排在半精车以后进行。

4）为避免一开始就降低零件的加工刚度，外圆表面的加工须先加工大直径的外圆，然后再加工小直径的外圆。

5）为避免淬火后的变形而影响螺纹表面和支承轴颈的同轴度，所以螺纹的加工须安排在主轴局部淬火之后进行。

6）主轴上的花键和键槽的加工应安排在外圆粗磨之后、精磨之前进行，不然因断续切削产生振动，影响加工质量和容易损坏刀具，并且也较难保证键槽的加工尺寸。

9.6.1.3　机械加工工艺过程

车床主轴加工的工艺过程见表9-10。

表9-10 车床主轴加工工艺过程

工序号	工序名称	工序内容	定位基准	设备
1	精密锻造	精密锻造毛坯		立式精锻机
2	热处理	正火		
3	锯头			
4	打中心孔	铣两端面，保证总长870mm，两端打中心孔	外圆	铣端面钻中心孔机床
5	粗车	粗车各外圆表面		卧式车床
6	热处理	调质220～240HB		
7	车	车大端各外圆，端面及阶台	中心孔顶一端，夹另一端	卧式车床
8	车	车小端各外圆，各留加工余量1.2～1.5mm	大端ϕ108mm外圆、小端中心孔	仿形车床
9	钻	钻ϕ48mm深孔	M115螺纹部位外圆，小端ϕ70mm外圆及端面	深孔钻床
10	车	车小端内锥孔1：20及孔口（配1：20锥堵）	夹一端，托另一端支承轴颈	卧式车床
11	车	车莫氏6号锥孔及孔口，车短圆锥及端面（配莫氏6号锥堵）	支承轴颈外圆，ϕ70mm外圆及端面	卧式车床
12	钻	钻大端法兰各孔，锪沉头孔，攻螺纹	莫氏6号锥孔	钻床
13	热处理	高频淬火		
14	车	精车小端各外圆，留加工余量0.4mm，并切槽	两锥堵中心孔	数控车床
15	磨	粗磨ϕ90g5和ϕ75h5两段外圆	两锥堵中心孔	外圆磨床
16	磨	粗磨莫氏6号锥孔（重配莫氏6号锥堵）	夹一端，托另一端支承轴颈	内圆磨床
17	铣	粗、精铣花键	两锥堵中心孔	花键铣床
18	铣	铣12f9mm键槽	ϕ80h5外圆，端面	立式铣床
19	车	车大端法兰内端面，外圆ϕ195mm，车三处螺纹（配螺母）	两锥堵中心孔	卧式车床
20	磨	粗、精磨各外圆及两阶台端面	两锥堵中心孔	外圆磨床
21	磨	粗、精磨两1：12支承轴颈锥面、短圆锥面及大端法兰外侧面	两锥堵中心孔	专用组合磨床
22	磨	精磨莫氏6号锥孔（卸锥堵）		锥孔磨床
23	检验	按图样要求全部检验		

习题

9-1 什么是生产过程和机械加工工艺过程？

9-2 机械加工工艺过程由哪些内容组成？

9-3 什么是生产纲领？生产类型有几种？它们之间有何内在联系？

9-4 划分工序的主要依据是什么？

9-5 什么是安装和工位？试举例说明。

9-6 什么是工步？构成工步的要素有哪些？

9-7 机械加工工艺规程的作用和制订原则是什么？

9-8 试述制订工艺规程的步骤。

9-9 机械加工过程卡、工艺卡和工序卡的主要区别是什么？各应用于什么场合？

9-10 如何衡量零件的结构工艺性的好坏？试举例说明。

9-11 什么是基准？基准分哪几种？各有何特点？

9-12 什么是粗基准？应如何选择粗基准？

9-13 什么是精基准？应如何选择精基准？

9-14 为什么选择定位基准应尽可能与设计基准重合？如果不重合会产生什么问题？

9-15 零件的装夹方法有哪几种？各有何特点？

9-16 定位与夹紧有何区别？

9-17 夹具的作用是什么？由哪些部分组成？

9-18 夹具可分为哪几类？分别应用于什么场合？

9-19 什么是六点定位原理、完全定位、不完全定位、欠定位、过定位？

9-20 不完全定位和过定位是否均不允许存在？为什么？

9-21 可调支承与辅助支承的区别是什么？各有何作用？

9-22 使用辅助支承和可调支承时应注意哪些问题？

9-23 一面两孔定位中为什么要采用菱形销？

9-24 夹紧装置由哪几部分组成？有哪些基本要求？

9-25 选择夹紧力的方向和作用点时应注意哪些原则？

9-26 试分析三种基本夹紧机构的优缺点。

9-27 如图9-50所示，试确定各定位元件限制了零件的哪些自由度，分别属于哪种定位方式？

9-28 什么是加工经济精度？某种加工方法的经济精度就是该加工方法能够达到的最高精度，这种说法对吗？

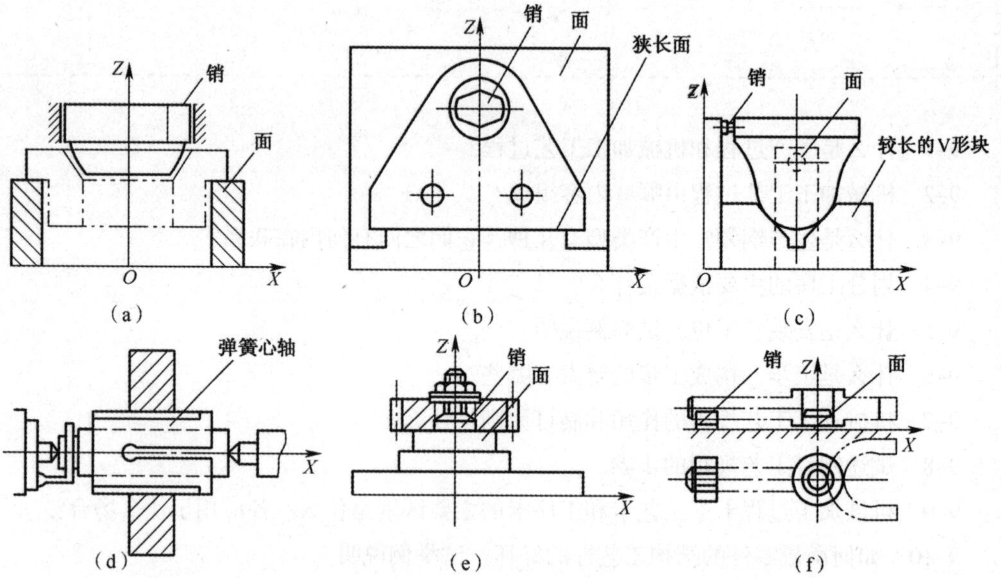

图9-50 题9-27图

9-29 划分加工阶段有何实际意义？

9-30 工序集中和工序分散的含义是什么？各有何特点？

9-31 安排加工顺序应考虑哪些原则？

9-32 在机械加工中，热处理工序应如何安排？

9-33 在大批大量生产条件下，加工一批直径为$\phi 45_{-0.005}^{\ 0}$mm、长度为68mm的轴，其表面粗糙度值$Ra<0.16\mu m$，材料为45钢，试安排其工艺路线。

参考文献

[1] 汤忠义，梁合意，徐友良．金属材料与热处理［M］．北京：北京理工大学出版社，2011.

[2] 杨壮凌，姚劲松，冯新红．金属工艺学［M］．武汉：中国地质大学出版社，2011.

[3] 张若锋．机械制造基础：第2版［M］．北京：人民邮电出版社，2012.

[4] 乔世民．机械制造基础：第2版［M］．北京：高等教育出版社，2008.

[5] 黎震，吴安德．机械制造基础：第2版［M］．北京：高等教育出版社，2006.

[6] 赵建中．机械制造基础：第2版［M］．北京：北京理工大学出版社，2013.

[7] 张若锋，邓健平．金属切削原理与刀具［M］．北京：人民邮电出版社，2010.

[8] 白传悦，王芳，等．机械制造技术基础［M］．西安：陕西科学技术出版社，2003.

[9] 孙学强．机械加工技术［M］．北京：机械工业出版社，2004.

[10] 王杰，李方信，肖素梅．机械制造工程学［M］．北京：北京邮电大学出版社，2004.

[11] 兰建设．机械制造工艺与夹具［M］．北京：机械工业出版社，2004.

[12] 牛宝林．机械制造基础［M］．武汉：华中科技大学出版社，2005.

[13] 许晓静．机械制造基础［M］．北京：化学工业出版社，2004.